高等学校计算机基础教育系列教材

大学计算机基础与计算思维

刘霓 主编

清华大学出版社

北京

内 容 简 介

本书切合当今信息时代发展对人才培养的客观要求,将计算思维贯穿其中,并融入思政元素,以培养应用型人才,具有基础性、融合性、趣味性、实践性和前沿性等特点。全书共 10 章,包括计算机基础知识、信息的表示与存储、操作系统及应用、Word 文字编辑、Excel 电子表格、PowerPoint 电子演示文稿、计算机网络基础、信息安全基础、计算思维与算法基础、计算机前沿技术等内容。

本书不仅可作为高等学校各专业,特别是非计算机专业开设"计算机基础"等相关课程的教材或教学参考用书,同时可供各领域工作者参考。

图书在版编目(CIP)数据

大学计算机基础与计算思维/刘霓主编. —北京:清华大学出版社,2023.7
高等学校计算机基础教育系列教材
ISBN 978-7-302-63504-8

Ⅰ.①大…　Ⅱ.①刘…　Ⅲ.①电子计算机-高等学校-教材　Ⅳ.①TP3

中国国家版本馆 CIP 数据核字(2023)第 083312 号

责任编辑:龙启铭
封面设计:傅瑞学
责任校对:徐俊伟
责任印制:宋　林

出版发行:清华大学出版社
　　　　网　　　址:http://www.tup.com.cn,http://www.wqbook.com
　　　　地　　　址:北京清华大学学研大厦 A 座　　　　邮　　编:100084
　　　　社 总 机:010-83470000　　　　　　　　　　　邮　　购:010-62786544
　　　　投稿与读者服务:010-62776969,c-service@tup.tsinghua.edu.cn
　　　　质量反馈:010-62772015,zhiliang@tup.tsinghua.edu.cn
　　　　课件下载:http://www.tup.com.cn,010-83470236
印 装 者:三河市龙大印装有限公司
经　　　销:全国新华书店
开　　　本:185mm×260mm　　　　印　　张:18.75　　　　字　　数:444 千字
版　　　次:2023 年 8 月第 1 版　　　　　　　　　　　印　　次:2023 年 8 月第 1 次印刷
定　　　价:59.00 元

产品编号:097469-01

本书编委会

主　编：刘　霓

副主编：李　敏　　凯定吉　　刘金艳

参　编：邱　波　刘　俊　石　磊　邱　韧

本书切合当今信息时代发展对人才培养的客观要求,将计算思维的思想贯穿其中,并融入思政元素,为培养应用型人才进行了一定的探索。本书内容全面系统,具有基础性、融合性、趣味性、实践性和前沿性等特点,不仅可作为高等学校各专业,特别是非计算机专业开设"计算机基础"等相关课程的教材或教学参考用书,同时可供各领域工作者参考。本书具有以下特色。

(1)新颖的系统架构与实用的内容。全书共 10 章,在内容选择上,兼顾了基本实用的内容、重点技能技巧、先进前沿知识,并理论联系实际,引导读者循序渐进地学习相关知识与技能技巧。

(2)重视计算思维与前沿信息素养的培养。在掌握计算思维概念的基础上,引入了编程工具 Python 与人工智能等前沿技术,引导读者用该工具实现计算思维的实验,培养读者计算文化的信息素养与前沿技术思维。

(3)融入了与信息技术相关的思政元素。以此激发学生的民族自豪感,培养学生精益求精的大国工匠精神,增强学生探索未知、追求真理、勇攀科学高峰的责任感和使命感。

(4)丰富的数字化资源。本书配有微课视频、操作训练、习题及答案解析、知识点测试及结果分析等数字化资源,这些资源均可通过扫描书中相应位置的二维码进行学习。

本书由刘霓主编,李敏、凯定吉、刘金艳任副主编,参编老师还有邱波、刘俊、石磊、邱韧。全书的编写与审稿工作凝聚了全体参编人员的辛勤劳动与付出,也得到了相关专家的悉心指导与支持。在此,一并表示诚挚的感谢!

由于信息技术的发展非常迅速,具有极强的时效性,同时由于编者水平有限,书中的错误和不足之处在所难免,欢迎读者在阅读过程中不吝批评与指正,在此先行致谢。

编　者

2023 年 4 月

目录

第 1 章 计算机基础知识

1.1 计算机的产生与发展历程

计算机(Computer),也称电子计算机,或称电脑。它是一种能够按照所存储的程序,自动、高速地进行大量的数值计算和数据处理的现代化电子设备。

1.1.1 计算机的产生

现代计算机早已进入千家万户,其发展速度之快,令人难以想象。实际上,现代计算机是从古老的计算工具逐步演化而来的。

在原始社会,人类开始使用结绳、垒石等方式进行计数和辅助计算。春秋时期,我们的祖先发明了算筹计数法。公元六世纪,我国开始使用算盘作为计算工具,算盘是我国人民独特的创造,是第一种彻底使用十进制计算的工具。

1642 年,法国数学家布莱斯·帕斯卡(Blaise Pascal)发明了机械计算机。19 世纪,英国数学家查尔斯·巴贝奇(Charles Babbage)提出通用数字计算机的基本设计思想,于1822 年设计了一台差分机,并于 1832 年设计一种基于计算自动化的程序控制分析机,提出了几乎完整的计算机设计方案。

1. ENIAC

1946 年,由美国军方为计算弹道轨迹而定制的世界上第一台电子数字计算机——ENIAC(Electronic Numerical Integrator and Calculator,电子数字积分计算机)在美国宾夕法尼亚大学问世,标志着电子计算机时代的到来。

ENIAC 重达 30 吨,占地约 $170m^2$,功率为 150kW,使用了 17000 多个真空电子管,采用十进制进行运算,每秒可执行约 5000 次加法运算。

ENIAC 的主要缺点是:采用十进制,线路复杂;用线路连接方法编排程序,程序的进入与修改靠人工拨动开关和插接导线来设置。

2. EDVAC

1945 年,冯·诺依曼以"关于 EDVAC(Electronic Discrete Variable Automatic Computer,离散变量自动电子计算机)的报告草案"为题,起草了长达 101 页的总结报告,介绍了制造电子计算机和程序设计的新思想。在报告中,冯·诺依曼提出 EDVAC 的两大设计思想:一是机器内部使用二进制表示数据;二是像存储数据一样存储程序。这两大设计思想为计算机的设计树立了一座里程碑。

EDVAC 使用了约 6000 个电子管和 12000 个二极管,占地 45.5m²,重 7850 吨,功率为 56kW。

EDVAC 方案明确了计算机由 5 个基本部分组成,包括运算器、控制器、存储器、输入装置和输出装置,并描述了这 5 部分的职能和相互关系。该体系结构一直延续至今,其描述了计算机的基本工作原理,即存储程序和程序控制,所以现在的计算机一般称为冯·诺依曼结构计算机。鉴于冯·诺依曼在发明电子计算机中所起到的关键性作用,他被誉为"计算机之父"。

虽然 EDVAC 草案启发了全世界,但由于各种原因,直到 1951 年才能正常使用。

1.1.2　计算机的发展历程

课堂练习

从 ENIAC 诞生到今天,电子计算机的发展经历了翻天覆地的变化。根据采用的主要电子元件,可以将计算机的发展分为 4 个阶段,如表 1.1 所示。

表 1.1　计算机发展的 4 个阶段

发展阶段	主要电子元件	主 要 应 用
第一代 (1946—1957 年)	电子管	军事研究的科学计算(如计算炮弹的弹道、导航计算等)
第二代 (1958—1964 年)	晶体管	应用于气象、工程设计、数据处理(如人口普查、统计会计资料等)
第三代 (1965—1970 年)	中、小规模集成电路	政府机关及商业用途
第四代 (1971 年至今)	大规模、超大规模集成电路	广泛应用到日常生活中;开启网络时代

1. 第一代计算机

第一代计算机采用电子管作为主要元件,代表机型有 ENIAC、EDVAC,其主要特点是体积大、功耗高、价格昂贵,但运行速度较慢,可靠性也不高。第一代计算机主要采用机器语言进行编程,在后期出现了汇编语言;主要用途是科学计算。

2. 第二代计算机

第二代计算机采用晶体管作为主要元件,与电子管相比,晶体管的体积更小、寿命更长,因此第二代计算机体积小、速度快、功耗低、性能更稳定。这一时期的代表机型有 IBM 7000 系列计算机。这一时期出现了高级语言,使计算机编程更容易,开始在气象、工程设计和数据处理等领域得到应用。

3. 第三代计算机

第三代计算机的基本电子元件是每个芯片上集成几个到十几个电子元件的小规模集成电路以及每片上集成几十个元件的中规模集成电路。第三代计算机变得更小,功耗更低,速度更快。其代表机型是 IBM-360 系列、DEC 公司 PDP-8 机、PDP-11 系列机以及 VAX-11 系列机等。这一时期计算机软件技术进一步发展,尤其是操作系统的逐步成熟,是第三代计算机的显著特点。计算机在操作系统的控制下,可同时运行多个不同的程序;各种高级语言的出现,使得程序设计更加流行,计算机的应用领域不断扩大。

4. 第四代计算机

第四代计算机的主要元件是大规模和超大规模集成电路。大规模集成电路可以在一个芯片上容纳几百个元件,而超大规模集成电路可在芯片上容纳几十万个元件,使得计算机的体积和价格不断下降,而功能和可靠性不断增强。

20 世纪 80 年代,微处理器的发明促进了微型计算机(也称为个人计算机)的诞生,使计算机逐渐走进千家万户。计算机软件也开始进入蓬勃发展阶段,计算机的发展呈现网络化、多媒体化和智能化的发展趋势。

纵观前四代计算机的发展历程,虽然其发展日新月异,但仍然遵循冯·诺依曼体系结构。另外,由于半导体硅晶片的电路密集,散热问题难以彻底解决,影响了计算机性能的进一步突破。世界各国人员正在加紧研究量子计算机、生物计算机等,它们比硅晶片计算机在速度、性能上有质的飞跃,被视为极具发展潜力的新一代计算机。

1.1.3 计算机的分类

课堂练习

计算机的分类方式有多种,常见的主要有 3 种。

(1) 按照计算机的使用范围,可分为专用计算机和通用计算机。

(2) 按照计算机处理数据的方式,可分为处理数字信号的电子数字计算机和处理模拟信号的电子模拟计算机。

(3) 按照计算机的规模和处理能力,可分为巨型机、大型机、中型机、小型机、微型机和单片机,它们之间的基本区别通常在于其体积大小、结构复杂程度、功率消耗、性能指标、数据存储容量、指令系统和设备、软件配置等的不同,具体情况如下。

1. 巨型机

巨型机是一种超大型电子计算机,也称为超级计算机,其运算速度很快,数据存储容量很大,规模大,结构复杂,价格昂贵。巨型机主要用于承担重大的科学研究、国防尖端技术和国民经济领域的大型科学计算及数据处理任务,如大范围天气预报,整理卫星照片,研究洲际导弹和宇宙飞船等。

2. 大型机、中型机、小型机

大型机、中型机、小型机的性能指标和结构规模相应地依次递减,它们的性能介于巨型机和微型机之间。它们主要用于大型企业的数据处理,或者用作网络服务器。

3. 微型机

微型机指的是微型计算机,简称微机,也称 PC(Personal Computer,个人计算机),是一种价格低廉、体积较小的计算机,适合于办公和家庭使用,是世界上发展最快、应用最广泛的一类计算机。工作站是一种较为高端的微型机,为用户提供比 PC 更强大的性能,其具有较强的图形处理能力、任务并行能力等,是一类高性能计算机。

4. 单片机

单片机是一种集成式电路芯片,其集成了运算器、控制器和存储器,但没有输入/输出设备,相当于把一个计算机系统集成到一个芯片上。单片机凭借着强大的数据处理技术和计算功能在智能电子设备中得到了充分应用,其应用领域涉及到智能仪表、实时工控、通信设备、导航系统、家用电器等。

1.1.4　计算机的应用

课堂练习

经过多年的发展,计算机的应用已经渗透到了各行各业,并且正在改变着传统的工作、学习、娱乐方式,也在推动社会朝着自动化、智能化等方向发展。其主要应用领域如下。

1. 科学计算

科学计算也称数值计算,是指利用计算机来完成科学研究和工程技术中提出的数学问题的计算,如军事、天气预报、航天、导弹等。科学计算是计算机最早的应用领域。

2. 信息处理

信息处理也称数据处理,是指利用计算机对各种信息进行收集、存储、分类、统计、查询、分析、传输等一系列活动的统称。信息处理是计算机最为广泛的应用领域,如办公自动化、医疗诊断等。

3. 自动控制

自动控制是指在工业生产或其他过程中,自动地对控制对象进行控制和调节,如自动化生产线、航天器导航系统、卫星发射回收系统、列车调度系统、导弹拦截系统等。

4. 计算机辅助技术

计算机辅助技术已广泛应用于机械、工业、大规模集成电路等方面,包括计算机辅助设计(Computer Aided Design,CAD)、计算机辅助教学(Computer Aided Instruction,CAI)、计算机辅助制造(Computer Aided Manufacturing,CAM)、计算机辅助工程(Computer Aided Engineering,CAE)、计算机辅助测试(Computer Aided Test,CAT)等。

5. 人工智能

人工智能指利用计算机模拟人的智能活动,如感知、推理、学习、理解等。人工智能的研究领域主要包括自然语言理解、智能机器人、博弈、专家系统、自动定理证明等方面,是计算机应用中最诱人、也是难度最大且目前研究最活跃的领域之一。

6. 计算机网络

计算机技术与现代通信技术的结合构成了计算机网络。网络早已渗透到我们生活中的方方面面,例如电子商务、电子政务、网络教育等。

7. 多媒体技术

多媒体技术是计算机技术和视频、音频及通信等技术相结合的产物,它将文字、声音、图形、影像、动画进行综合处理,形成具有完美视听感觉的新媒体。因此,多媒体行业更是离不开计算机的支持,多媒体技术也是计算机应用的热门领域。

1.1.5 我国计算机的发展概况

1956 年,周总理亲自主持制定的《十二年科学技术发展规划》中,把计算机列为发展科学技术的重点之一。1958 年,我国第一台小型电子管通用计算机由中科院计算所研制成功。1965 年,中科院计算所研制成功第一台大型晶体管计算机,该计算机在两弹试验中发挥了重要作用。1974 年,清华大学等单位联合设计、研制成功采用集成电路的小型计算机,运算速度达每秒 100 万次。1983 年,国防科技大学研制出第一台超级计算机"银河一号",使中国成为继美国、日本之后第三个能独立设计和研制超级计算机的国家。

2002 年 8 月 10 日,我国成功制造出首枚高性能通用 CPU——龙芯一号。此后龙芯二号问世,龙芯三号也正在紧张研制中。龙芯的诞生,打破了国外的长期技术垄断,结束了中国近二十年无"芯"的历史。

1. 超级计算机的发展

超级计算机(Super Computer)是指能够执行一般个人计算机无法处理的大量资料与高速运算的计算机。超级计算机的主要特点包含两个方面:极大的数据存储容量和极快的数据处理速度,因此它可以在多种领域进行一些人类手工或者普通计算机无法进行的工作。

超级计算机广泛应用于模拟核实验、生物医药、新材料研究、天气预报、太空探索、人类基因测序等领域,专业应用的领域都是国家的关键之处,比如国防科技、航空卫星、军事等领域。超级计算机特别有利于建立联合作战的战争模拟系统,可以通过虚拟现实技术,模拟各种战地环境,研究相关性能、训练和技巧,节约大量成本。

我国高度重视作为国之重器的超级计算机的研究。从 1978 年到现在这四十多年的时间里,无数的超级计算机工作者投入到这项伟大的工程中,在超级计算机领域全面开花,国防科技大学的银河系列、天河系列,中科院的曙光系列,联想的深腾系列,无锡江南计算机研究所的神威系列,都曾一度霸榜世界第一的位置,让世界惊叹中国在超算领域的表现。

2013 年至 2015 年,国防科技大学的"天河二号",连续六届(半年一次)位居世界超算 500 强第一名。2016 年 6 月至 2017 年 11 月,由国产 CPU 构造的"神威太湖之光"连续四次霸占世界超算 500 强第一的位置,同时段"天河二号"霸占第二的位置。

2016 年 6 月至今,中国多次蝉联世界超算 500 强上榜数量第一,其中仅有一次被美国以微弱数量反超。2021 年最新一期榜单中,中国上榜的有 173 台,排名第二的美国有 149 台。

2021 年 11 月公布的世界超级计算机榜单中,前三名分别是日本的 Fugaku(富岳)、美国的 Summit(顶点)和 Sierra(山脊),我国的神威太湖之光和天河二号分别占据第 4 和第 5 位。

2. 量子计算机的发展

量子计算机(Quantum Computer)是一类遵循量子力学规律进行高速数学和逻辑运算、存储及处理量子信息的物理装置。它打破传统数学算法,采用量子规律进行逻辑运算,以量子态为记忆单元和信息储存形式。相比传统计算机,量子计算机最大的优点在其运算上,在面对海量数据时,传统计算机是数据越多,计算越缓慢,计算精度越低;而对于量子计算机来说,由于采用量子来处理信息,数据越多,处理的速度越快,同时数据处理也越精准。

2020 年 12 月 4 日,中国科学技术大学宣布,该校潘建伟院士等人成功构建 76 个光子的量子计算原型机"九章",求解数学算法高斯玻色取样只需 200 秒,比全球最先进的超级计算机"富岳"快 100 万亿倍。这一突破使我国成为全球第二个实现"量子优越性"(也称为"量子霸权")的国家。

2021 年 5 月,潘建伟院士团队利用超导量子技术开发了另一种量子计算机的原型机——"祖冲之号"及后续的"祖冲之二号"。可以说,如今中国的量子计算机已经走出了两条不同的技术道路,在技术层面已经处于全球领先水平。

1.2　计算机的发展趋势

课堂练习

计算机的发展非常迅速,正朝着巨型化、微型化、网络化、智能化和多媒体化的趋势发展。

1. 巨型化

巨型化是指研制速度更快、存储量更大、功能更强、可靠性更高的巨型计算机,主要应用于天文、气象、地质和核技术、航天飞机和卫星轨道计算等尖端科学技术领域。研制巨型计算机的技术水平已成为衡量一个国家科学技术和工业发展水平的重要标志。

2. 微型化

微型化是指发展体积更小、功耗更低、可靠性更高、携带更方便、价格更便宜的计算机系统。微型化已成为计算机发展的重要方向，各种笔记本电脑和 PDA（Personal Digital Assistant，个人数字助手，也称为掌上电脑）的大量面世和使用，是计算机微型化的一个标志。同时，因为微型机可以渗透到诸如仪表、家用电器等中小型机无法进入的领域，所以 20 世纪 80 年代以来发展异常迅速。

3. 网络化

网络化是指利用通信技术，把分布在不同地点的计算机互联起来，按照网络协议相互通信，以达到所有用户都可共享资源的目的。网络化可以更好地管理网上的资源，它把整个互联网虚拟成一台空前强大的一体化信息系统，就像是一台巨型机。在这个动态变化的网络环境中，实现计算资源、存储资源、数据资源、信息资源、知识资源、专家资源的全面共享，从而让用户从中享受可灵活控制的、智能的、协作式的信息服务，并获得前所未有的使用方便性和超强能力。

4. 智能化

智能化是指使计算机具有模拟人的感觉和思维过程的能力。智能化的研究包括模式识别、物形分析、自然语言的生成和理解、博弈、定理自动证明、自动程序设计、专家系统、学习系统和智能机器人等。目前已研制出多种具有人的部分智能的机器人，可以代替人在一些危险的工作岗位的工作。

5. 多媒体化

人们通过键盘、鼠标和显示器进行对文字、数字、图形和声音等文件的处理，由于数字化技术的发展进一步改进了计算机的表现能力，多媒体技术使信息处理的对象和内容发生了深刻变化。

1.3　计算机系统

计算机系统包括硬件系统和软件系统两大部分。

1.3.1　硬件系统

计算机硬件系统是指计算机中"看得见""摸得着"的所有电子线路和物理设备，如中央处理器、存储器、输入设备、输出设备及各类总线等。

根据冯·诺依曼的设计，计算机硬件系统由 5 大部分组成：运算器、控制器、存储器、输入设备和输出设备。虽然现在使用的计算机的性能、体积、功耗等发生了巨大变化，但

课堂练习

其硬件组成仍然遵循这一体系结构,被称为冯·诺依曼体系结构。

1. 运算器

运算器是计算机的核心部件之一,用于完成算术运算和逻辑运算。它由算术逻辑单元、寄存器及一些控制门组成。算术运算部件完成加、减、乘、除四则运算,逻辑运算部件完成与、或、非、移位等运算。

2. 控制器

控制器是计算机的指挥中心,用来分析指令、协调 I/O 操作和内存访问。控制器从存储器中逐条取出指令、分析指令,然后根据指令要求完成相应操作,产生一系列控制命令,使计算机各部分自动、连续并协调工作,作为一个有机的整体,实现数据和程序的输入、运算并输出结果。

通常将运算器、控制器和寄存器(一种存储容量有限的高速存储部件)一起置于一块半导体集成电路中,称为中央处理器(Central Processing Unit,**CPU**)。CPU 是计算机的核心部件,它的工作速度和计算精度对计算机的整体性能有决定性的影响。

3. 存储器

存储器是计算机的"记忆"装置,是存储程序、数据、运算的中间结果及最后结果的设备。程序是计算机操作的依据,数据是计算机操作的对象。

存储器分为两大类:内存和外存。

(1) 内存

内存储器,又称主存储器,简称内存或主存。正在运行的程序和数据都必须存放在内存中,内存是能直接与 CPU 交换数据的存储设备。

内存分为 **ROM**(Read Only Memory,只读存储器)、**RAM**(Random Access Memory,随机存取存储器)和 **Cache**(高速缓冲存储器,简称高速缓存)。

在制造 ROM 时,生产厂家通过专用设备将信息(程序或数据)存入 ROM 并永久保存,用户只能读出这些信息,而无法修改。即使机器断电,这些数据也不会丢失。ROM 中保存的是计算机中最重要的信息,例如 BIOS(Basic Input Output System,基本输入输出系统)就是一组固化到 ROM 芯片中的程序,它是个人计算机启动时加载的第一个程序,保存着计算机最重要的基本输入输出程序、开机自检程序和系统自启动程序。

RAM 中保存的数据既可以读出也可以写入;断电后,RAM 中的数据将全部丢失。RAM 又分为两种:DRAM(Dynamic RAM,动态随机存储器)和 SRAM(Static RAM,静态随机存储器)。**DRAM** 的存储单元是由电容和相关元件构成的,电容中存储电荷的多寡代表信号 0 和 1。电容存在漏电现象,电荷不足会导致存储单元数据出错,所以 DRAM 需要周期性刷新,以保持电荷状态。DRAM 结构较简单且集成度高,通常用于制造内存条中的存储芯片。**SRAM** 的存储单元是由晶体管和相关元件构成的锁存器,每个存储单元具有锁存"0"和"1"信号的功能。它速度快且不需要刷新操作,但集成度差和功耗较大,通常用于制造容量小但效率高的 CPU 缓存。

Cache 位于 CPU 与内存之间,是为了协调 CPU 与内存之间速度不匹配的矛盾,具有容量小、速度快、价格昂贵的特点,分为一级缓存(L1 Cache)、二级缓存(L2 Cache)、三级缓存(L3 Cache)。当 CPU 向内存中写入或读出数据时,这个数据也被存储到 Cache 中;当 CPU 再次需要这些数据时,就从 Cache 中读取数据,而不是访问较慢的内存。当然,如果需要的数据在 Cache 中没有,CPU 会去读取内存中的数据并同时存入 Cache 中。

(2) 外存

外部存储器,又称辅助存储器,简称外存或辅存。外存是计算机的外部设备,存取速度比内存慢得多。外存不能与 CPU 直接交换数据,如果 CPU 需要使用外存中的程序或数据,则需先将其加载到内存中。

关闭计算机后,存储在外存中的数据和程序仍可保留,因此外存适合存储需要长期保存的数据和程序。硬盘、U 盘、光盘、磁带、软盘等,都属于外存,其中磁带、软盘现已比较少见。

4. 输入设备

输入设备是指向计算机输入信息的设备,其任务是向计算机提供原始的信息,如文字、图形、声音等,并将其转换成计算机能识别和接收的信息形式送入存储器中。常用的输入设备有键盘、鼠标、扫描仪、手写笔、触摸屏、条形码阅读器等。

5. 输出设备

输出设备是指从计算机中输出人们可以识别的信息的设备,其任务是将计算机处理的数据、计算结果等内部信息,转换成人们习惯接受的信息形式,然后将其输出。常用的输出设备有显示器、打印机、绘图仪、音响等。

计算机硬件系统如图 1.1 所示,其中,CPU 和内存一起构成了计算机的主机部分;输入、输出设备和外存统称为**外部设备**,简称"外设"。

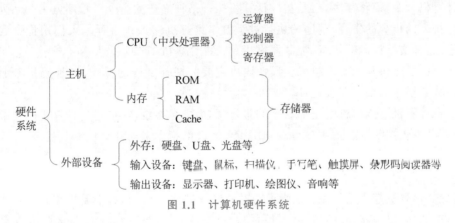

图 1.1 计算机硬件系统

1.3.2 软件系统

计算机软件系统是指为运行、维护、管理和应用计算机而编制的所有程序和数据的集合。一般认为，硬件是计算机的"躯体"，软件则是计算机的"灵魂"。没有软件的计算机仅仅是一台没有任何功能的机器，也称裸机。

计算机软件系统按其功能可分为系统软件和应用软件两大类。一般来说，系统软件直接与硬件打交道，而应用软件则要通过系统软件才能与硬件打交道，处于系统软件和用户之间。

1. 系统软件

系统软件是指为计算机提供管理、控制、维护和服务等功能，充分发挥计算机效能及方便用户使用计算机的软件，如操作系统、语言处理程序、链接装配程序、数据库管理系统、监控程序、诊断程序等。

操作系统（Operating System，OS）是管理计算机硬件与软件资源的计算机程序，是用户与计算机硬件之间的接口，为用户和其他软件提供管理计算机硬件的桥梁。操作系统是计算机系统软件的核心，任何其他软件都必须在操作系统的支持下才能运行。关于操作系统的详细介绍，详见第5章。

2. 应用软件

应用软件是专门为解决某一特定的实际问题而编制的程序，是用系统软件（语言处理程序）编写的软件。应用软件一般由用户或相关公司、计算机厂家设计与提供，如 Office、WPS、AutoCAD、Photoshop、QQ、各种杀毒软件等，都是典型的应用软件。

1.3.3　计算机的工作原理

微课视频

1. 指令与程序

课堂练习

计算机指令，简称指令，就是指挥计算机执行某种操作的命令。程序就是一系列按一定顺序排列的指令的集合，程序的执行过程就是计算机的工作过程。人们用指令表达自己的意图，并交给控制器执行；控制器靠指令指挥计算机工作。

指令由操作码和地址码组成。操作码决定要完成什么样的操作，地址码指参加运算的操作数和操作结果的存放地址。

一台计算机所能执行的全部指令的集合，称为指令系统，它描述了计算机内全部的控制信息和"逻辑判断"能力，用户可以利用指令系统的指令来为计算机编写程序。

2. 存储程序工作原理

目前，计算机都遵循如图1.2所示的冯·诺依曼体系结构，其主要思想是：①计算机硬件由运算器、控制器、存储器、输入设备、输出设备五大部件构成；②计算机内部采用二进制来表示指令和数据；③采用存储程序和程序控制方式，即将程序和数据预先存放在存储器中，计算机在程序的控制下自动运行，无需人工干预。

计算机能在程序的控制下自动运行的理论基础是存储程序工作原理。"存储程序"是指人们必须使用输入设备将事先编制好的程序（完成某个任务的若干指令的有序集合）和

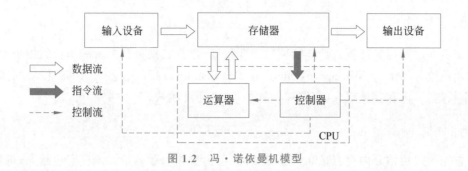

图 1.2　冯·诺依曼机模型

运行时所需的数据一起存放在存储器中;"程序控制"是指计算机运行程序时能自动从内存中逐条取出程序中的指令,由 CPU 分析并执行指令。

　　存储程序的工作原理具体描述为:为解决某个问题,用户事先编制好程序,通过计算机输入设备将程序输入到计算机,并存储在外存中,如果要执行程序,则控制器将程序读入内存中,控制器按照程序在内存中的存储地址依次取出每条指令到控制器中,控制器再分析指令,并指挥运算器、存储器、输入设备和输出设备协调执行指令所规定的操作。

1.4　微型计算机系统

　　微型计算机简称微机,俗称电脑,是由大规模集成电路组成的、体积较小的电子计算机。微型计算机系统由微型计算机的硬件系统和软件系统两大部分组成。

1.4.1　微型计算机的主要技术指标

课堂练习

　　微型计算机的性能指标涉及体系结构、软硬件配置、指令系统等多种因素,一般说来主要有下列技术指标。

1. 字长

　　字长是指计算机运算部件一次能同时处理的二进制数据的位数。字长越长,如果用作存储数据,则计算机的运算精度就越高;如果用作存储指令,则计算机的处理能力就越强。通常字长都是 8 的整数倍,如 8、16、32、64 位等。Intel 486 和 Pentium 系列均属 32 位计算机;Intel 630 系列以后的产品以及 AMD 的 Athlon64 等均属 64 位计算机。关于位和字长的概念参见 2.3.1 节。

2. 主频

　　主频是指 CPU 的时钟频率,它的高低在一定程度上决定了计算机速度的高低。主频以赫兹(Hz)为单位,一般来说,主频越高,速度越快。由于微处理器发展迅速,微机的主频也在不断提高,已从早期的 4.77MHz(兆赫兹)发展到现在的 4GHz(吉赫兹),甚至更高。

3. 运算速度

运算速度是衡量计算机性能的一项重要指标,通常是指每秒钟所能执行的指令数目,其常用单位是 MIPS(Million Instructions Per Second,百万次/秒)。一般来说,主频越高,字长越长,内存容量越大,存取周期越小,运算速度越快。

4. 存储容量

存储容量通常分内存容量和外存容量,这里主要指内存容量。内存容量越大,机器所能运行的程序就越大,处理能力就越强。尤其是多媒体计算机一般都会涉及图像信息处理,要求的存储容量越来越大,甚至没有足够大的内存容量就无法运行某些软件。目前大多数微机的内存容量已达到 8GB。关于存储容量的单位及换算参见 2.3.1 节。

5. 存取周期

内存的存取周期也是影响整个计算机系统性能的主要指标之一。存取周期是指CPU 从内存中存取数据所需的时间。目前,内存的存取周期为 7ns～70ns。

除了以上各个指标以外,计算机的可靠性、可维护性、平均无故障时间和性能价格比也都是计算机的技术指标。

课堂练习

1.4.2 常见的微型计算机硬件

微型计算机的硬件系统由运算器、控制器、存储器(含内存、外存和缓存)、输入/输出设备五大部分组成,体积小,所以很多部件都进行了集成。从外观上看,微型计算机的主体部分就是一个箱子,称为主机箱,其中装有主板、CPU、内存条、显卡、声卡、硬盘、光驱、网卡、电源等。除了主机箱以外,重要的外部设备还有显示器、键盘、鼠标、音箱、打印机等。

注意:"主机"和"主机箱"不是一回事,虽然我们平时在生活中会把"主机箱"说成"主机",但其实,"主机"指的是 CPU、内存、主板、硬盘、光驱、电源、机箱、散热系统以及其他输入输出控制器和接口,"主机箱"指的是装有硬件部件的箱子。

下面将对微型计算机中的常见硬件进行介绍。

1. 微处理器

微型计算机的 CPU 也称为微处理器,是微型计算机最核心的部件。图 1.3 是英特尔和 AMD 公司的 CPU,它们是目前微型计算机中的两大主流 CPU。

图 1.3 英特尔和 AMD 公司的 CPU

2. 主板

主板，又叫主机板、系统板或母板，是计算机最基本最重要的部件之一，是主机箱内面积最大的一块印刷电路板，在整个计算机系统中扮演着举足轻重的角色。计算机的各个部件都通过主板来连接，计算机在正常运行时对系统内存、存储设备和其他 I/O 设备的操控都必须通过主板来完成。计算机性能是否能够充分发挥，硬件功能是否足够，以及硬件兼容性如何等，都取决于主板的设计。主板的优劣在某种程度上决定了一台计算机的整体性能、使用年限以及功能扩展能力。

3. 总线

总线（Bus）是一种内部结构，是由导线组成的传输线路束，是 CPU、内存、输入输出设备等各功能部件之间传递信息的公共通道。主机的各个功能部件通过总线相连接，外部设备通过相应的接口电路再与总线相连接，从而形成了计算机硬件系统。

按照总线所传输的信息种类，总线可以划分为数据总线（Data Bus，DB）、地址总线（Address Bus，AB）和控制总线（Control Bus，CB），分别用来传输数据、地址信息和控制信号。

如果说主板是一座城市，那么总线就像是城市里的公共汽车，能按照固定行车路线来回不停地传输二进制位，一条线路在同一时间内仅能负责传输一个二进制位。因此，必须同时采用多条线路才能传送更多数据，而总线可同时传输的数据位数称为总线宽度。总线宽度越大，传输性能就越好。

4. 内存

微型计算机的内存一般指 RAM，常用的内存有 SDRAM（Synchronous Dynamic RAM，同步动态随机存储器）和 DDR SDRAM（Double Data Rate SDRAM，双倍速率同步动态随机存储器，简称 DDR）两种。DDR 是目前内存采用的主要技术标准，当前的流行版本是 DDR4 内存，而 DDR5 内存也在逐步投入使用，两者的区别在于带宽速度、单片芯片密度、工作频率、价格等几个方面。

平常所使用的内存，实际上是将多个内存颗粒封装在一个插板上，俗称"内存条"，如图 1.4 所示。

5. 外存

外存用于存储需要长期保存的数据和程序。在微型计算机中，常见的外存设备有硬盘、光盘、U 盘、移动硬盘等。

（1）硬盘

硬盘有机械硬盘（Hard Disk Drive，HDD）和固态硬盘（Solid State Disk，SSD）之分，机械硬盘采用磁性碟片来存储数据，固态硬盘通过闪存颗粒来存储数据。

图 1.4　内存条

① 机械硬盘

机械硬盘,又称为温彻斯特硬盘,简称温盘,即传统的普通硬盘,主要由磁盘盘片、磁头、磁头臂和主轴等组成,数据就存放在磁盘盘片中,如图 1.5 所示。

图 1.5　机械硬盘内部结构图

机械硬盘是上下双磁头的,盘片在两个磁头中间高速旋转(目前机械硬盘的常见转速是 7200r/min),上下盘面同时进行数据读取,如图 1.6 所示。机械硬盘的盘片转速超高,在读取或写入数据时,非常害怕晃动和磕碰,也非常害怕灰尘(灰尘会造成磁头或盘片的损坏),因此我们平时见到的机械硬盘都是封闭的。

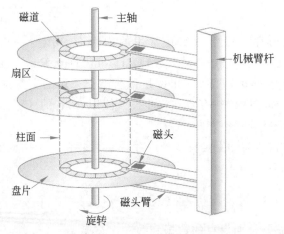

图 1.6　机械硬盘盘片示意图

机械硬盘的逻辑结构主要分为磁道、扇区和柱面。

每个盘片在逻辑上被划分为很多个同心圆,将每个同心圆称为磁道,最外面的同心圆就是 0 磁道。磁道只是逻辑结构,在盘面上并没有真正的同心圆。

在磁盘上从圆心向外呈放射状地产生分割线,将每个磁道等分为若干弧段,每个弧段就是一个扇区。每个扇区的大小是固定的,为 512 字节。扇区也是磁盘的最小存储单位。

硬盘一般是由多个盘片组成的,每个盘面都被划分为数目相等的磁道,所有盘片都会从外向内进行磁道编号,最外侧的就是 0 磁道。具有相同编号的磁道会形成一个圆柱,称为磁盘的柱面。

硬盘的容量大小可使用公式"磁头数×柱面数×扇区数×每个扇区的大小"来计算。

② 固态硬盘

固态硬盘是用固态电子存储芯片阵列制成的硬盘。固态硬盘的存储介质分为两种,一种是采用闪存(FLASH 芯片)作为存储介质,另外一种是采用 DRAM 作为存储介质,最新的还有英特尔的 XPoint 颗粒技术。

基于闪存的固态硬盘:采用 FLASH 芯片作为存储介质,就是通常所说的 SSD。它可以被制作成多种模样,例如笔记本硬盘、微硬盘、存储卡、U 盘等样式。SSD 固态硬盘最大的优点是可以移动,且数据保护不受电源控制,适应于各种环境,适合个人用户使用。

基于 DRAM 的固态硬盘:采用 DRAM 作为存储介质,它是一种高性能的存储器,理论上可以无限次写入,其缺点是需要独立电源来保护数据安全,因此应用范围较窄,属于非主流的设备。

机械硬盘和固态硬盘的对比如表 1.2 所示。相对于机械硬盘,固态硬盘具有低能耗、无噪声、抗震动、低散热、体积小和速度快的优势;不过价格比机械硬盘更高,使用寿命有限。目前,主流的笔记本电脑一般都采用固态硬盘,而台式机一般会采用固态硬盘+机械硬盘组合的方式,将操作系统和常用的软件装到固态硬盘中,将音视频等大型文件装到机械硬盘中,这样既能提供较快的读写速度,也能提供较大的存储容量。

表 1.2　机械硬盘和固态硬盘对比

对 比 项 目	固 态 硬 盘	机 械 硬 盘
容量	较小	大
读/写速度	极快	一般
写入次数	1 万～10 万次	没有限制
工作噪声	极低	有
工作温度	极低	较高
防震	很好	怕震动
重量	低	高
价格	高	低

(2) 光盘

光盘是利用激光原理进行读写的设备,是迅速发展的一种辅助存储器,可以存放各种文字、声音、图形、图像和动画等多媒体数字信息,具有存储量大、价格低、寿命长和可靠性好等优点。光盘可分为两种:①不可擦写光盘,如 CD-ROM、DVD-ROM 等;②可擦写光盘,如 CD-RW、DVD-RW 等,其优势在于刻录后可以使用软件擦除数据,并能再次使用。

读取光盘的机械装置称为光盘驱动器,简称光驱,是在台式机和笔记本电脑中比较常见的一个部件,如图 1.7 所示。随着多媒体的应用越来越广泛,光驱成为计算机诸多配件中的标准配置。但随着 U 盘、移动硬盘等外存储器的普及,越来越多的便携式计算机为了缩小其体积,不再配置体积庞大的内置光驱。用户在需要时,可使用外置光驱。

(a) 内置光驱　　　　　　　　　　(b) 外置光驱

图 1.7　光盘驱动器

（3）U 盘

U 盘是 USB(Universal Serial Bus)闪存盘的简称,也称优盘或闪盘。它是一种无须物理驱动器的微型高容量移动存储产品,通过 USB 接口与计算机连接,实现即插即用。相较于其他可携式存储设备,U 盘的优点有体积小、携带方便、容量大、价格便宜、可靠性高等。目前市场上的 U 盘容量从 4GB、8GB、16GB 到 512GB、1TB 都有。

（4）移动硬盘

移动硬盘主要指采用 USB 或 IEEE 1394 接口、可以随时插上或拔除、小巧而便于携带的硬盘存储器,它能以较高的速度与系统进行数据传输。移动硬盘的优点有容量大、即插即用、速度快、体积小、安全可靠等。

移动硬盘可以提供相当大的存储容量,是一种性价比高的移动存储产品。目前市场上的移动硬盘能提供 512GB、1TB、2TB、3TB、4TB 等容量,最高可达 12TB,满足不同用户的需求。随着技术的发展,移动硬盘容量将越来越大,体积也会越来越小。

6. 输入设备、输出设备

常见的输入设备和输出设备已在 1.3.1 节进行了简要介绍,此处不再赘述。

练习题答案
与解析

1.5　练　习　题

一、单项选择题

1. 1946 年,(　　)研制成功第一台电子数字计算机 ENIAC。

    A. 法国　　　　　　　B. 德国　　　　　　　C. 美国　　　　　　　D. 中国

2. ENIAC 的一个弱点是:机器内部采用(　　),功能十分有限。

    A. 二进制　　　　　　B. 八进制　　　　　　C. 十进制　　　　　　D. 十六进制

3. 第二代计算机采用( )作为主要的电子元器件。

    A. 集成电路   B. 电子管   C. 继电器   D. 晶体管

4. 按使用范围分类,计算机可以分为( )。

    A. 通用计算机、专用计算机

    B. 巨型机、大中型机、小型机、微型机、单片机

    C. 电子数字计算机、电子模拟计算机

    D. 科学与过程计算计算机、工业控制计算机、军事数据计算机

5. 个人计算机又称 PC,这种计算机属于( )。

    A. 微型计算机   B. 小型计算机   C. 超级计算机   D. 巨型计算机

6. 计算机的主要应用领域可以归纳为科学计算、数据处理、自动控制和( )等。

    A. 天气预报   B. 飞机导航   C. 图形设计   D. 多媒体技术

7. 列车调度系统、导弹拦截系统等属于计算机应用中的( )领域。

    A. 计算机网络   B. 自动控制   C. 数值计算   D. 人工智能

8. ( )是计算机辅助工程的英文缩写。

    A. CAI   B. CAT   C. CAD   D. CAE

9. ( )是指研制速度更快、存储量更大、功能更强、可靠性更高的计算机。

    A. 巨型化   B. 微型化   C. 网络化   D. 多媒体化

10. 计算机系统由两大部分组成,它们是( )。

    A. CPU 和存储器   B. 键盘和显示器

    C. 主机和外设   D. 硬件系统和软件系统

11. 没有安装任何软件的计算机,称为硬件计算机或( )。

    A. 模拟计算机   B. 裸机   C. 单片机   D. 专用计算机

12. 按照冯·诺依曼思想,计算机硬件系统应包含( )以及输入设备和输出设备。

    A. 运算器、存储器、操作器   B. 加法器、存储器、操作器

    C. 运算器、存储器、控制器   D. 存储器、控制器、加法器

13. 控制计算机各部件进行操作,并协调各部件工作的是( )。

    A. 运算器   B. 存储器   C. 控制器   D. 输入设备

14. 运算器、控制器和寄存器属于( )。

    A. 累加器   B. 算术逻辑单元   C. CPU   D. 主板

15. 按照冯·诺依曼思想,程序和数据预先存放在( )中,计算机一经启动,应在不需人工干预的情况下,自动逐条读取指令和执行任务。

    A. 运算器   B. 控制器   C. 存储器   D. 寄存器

16. 运算速度是衡量计算机性能的一项重要指标,是指每秒钟所能执行的( )。

    A. 指令条数   B. 指令长度   C. 指令类型   D. 以上都不是

17. ( )是指计算机运算部件一次能同时处理的二进制数据的位数。( )越长,则数据的表示范围就( )。

    A. 字长,字长,越小   B. 字长,字长,越大

    C. 位长,位长,越小   D. 位长,位长,越大

18. 在微型计算机中,微处理器的主要功能是进行(　　)。

　　A. 逻辑运算　　　　　　　　　　　　B. 算术、逻辑运算

　　C. 算术、逻辑运算及整机的控制　　　D. 算术运算

19. 按照总线所传输的信息种类,总线可以划分为 3 种,以下错误的是(　　)。

　　A. 地址总线　　　B. 系统总线　　　C. 数据总线　　　D. 控制总线

20. 机械硬盘的每个盘片在逻辑上被划分为很多个同心圆,将每个同心圆称为(　　)。

　　A. 扇区　　　　　B. 簇　　　　　　C. 磁道　　　　　D. 柱面

二、简答题

1. 计算机的发展通常划分为哪几个阶段? 请说出每个阶段采用的主要电子元器件,以及计算机在每个阶段的主要用途。

2. 计算机的发展趋势主要包含哪几个方面? 请对每个方面进行简要说明。

3. 什么是指令? 什么是指令系统? 什么是程序?

4. 现在使用的计算机仍然遵循冯·诺依曼体系结构,请简要叙述该体系结构的主要思想。

5. 请对比机械硬盘、固态硬盘的优缺点。你在购买计算机时会选择机械硬盘还是固态硬盘? 请说明理由。

第  章 信息的表示与存储

2.1 信息与编码

信息指资讯、消息,泛指人类社会传播的一切内容。信息是由客观事物得到的,使人们能够认知客观事物的各种消息、情报、数字、信号、图形、图像、语言等所包括的内容。在一切通信和控制系统中,信息是一种普遍联系的形式。1948 年,数学家香农在题为《通信的数学理论》的论文中指出:"信息是用来消除随机不确定性的东西"。

在计算机领域中,未经处理的数据只是基本素材,而信息是经过加工转化成的计算机能够处理的数据,同时也是经过计算机处理后作为问题解答而输出的数据。因此,信息是为了满足用户决策的需要而经过加工处理的数据,或者说,信息是数据处理的结果。

信息不能独立存在,必须依附于某种载体之上。电子学家、计算机科学家认为"信息是电子线路中传输的以信号作为载体的内容"。信息无处不在,具有可传递性、共享性、可处理性。

编码是使用预先规定的方法将文字、数字或其他对象编成数码,在计算机数据世界中,使用的是一串 0、1 代码来编码。计算机中的一切信息都是以 0 和 1 组成的二进制形式存储的,即无论是能参与运算的数值型数据,还是文字、图片、声音和视频等非数值型数据,都是以二进制代码表示的,如图 2.1 所示。

图 2.1 计算机数据编码

为什么计算机中要采用 0、1 代码表示的二进制呢? 原因如下。

(1) 技术实现简单。计算机是由逻辑电路组成的,逻辑电路通常只有两种状态:晶体管的导通和截止、开关的接通和断开、电平的高和低等,这两种状态可以用来表示二进制的"0"和"1",因而实现起来非常容易。

(2) 简化运算规则。二进制数的求和运算仅有 3 种运算规则,0+0=0,0+1=1+0=1,1+1=10,运算规则简单,有利于简化计算机内部结构,提高运算速度。相比之下,十

进制的求和运算规则要复杂得多。

（3）适合逻辑运算。逻辑代数是逻辑运算的理论依据，二进制只有两个数码，正好与逻辑代数中的"真"和"假"相吻合。

（4）抗干扰能力强，可靠性高。因为二进制中的每位数据只有高、低两种状态，当受到一定程度的干扰时，仍能可靠地分辨出它是高还是低。

本章 2.3 节将详细介绍各种数据在计算机中的二进制编码格式。

2.2 进位计数制及其相互转换

2.2.1 进位计数制

课堂练习

进位计数制是把一组特定的数字符号按先后顺序排列起来，由低位向高位进位的计数方法，简称"进制"。一种进位计数制包含一组固定的数码符号以及 3 个基本要素：基数、数位和位权。

数码：一组用来表示某种数制的符号。例如，十进制的数码是 0、1、2、3、4、5、6、7、8、9；二进制的数码是 0、1。

基数：某种计数制可以使用的数码个数，也是在做加减法时的进位或借位数。例如，十进制的基数是 10，做加法时逢 10 进 1，做减法时借 1 当 10；二进制的基数是 2，做加法时逢 2 进 1，做减法时借 1 当 2。

数位：表示数码在一个数中所处的位置。

位权：是以基数为底的幂，表示处于该位的数码所代表的数值大小。

以十进制数 5678.23 为例，其基数为 10，数码、数位、位权等如表 2.1 所示。

表 2.1　进位计数制举例

	千位	百位	十位	个位	十分位	百分位
数码	5	6	7	8	2	3
数位	3	2	1	0	-1	-2
位权	10^3	10^2	10^1	10^0	10^{-1}	10^{-2}
数值	5×10^3	6×10^2	7×10^1	8×10^0	2×10^{-1}	3×10^{-2}

在日常生活中广泛使用的是十进制（Decimal Notation），而计算机中采用的是二进制（Binary Notation），但二进制数书写、阅读都不太方便，所以程序员经常用八进制（Octal Notation）和十六进制（Hexadecimal Notation）进行简化。八进制、十六进制是从二进制派生出来的，它没有改变二进制的本质，但程序员使用起来非常方便。

不管使用什么进制，在计算机内部存储的都是二进制，只是屏幕显示不一样而已。

常用的几种进制如表 2.2 所示。十进制的数值 0～15 与其他进制之间的对照表如表 2.3 所示。

　大学计算机基础与计算思维

表 2.2　几种常用的进制

进制	二进制	八进制	十进制	十六进制
规则	逢2进1 借1当2	逢8进1 借1当8	逢10进1 借1当10	逢16进1 借1当16
数码	0,1 共2个	0,1,2,3,4,5,6,7 共8个	0,1,2,3,4,5,6,7,8,9 共10个	0,1,2,3,4,5,6,7,8,9,A,B,C,D,E,F 共16个
基数	2	8	10	16
位权	2^i	8^i	10^i	16^i

表 2.3　十进制的数值 0~15 与其他进制的对照表

十进制	二进制	八进制	十六进制	十进制	二进制	八进制	十六进制
0	000	0	0	8	1000	10	8
1	001	1	1	9	1001	11	9
2	010	2	2	10	1010	12	A
3	011	3	3	11	1011	13	B
4	100	4	4	12	1100	14	C
5	101	5	5	13	1101	15	D
6	110	6	6	14	1110	16	E
7	111	7	7	15	1111	17	F

不同进制数据的表示示例如下：
- 二进制：$(1101)_2$ 或 1101B。
- 八进制：$(1101)_8$ 或 1101O。
- 十进制：$(9285)_{10}$ 或 9285D。
- 十六进制：$(2AF)_{16}$ 或 2AFH。

2.2.2　进制转换

微课视频

计算机内部采用二进制，而输入输出数值数据时，人们习惯使用十进制，而程序员编程时常用到八进制和十六进制，所以在计算机内部经常需要进行不同进制数据之间的转换。本节将介绍二进制、八进制、十进制、十六进制数之间的相互转换方法。

1. 其他进制数转换为十进制数

转换方法：按位权展开并相加，即将各位置的数码按其位权形式展开（二进制、八进制、十六进制的位权分别是 2、8、16 的幂次），并求和，结果即为对应的十进制数。

课堂练习

例如：

$$(1101.11)_2 = 1 \times 2^3 + 1 \times 2^2 + 0 \times 2^1 + 1 \times 2^0 + 1 \times 2^{-1} + 1 \times 2^{-2}$$
$$= 8 + 4 + 0 + 1 + 0.5 + 0.25 = (13.75)_{10}$$
$$(2F)_{16} = 2 \times 16^1 + 15 \times 16^0 = 32 + 15 = (47)_{10}$$
$$(67)_8 = 6 \times 8^1 + 7 \times 8^0 = 48 + 7 = (55)_{10}$$

2. 十进制数转换为其他进制数

十进制数转换成其他进制数时,需要对整数部分和小数部分分别进行处理。

(1) 整数部分的转换方法:除以基数倒取余数法,即用十进制整数连续地除以目标进制的基数(例如,十进制数转换成二进制数,则除以基数 2),每次取余数,直到商为 0 为止。将得到的余数倒序排列(即:最后得到的余数是最高位),就得到转换后的结果。

例如,要将十进制数 28 转换成二进制数,计算过程如图 2.2 所示,计算结果为:$(28)_{10} = (11100)_2$。

又如,要将十进制数 13 转换成八进制数,除以基数 8,计算过程如图 2.3 所示,计算结果为:$(13)_{10} = (15)_8$。要将十进制数 156 转换成十六进制数,除以基数 16,计算过程如图 2.4 所示,其中十进制数 12 为十六进制数码 C,计算结果为:$(156)_{10} = (9C)_{16}$。

图 2.2　十进制数转换　　　图 2.3　十进制数转换　　　图 2.4　十进制数转换为
为二进制数　　　　　　　　为八进制数　　　　　　　　十六进制数

(2) 小数部分的转换方法:乘基数取整法,即用十进制小数连续地乘以目标进制的基数,每次取走整数部分,直到小数部分为 0(参见例 2.1)或达到所要求的精度(参见例 2.2)为止。将每次取出的整数部分正序排列(即先得到的整数是高位),就得到转换后的结果。

【例 2.1】　将十进制数 29.375 转换成二进制数。

本例需要将整数部分与小数部分分开处理,计算过程如图 2.5 所示,计算结果为:$(29.375)_{10} = (11101.011)_2$。

【例 2.2】　将十进制数 0.33 转换成十六进制数,结果保留 3 位小数。

计算过程如图 2.6 所示,计算结果为:$(0.33)_{10} = (0.547)_{16}$。

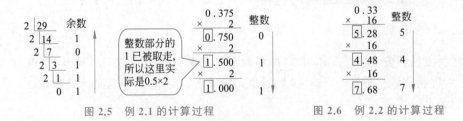

图 2.5　例 2.1 的计算过程　　　　　　　　图 2.6　例 2.2 的计算过程

3. 二进制数、八进制数、十六进制数的互相转换

二进制数转换成八进制数时，以小数点为分界线，整数部分从右往左，小数部分从左往右，每 3 位分成一组，不足 3 位补 0，每组转换成一位八进制数。反之，八进制数转换成二进制数时，是将一位八进制数拆分为 3 位二进制数。

二进制数转换成十六进制数时，以小数点为分界线，整数部分从右往左，小数部分从左往右，每 4 位分成一组，不足 4 位补 0，每组转换成一位十六进制数。反之，十六进制数转换成二进制数时，是将一位十六进制数拆分为 4 位二进制数。

八进制数与十六进制数之间的转换通常以二进制作为桥梁。

例如，将二进制数 10110101 转换成八进制数：

$\underline{0}10 \quad \underline{110} \quad \underline{101}$　　　　（斜体部分表示不足 3 位时所补充的 0）

$\downarrow \qquad \downarrow \qquad \downarrow$

2　　6　　5

故 $(10\,110\,101)_2 = (265)_8$

将八进制数 31 转换成二进制数：

$(31)_8 = (011\,001)_2$

将二进制数 101101 转换成十六进制数：

$(\underline{00}10\,1101)_2 = (2D)_{16}$

将十六进制数 4F 转换成二进制数：

$(4F)_{16} = (0100\,1111)_2$

将八进制数 513 转换成十六进制数：

$(513)_8 = (101\,001\,011)_2 = (\underline{000}1\,0100\,1011)_2 = (14B)_{16}$

综上所述，4 种常用进制之间的转换方法如表 2.4 所示。

表 2.4　4 种常用进制之间的转换方法

源进制＼目标进制	十进制	二进制	八进制	十六进制
十进制	—	整数部分：除以基数倒取余数；小数部分：乘基数取整数		
二进制	按位权展开并相加	—	从小数点往两边，3 位二进制数为一组转换成一位八进制数	从小数点往两边，4 位二进制数为一组转换成一位十六进制数
八进制		一位八进制数拆分为 3 位二进制数	—	以二进制为桥梁
十六进制		一位十六进制数拆分为 4 位二进制数	以二进制为桥梁	—

Windows 操作系统自带的计算器，也可以实现整数的各种进制之间的相互转换。以 Windows 10 为例，单击"开始"菜单→"所有程序"→"附件"→"计算器"，在打开的计算器窗口中单击"查看"→"程序员"，即可打开能进行整数进制转换的计算器，如图 2.7 所示。

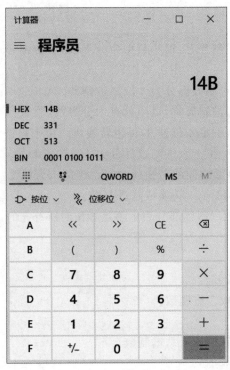

图 2.7　Windows 10 中的计算器的"程序员"模式

2.3　数据在计算机中的表示

2.3.1　存储单位及存储容量

课堂练习

1. 位

位(bit,b)是计算机中表示信息的最小单位,即一个 0 或 1。

一位二进制可表示 $2^1=2$ 种信息,取值分别为 0、1;两位二进制可表示 $2^2=4$ 种信息,取值分别为 00、01、10、11;三位二进制可表示 $2^3=8$ 种信息,取值分别为 000、001、010、011、100、101、110、111;以此类推,n 位二进制可表示 2^n 种信息。

2. 字节

字节(Byte,B)是计算机处理信息的基本单位,一个字节由 8 位构成,通常写成 1B= 8b。一个字节可以表示 $2^8=256$ 种不同信息。

3. 字长

计算机一次可处理的二进制数码的组合称为字(Word),字的位数称为字长。字长是计算机一次能存取、处理和传输的二进制的位数,通常是字节的整数倍。不同计算机系统的字长是不同的,目前微机常用的字长有 32 位和 64 位。字长是衡量计算机性能的一个重要指标,字长越长,一次传送的二进制位数越多,运算速度越快,可以表示的状态越多,运算精度越高,数据的表示范围越大,计算机性能越好。

4. 存储容量

存储容量是衡量计算机存储能力的重要指标,用字节(B)表示。由于存储器的容量比较大,为了阅读与书写方便,又引入 KB(千字节)、MB(兆字节)、GB(吉字节)、TB(太字节)、PB(拍字节)作为存储容量的单位,它们之间的换算进率为 $2^{10}=1024$。

$$1KB=1024B \qquad 1MB=1024KB \qquad 1GB=1024MB$$
$$1TB=1024GB \qquad 1PB=1024TB$$

由于数据在计算机内部是以二进制形式存储的,所以采用 2 的整数次幂作为换算单位可以方便计算机进行计算。但因人们习惯使用十进制,所以存储器生产厂商常常使用 1000 作为进率,导致实际容量比标称容量小,不过这是合法的。例如,标称 2TB 的硬盘,其实际容量为:

$$\frac{2\times1000\times1000\times1000\times1000B}{1024\times1024\times1024}\approx931GB$$

2.3.2 数值型数据

数值在计算机内的表达形式称为机器数,机器数的位数(长度)是固定的,例如,64 位计算机能够表示的机器数长度是 64 位。为了书写方便,假设机器数的长度为 8 位。

由于计算机中只能表示 0 和 1,所以要想使计算机能够完整地表示一个数值数据,必须解决两个问题:一是数据的符号表示(正负号),二是小数点的表示。

1. 数据的符号表示

为了描述数据的符号,在机器数中引入了符号位的概念,从而将数据的正负属性代码化。通常规定:机器数的最高位为符号位,0 表示正号,1 表示负号;其余各位为数值位。机器数所代表的实际数值,称为真值,一般用十进制数表示。例如:

其中,25 转换成二进制为 11001,为了凑够机器数的长度 8 位,所以需要在数值位的高位部分再补上 2 个 0。

2. 整数的表示

整数一般采用定点表示法,即小数点隐含固定在最右边。小数点是假设的,并不实际存储。

为了更有效地利用计算机内存,在计算机中,整数分为无符号整数和有符号整数。

对于无符号整数,可以将机器数的全部数位都用来表示数的绝对值,即没有符号位,此时只能表示 0 和正整数。例如,内存单元的存储地址、学生学号等,都可以用无符号整数来表示。

对于有符号整数,需要使用一个二进制位作为符号位,其余各位用来表示数值的大小。它可以表示正整数、0 和负整数。目前普遍使用补码表示法来表示有符号数。

假设机器数长度为 8 位,10011010 这一串二进制数,若代表的是有符号数,则最高位的 1 表示负号,后面 7 位是数值位,转换成十进制是 −26;若是无符号数,则 8 位全部是数值位,转换成十进制是 154。

3. 实数的表示

实数是带有整数部分和小数部分的数。实数的存储,不仅需要以 0、1 的二进制形式来表示,还要指明小数点的位置。小数点在计算机中通常有两种表示方法:定点小数和浮点数。

定点小数是把小数点隐含固定在数值部分最高位的左边、符号位的右边,如图 2.8 所示。

图 2.8 定点小数的格式

由于定点小数只能表示绝对值小于 1 的数,不能满足计算的需求,因此通常会采用浮点数来表示实数。

浮点数是指小数点位置可浮动的数据,其思想来源于科学记数法。在浮点表示方法中,任意一个数都可表示为 $N = M \times R^E$(如十进制浮点数 1234.678,可以表示为 0.1234678×10^4),其中:

M 称为尾数,是一个定点小数,它表示数的有效数值。

E 称为阶码,是一个带符号的整数,它表示小数点在该数中的位置。

R 称为基数,一般取 2、8、10 或 16,在同一体系结构的计算机中,基数是固定的,通常不需要存储。

计算机中使用的浮点数采用 IEEE 格式,只存储尾数和阶码两个部分。

课堂练习

2.3.3 西文字符

西文字符,是指在英文输入法状态下输入的所有字符,包括大小写英文字母、数字、标点符号、一些控制符等。西文字符采用 ASCII 码(American Standard Code for Information Interchange,美国信息交换标准代码)进行编码,每个字符均由 7 位二进制组成,总共可表示 $2^7 = 128$ 种字符,如表 2.5 所示。

表 2.5　ASCII 码字符表

高3位 低4位	000	001	010	011	100	101	110	111
0000	NUL	DEL	SP	0	@	P	`	p
0001	SOH	DC1	!	1	A	Q	a	q
0010	STX	DC2	"	2	B	R	b	r
0011	ETX	DC3	#	3	C	S	c	s
0100	DOT	DC4	$	4	D	T	d	t
0101	ENG	NAK	%	5	E	U	e	u
0110	ACK	SYN	&	6	F	V	f	v
0111	BEL	ETB	'	7	G	W	g	w
1000	BS	CAN	(	8	H	X	h	x
1001	HT	EM	)	9	I	Y	i	y
1010	LF	SUB	*	:	J	Z	j	z
1011	VT	ESC	+	;	K	[	k	{
1100	FF	FS	,	<	L	\	l	|
1101	CR	GS	-	=	M	]	m	}
1110	SO	RS	.	>	N	↑	n	~
1111	SI	US	/	?	O	↓	o	DEL

由于计算机处理信息的基本单位是字节,因此,ASCII 码实际上是使用 1 字节的后面 7 位来表示某个字符,而最高位以 0 编码或用作奇偶校验位。所以,一个西文字符的 ASCII 码占 1 字节。

从表 2.5 可知,大写字母 A 的 ASCII 码的二进制为 1000001,对应的十进制形式为 65,且 26 个大写字母是连续编码的,即 B、C、……、Z 的 ASCII 码依次为 66、67、……、90; 小写字母 a 的 ASCII 码为 97,且 26 个小写字母也是连续编码的。大小写字母的 ASCII 码相差 32,这是计算机程序中进行大小写字母转换的依据。

2.3.4　汉字编码

计算机内部处理的信息,都是用二进制代码表示的,汉字也不例外。根据应用目的的不同,汉字编码分为外码、汉字交换码、机内码和字型码等。

1. 外码(输入码)

外码又称为输入码,是用来将汉字输入到计算机中的一组键盘符号。英文字母只有 26 个,可以把所有的字符都放到键盘上,而使用这种办法把所有的汉字都放到键盘上是不可能的,所以汉字系统需要有自己的输入码体系,使汉字与键盘能建立对应关系。目前常用的输入码有拼音码、五笔字型码、自然码、表形码、认知码、区位码和电报码等,一种好的编码应有编码规则简单、易学好记、操作方便、重码率低、输入速度快等优点。同一个汉字,采用不同的输入方法,相应的外码也就不同。

2. 汉字交换码

汉字交换码是计算机与其他系统或设备之间交换汉字信息的标准编码。计算机只能识别由0、1组成的代码,ASCII码是英文信息处理的标准编码,汉字信息处理也必须有一个统一的标准编码。我国国家标准局于1981年5月颁布了《信息交换用汉字编码字符集——基本集》,即国标码,代号为GB2312-80。国标码字符集中收集了常用汉字和图形符号7445个,其中汉字6763个,图形符号682个。按照汉字的使用频度将其分为两级,第一级为常用汉字3755个,第二级为次常用汉字3008个。国标码的编码原则为:汉字用2字节表示,每个字节用七位码(最高位为0)。

3. 机内码

根据国标码的规定,每一个汉字都有一个确定的二进制代码,该代码在计算机内部处理时可能会与西文字符的ASCII码发生冲突,即计算机有可能将一个汉字的国标码理解为两个西文字符的ASCII码,因为它们的最高位都是0。为解决这一问题,将国标码的每个字节的最高位设为1,其余7位不变,由此得到汉字的机内码。因此,计算机在处理到最高位是"1"的代码时把它理解为汉字的机内码,在处理到最高位是"0"的代码时把它理解为西文字符的ASCII码。

4. 字型码

字型码是汉字的输出码,输出汉字时都采用图形方式,无论汉字的笔画是多少,每个汉字都可以写在同样大小的方块中。为了能准确地表达汉字的字型,对于每一个汉字都有相应的字型码,目前大多数汉字系统中都是以点阵的方式来存储和输出汉字的字型,图2.9所示的是汉字"中"的字型码及其二进制表示。

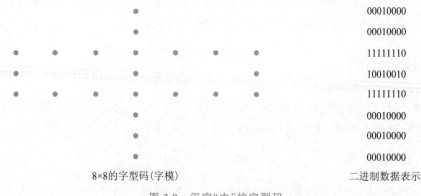

图 2.9　汉字"中"的字型码

掌握了西文字符和汉字的编码以后，对于具有中文英文的信息，读者就知道了该如何编码。例如表 2.6 中的信息，China 的编码采用 ASCII 码，其值分别是十六进制的 43 68 69 6E 61，每个字母占 1 字节。其余的符号和汉字都采用汉字的国标码编码，每个汉字或标点符号占 2 字节。

表 2.6   中文西文信息编码

原 始 数 据	对应的数据编码（十六进制表示）								
英文单词"China"意为中国	D3A2 CAC7	CEC4 D6D0	B5A5 B9FA	B4CA A1A3	A1B0	43	68	69	6E 61 A1B0

注意，这里的双引号也采用国标码编码了。

2.3.5   多媒体及其编码

多媒体就是多种媒体的意思，可以理解为直接作用于人感官的文字、图形、图像、动画、声音和视频等各种媒体的统称，即多种信息载体的表现形式和传递方式。前面章节已经介绍了西文字符的 ASCII 编码以及汉字的机内码，本节将介绍声音、图像等信息是如何进行编码的。

1. 声音编码

自然界中的声音非常复杂，波形也相对复杂。计算机要处理自然界的声音，需要将波形数据转换成 0、1 数码组成的数字数据，即音频数字化，如图 2.10 所示。波形声音转换成数字化音频需要经过抽样、量化、编码三个步骤。

0101010101010101010101010101010101010010101010101010100101
1010101001010100101010101010100101001010010100101000000011
1111100000000000011111111111000100000000000000000011111111
1000000000000000011111111110000000000000111111111111000000

波形音频   音频数字编码

图 2.10   波形音频与数字化音频编码

目前，计算机音频的编码格式有多种标准，常见音频文件格式有 MIDI 格式、WAV 格式、MP3 格式和 RealAudio 格式。

MIDI（Musical Instrument Digital Interface，乐器数字接口）是数字音乐/电子合成乐器国际标准。MIDI 文件有几个变通的格式，其中 CMF 文件是随声卡一起使用的音乐文件，与 MIDI 文件非常相似，只是文件头略有差别；另一种 MIDI 文件是 Windows 使用的 RIFF（Resource Interchange File Format）文件的一种子格式，称为 RMID，扩展名为 rmi。MIDI 传输的不是声音信号，而是音符、控制参数等指令，它指示 MIDI 设备要做什么、怎么做（如演奏哪个音符、多大音量等）。

WAV 为微软公司开发的一种声音文件格式，它符合 RIFF 文件规范，用于保存

Windows 平台的音频信息资源，被 Windows 平台及其应用程序所广泛支持。该格式也支持多种压缩算法，支持多种音频数字、取样频率和声道。标准格式化的 WAV 文件和 CD 格式一样，也是 44.1kHz 的取样频率，16 位量化数字，因此其声音文件质量和 CD 相差无几。WAV 的打开工具是 Windows 的媒体播放器。

MP3 是一种音频压缩技术，也称为动态影像专家压缩标准音频层面 3（Moving Picture Experts Group Audio Layer Ⅲ）。利用 MPEG Audio Layer 3 的技术，可以大幅度地降低音频数据量，将音乐文件以 1∶10 甚至 1∶12 的压缩率，压缩成容量较小的文件，其重放的音质与最初的不压缩音频相比没有明显的下降。

RealAudio（即时播音系统）是 Progressive Networks 公司所开发的软件系统，是一种新型流式音频（Streaming Audio）文件格式。它包含在 RealMedia 中，主要用于在低速的广域网上实时传输音频信息，适用于网络上的在线播放。

其他音频文件格式还有 AIFF、AU、WMA 等。

在 Windows 环境下，常见的音频工具除了 Windows 附件里自带的录音机、媒体播放器外，还有其他常见的音频播放软件如 Winamp、RealPlayer 等。专业的音频加工处理软件有 Audition、GoldWave 等。

2. 图像编码

图像编码与声音编码类似，也需要对模拟图形进行数字化转换，即模拟图像信号转换成数字化信号。模拟图像信号数字化是对信号在时间上抽样、幅度上分层并转换为 0、1 数码的过程，如图 2.11 所示。这一数字化过程产生了大量的 0、1 数码，大大增加了对传输信道容量的要求。因此，在图像数字化的同时，必须进行频带压缩，只有将图像数字化后，对传输信道容量的要求降低到接近于、甚至小于图像模拟传输时的数值，图像的数字传输才有可能得到广泛应用，图像编码技术也称为图像压缩技术。

1010101010101010100101001010100101010
1111110000000000001000000000001010101010
1010100101010101010101010101010101010
101010101011100011100101010101010010101010

图像　　　　　　　　　　　　　　　　图像编码

图 2.11　图像与图像编码

图像编码的标准不同，则产生的图像文件格式不同。常见的图像文件格式有 BMP 格式、GIF 格式和 JPEG 格式等。

BMP（全称 Bitmap）是 Windows 操作系统中的标准图像文件格式。由于压缩比很小，图像质量比较高，但占用较大空间，常用于存储在单机中使用，少见于频繁的网络传输。

GIF（Graphics Interchange Format）是"图像互换格式"，GIF 文件的数据，是一种基于 LZW 算法的连续色调的无损压缩格式，其压缩率一般在 50% 左右。目前几乎所有相关软件都支持 GIF 图像文件。

JPEG 是常见的一种图像格式，由联合照片专家组（Joint Photographic Experts Group）开发并命名。其压缩技术十分先进，它用有损压缩方式去除冗余的图像和彩色数据，获取很高的压缩率（压缩率高达 50%）的同时能展现十分丰富生动的图像，可以用最少的磁盘空间得到较好的图像质量。

其他常见图像文件格式还有 TIFF、PNG、WDP 等。

常用的图像处理软件有 Windows 系统自带的"画图"软件和 Adobe 公司的 Photoshop。

3. 视频编码

视频编码是指通过压缩技术，将原始视频格式的文件转换成另一种视频格式文件的方式。视频流传输中最为重要的编解码标准有国际电联的 H.261、H.263、H.264，运动静止图像专家组的 M-JPEG 和国际标准化组织运动图像专家组的 MPEG 系列标准，此外在互联网上被广泛应用的还有 Real-Networks 的 RealVideo、微软公司的 WMV 以及 Apple 公司的 QuickTime 等。根据不同的编码标准，有不同的视频格式，常见视频文件格式有 AVI 格式、MPEG 格式、RealVideo 格式、MOV 格式、3GP 格式和 MKV 格式等。

AVI（Audio Video Interleaved），即音频视频交错格式，是将音频和视频同步组合在一起可以同步播放的文件格式。它对视频文件采用了一种有损压缩方式，可跨多平台使用。

MPEG、MPG、DAT 等格式同属 MPEG，其全名为 Moving Pictures Experts Group/Motion Pictures Experts Group，即动态图像专家组，是国际通用的运动图像压缩算法标准。MP4，全称为 MPEG-4 Part 14，是一种使用 MPEG-4 的多媒体文档格式，文件扩展名为 mp4，以储存数码音讯及数码视讯为主，是目前运用非常广泛的一种视频格式。

RealVideo 格式文件包括扩展名为 ra、rm、ram、rmvb 的 4 种视频格式，是一种高压缩比的视频格式，可以使用任何一种常用于多媒体及 Web 上制作视频的方法来创建 RealVideo 文件，是视频流技术的始创者。它损失一定的画面质量，以达到稳定流畅的观感体验。随着网络技术的发展、带宽的不断提高，这种文件格式会慢慢被更清晰的文件格式代替。

MOV 即 QuickTime 影片格式，Apple 公司开发的用于存储常用数字媒体类型的文件。

3GP 是一种 3G 流媒体的视频编码格式，多用于移动通信领域。3GP 是 MP4 格式的一种简化版本，减少了储存空间和较低的频宽需求，让手机的有限储存空间可以使用。

MKV 不是一种压缩格式，而是 Matroska 的一种媒体文件，Matroska 是一种新的多媒体封装格式，也称多媒体容器（Multimedia Container）。它可将多种不同编码的视频及 16 条以上不同格式的音频和不同语言的字幕流封装到一个 Matroska 媒体文件中。MKV 最大的特点就是能容纳多种不同类型编码的视频、音频及字幕流。

常见的视频格式还有 ASF、Divx、WMV 等。

常用的视频播放软件有 Windows 自带的 Windows Media Player，其他软件如暴风、QQ 等自带的媒体播放器。视频编辑处理软件有 Premiere、After Effect 等专业软件。

2.4 练 习 题

一、单项选择题

1. 对于信息,下列说法错误的是(　　　)。
　　A. 信息是可以共享的　　　　　　　　　B. 信息是可以传播的
　　C. 信息可以不依附于某种载体而存在　　D. 信息是可以处理的

2. 数据是信息的载体,包括的不同形式有数值、文字、图片、声音和(　　　)。
　　A. 函数　　　　　　B. 多媒体　　　　　　C. 表达式　　　　　　D. 视频

3. 在计算机内部,数据加工、处理和传送的形式是(　　　)。
　　A. 二进制码　　　　B. BCD 码　　　　　　C. NFC 码　　　　　　D. ASCII 码

4. 二进制数 1001 相对应的十进制数应是(　　　)。
　　A. 8　　　　　　　　B. 7　　　　　　　　　C. 9　　　　　　　　　D. 6

5. 计算机配置的内存容量为 128MB 或 128MB 以上,其中的 128MB 是指(　　　)。
　　A. 128×1000×1000 字节　　　　　　　　B. 128×1000×1000 字
　　C. 128×1024×1024 字　　　　　　　　　D. 128×1024×1024 字节

6. 在计算机领域中,通常用大写英文字母 B 来表示(　　　)。
　　A. 字节　　　　　　B. 字长　　　　　　　C. 字　　　　　　　　D. 二进制位

7. "32 位微型计算机"中的 32 是指该计算机(　　　)。
　　A. 能同时处理 32 位二进制数　　　　　　B. 能同时处理 32 位十进制数
　　C. 具有 32 根地址总线　　　　　　　　　D. 运算精度可达小数点后 32 位

8. 下列字符中 ASCII 码值最大的是(　　　)。
　　A. a　　　　　　　　B. A　　　　　　　　　C. f　　　　　　　　　D. Z

9. 在计算机中用(　　　)表示汉字。
　　A. 字符编码　　　　　　　　　　　　　　　B. ASCII 码
　　C. BCD 码　　　　　　　　　　　　　　　　D. 汉字编码

10. 对输入到计算机中的某种非数值型数据用二进制数来表示的转换规则称为(　　　)。
　　A. 编码　　　　　　B. 数制　　　　　　　C. 校验　　　　　　　D. 信息

11. 字符"0"的 ASCII 码值是(　　　)。
　　A. 47　　　　　　　B. 48　　　　　　　　C. 46　　　　　　　　D. 49

12. 多媒体信息在计算机中的存储形式是(　　　)。
　　A. 二进制数字信息　　　　　　　　　　　　B. 十进制数字信息
　　C. 文本信息　　　　　　　　　　　　　　　D. 模拟信号

13. 计算机中所有信息都是以二进制形式表示的,主要原因是(　　　)。
　　A. 运算速度快　　　　　　　　　　　　　　B. 节约元件
　　C. 所选用的物理元件性能所致　　　　　　D. 信息处理方便

14. 以下对视频格式文件的描述中,不正确的是(   )。

    A. AVI 格式可以将视频和音频交织在一起进行同步播放

    B. AVI 格式的优点是图像质量好

    C. AVI 格式可以跨多个平台使用,其缺点是体积过于庞大

    D. AVI 格式可以将视频和音频交织在一起进行同步播放,而且体积非常小

15. 以下对音频文件格式的描述中,正确的是(   )。

    A. MIDI 文件通常比 WAV 文件小,可以从 CD、磁带、麦克风等录制 MIDI 文件

    B. MIDI 文件通常比 MP3 文件大

    C. WAV 文件通常比 MP3 文件小

    D. MIDI 文件通常比 WAV 文件小,可以从 CD、磁带、麦克风等录制 WAV 文件

二、简答题

1. 简述信息与数据的关系。

2. 简述进位计数制、数码、基数、数位、位权的基本含义。

3. 计算机为什么要采用 0、1 数码表示的二进制?

4. 简述位、字节、字的基本含义。

5. 什么是 ASCII 码?

第 3 章 操作系统及应用

3.1 操作系统概述

课堂练习

3.1.1 操作系统概念

操作系统(Operating System,OS)负责控制和管理整个计算机系统的硬件和软件资源,合理地组织调度计算机的工作和资源的分配,并为用户提供友好的操作界面。

操作系统是计算机中最基本、最重要的系统软件,是最靠近硬件的底层软件,管理和控制计算机硬件资源,同时为上层软件提供支持,其他应用程序都在操作系统的支持下运行。

课堂练习

3.1.2 操作系统功能

操作系统的功能可分为 5 大部分:作业管理、进程管理、存储管理、设备管理和文件管理。

1. 作业管理

作业是指用户提交给计算机处理的相对独立的任务。用户提交某项作业后,系统为作业创建进程;如果一个进程无法完成,系统会为这个进程创建子进程。

作业管理是按某种调度算法从作业队列中把作业调度装入到内存中运行,当该作业执行完毕后,操作系统负责系统资源的回收。

2. 进程管理

进程是操作系统进行资源分配和调度的基本单位。

进程管理的主要功能是为作业创建进程,撤销已结束的进程,以及控制进程在运行过程中的状态转换。进程管理实质上是对 CPU 执行时间的管理,通过进程调度算法将 CPU 合理地分配给各个进程。

3. 存储管理

存储管理主要是对内存的分配、保护和扩充。其中,内存分配的主要任务包括为每个程序分配内存空间,使它们各得其所;提高内存的利用率,尽量减少碎片(即不可用的小块内存空间);允许正在运行的程序申请附加的内存空间,以适应程序和数据动态增长的需要。内存保护是确保每个用户程序都只在自己的内存空间内运行,彼此互不干扰;绝不允许用户程序访问操作系统的程序和数据。内存扩充是借助于虚拟存储技术,从逻辑上扩充内存容量。

4. 设备管理

设备管理负责对所有的输入设备和输出设备的管理,包括分配、启动和回收、设备传输控制等。

5. 文件管理

文件管理的主要任务是,对用户文件和系统文件进行管理,以方便用户使用,并保证文件的安全性。其主要功能包括文件存储空间(即外存空间,例如硬盘、U 盘等)的管理、目录(即文件夹)管理、文件的读/写管理、文件的共享与保护等。

3.1.3 操作系统分类

课堂练习

在计算机操作系统的发展历程中,出现过多种操作系统软件,使用广泛、较有影响力的有 DOS、Windows、UNIX、Linux、macOS。其中,Windows 10 是微软公司研发的跨平台操作系统,广泛地应用于计算机和平板电脑等设备中。

按照不同的分类方式,操作系统可以分为以下几类。

1. 按操作界面和方式分类

按操作界面和方式分类,可分为"命令行版"和"图形界面版"。"命令行版"操作系统的硬件资源占用率低,需要用户熟练掌握各种命令、参数的含义,其典型代表有早期的 MS DOS 操作系统,以及目前流行的 Linux 命令行版本。个人用户操作系统大多都是"图形界面版",典型的代表有 Windows 系列和 macOS,这类操作系统的操作更加直观便捷、用户体验更为友好。

2. 按设备用途分类

按设备用途分类,可分为"桌面版"和"嵌入式版"。操作系统已经应用于各种领域各行各业的硬件设备上,如个人计算机、平板电脑、各种手持移动设备、智能家电等。除了个人计算机上的操作系统 MS DOS、Windows、macOS 等,其他设备上的操作系统可以统称为"嵌入式版"。

3. 按开发目的分类

按开发目的分类,可分为"商业产品版"和"开源版"。有的操作系统开发出来是为了推广出售,完全按商业产品的流程进行,例如 Windows、macOS,这类就是商业产品版。

另外一类开源版操作系统,开发出来不以出售软件获利为目的,而是公开其源代码供公众免费使用,例如 Linux。

4. 按用途和规模分类

按用途和规模分类,可分为"服务器版"和"个人用户版"。服务器版本在易用性、可靠性、可用性、扩展性和管理性等方面都有较好的性能;而个人用户版则在用户界面的操作和体验上更加友好与便捷。

课堂练习

3.1.4 国产操作系统

近年来,美国政府商务部通过"实体清单"持续对中国企业实施极限封锁和施压,遏制我国信息技术领域核心科技的发展,因此实现我国关键技术国产化、自主创新发展的重要性和紧迫性越发凸显。

我国国产操作系统自"八五"攻关计划以来,已经走过了三十余个年头。伴随着国家政策的支持、科研人员的努力、市场机会的扩大,国产操作系统逐渐壮大成熟。近年来,国产操作系统涌现出如深度 Deepin、统信 UOS、优麒麟 Ubuntu Kylin、红旗 Linux、鸿蒙 HarmonyOS 等,给国产操作系统市场带来活力,也不断影响着市场表现和竞争格局。在取得进步突破的同时,国产操作系统仍面临诸多的发展挑战和瓶颈,如生态环境、技术沉淀、产品维度、用户反馈、标准制定、人才储备等多方面要真正经过市场的应用验证,发展与创新之路任重道远。

3.2 Windows 10 简介

Windows 10 是微软公司于 2015 年 7 月 29 日发布的一款跨平台操作系统,是目前主流的图形界面的操作系统,主要通过键盘和鼠标来完成各种操作。Windows 10 在易用性和安全性方面较之以往版本有非常大的提升,与云服务、智能移动设备、人机交互等新技术很好地融合,对固态硬盘、生物识别、高分辨率屏幕等硬件也进行了优化完善。

课堂练习

3.2.1 Windows 10 界面

Windows 10 启动后,首先显示的界面称为桌面,作用是放置各种最常用的应用程序,以及提供应用程序的启动入口。Windows 10 桌面主要分为几个区域:桌面背景、桌面图标、"开始"按钮、任务栏、通知区域。

1. 桌面背景

桌面背景是 Windows 系统的桌面背景图案(可以是图片或某种颜色)。用户可在桌面上空白处右击,从弹出菜单中单击"个性化"菜单项,可对桌面背景进行设置,包括图片、

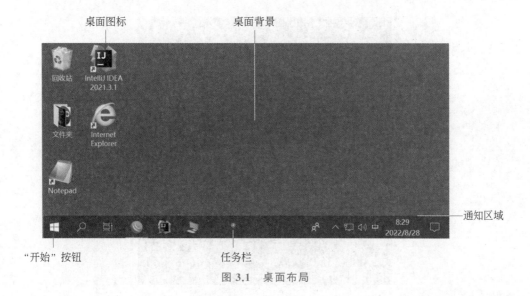

图 3.1　桌面布局

纯色或者幻灯片放映 3 种模式。

2. 桌面图标

Windows 10 将文件、文件夹、应用程序等操作对象都设计成直观的小图片,下方加上简短文字描述其名称或者功能,这就是图标。Windows 10 将常用的图标按照一定规则(如名称、类型、修改日期等)进行排列形成桌面图标,从而为用户提供快捷的操作方式。

3. "开始"按钮

"开始"按钮是 Windows 最有特色的功能之一,位于任务栏的左方第一个位置,Windows 的所有功能都能够从这个按钮开始实现。单击"开始"按钮,在弹出的"开始"菜单中单击相应的菜单来实现用户的需求。"开始"菜单主要分为 3 个区,如图 3.2 所示。

最左侧有账户、文档、图片、设置、关机 5 个常用按钮;中间是按首字母排序的所有应用程序及功能区;右侧是"开始"菜单的"高效工作区",用户可以拖拽常用程序到此区域,方便快速使用。

4. 任务栏

Windows 10 系统的任务栏位于桌面下方的小长条,包括了"开始菜单""任务栏操作区""信息栏操作区",其作用是管理用户正在操作的各种任务。

5. 通知区域

通知区域位于任务栏的右侧,它包含一些程序图标,这些程序图标提供如电子邮件、更新、网络连接等事项的状态和通知等。

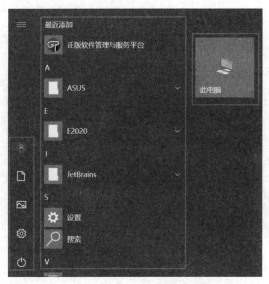

图 3.2 "开始"菜单的构成元素

课堂练习

3.2.2 Windows 10 窗口

1. 窗口的组成元素

一个标准的 Windows 窗口,包括"标题栏""选项卡""导航窗格""窗口缩放按钮""地址栏""搜索框""工作区域""状态栏"等,如图 3.3 所示。

2. 窗口的分类

(1)系统文件夹窗口

这类窗口由系统创建,主要提供了对文件、文件夹的各种操作,以及进行与系统相关的设置,较为典型的有"Windows 设置"和"任务管理器"等窗口。

(2)应用程序窗口

应用程序窗口是应用程序基于基本的 Windows 窗口元素,以如图 3.4 所示的应用程序"记事本"为例,它是最标准、最简单的窗口,具有标题栏、菜单栏、任务栏和状态栏等。

3.2.3 Windows 10 菜单

Windows 10 菜单被设计成条状列表,当某个窗口需要放置的命令较多时,这些命令就被设计成为菜单,并按照一定规则进行分类,形成"菜单项";逐层递进关系的菜单形成"多级菜单"。如图 3.5 所示,左右分类就是菜单项,带向下三角形箭头的就是多级菜单,单击小箭头就会出现下拉菜单。当菜单颜色暗淡时,无论单击、双击等操作都不会有正常响应,此时菜单处于无效状态。

———————————— 大学计算机基础与计算思维

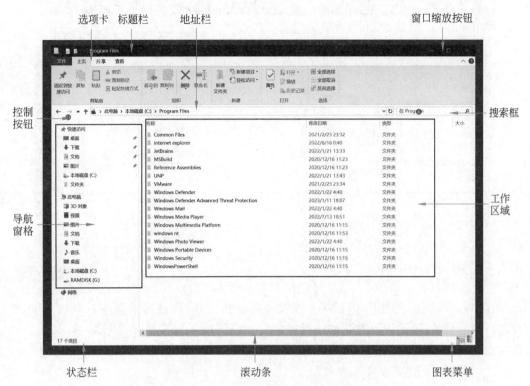

选项卡　标题栏　　　地址栏　　　　　　　　　　　　　　　窗口缩放按钮

控制
按钮

搜索框

导航
窗格

工作
区域

状态栏　　　　　　　　　　　　滚动条　　　　　　　　　图表菜单

图 3.3　Windows 窗口的组成元素

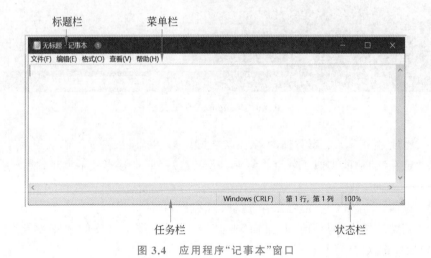

标题栏　　　　　　菜单栏

任务栏　　　　　　　　　　状态栏

图 3.4　应用程序"记事本"窗口

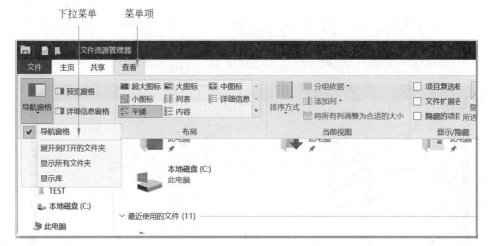

图 3.5　Windows 10 菜单

3.2.4　Windows 10 工具栏

在 Windows 10 的使用中,经常会用到一些快捷方式、快捷键来提高工作效率,实现快速访问的目的,这些快捷方式和快捷键由"工具栏"统一管理。在 Windows 10 任务栏的空白处右击,从弹出菜单中可看到"工具栏"菜单项,如图 3.6 所示,包含"地址""链接""桌面""新建工具栏"4 个菜单项。

图 3.6　Windows 10 工具栏

（1）"地址"为一个长方形方框,可以在该方框中输入网址、系统命令等,实现快速访问。

（2）"链接"的功能类似于网页收藏夹,用于存放一些链接形式的网址、快捷方式等图标,实现快速访问。

（3）"桌面"将桌面所有内容以容器的形式缩放到"任务栏"当中。

（4）"新建工具栏"的功能和"桌面"类似,可以将工作中需要的文件夹定位到"任务栏",实现快速进入。

课堂练习

3.2.5　Windows 10 对话框

对话框是一种特殊的窗口,用来向用户显示信息或者接收用户选择与输入信息,图 3.7(a)

为提醒对话框,图 3.7(b)为用户选择对话框,图 3.7(c)为用户输入信息对话框。

(a) 提醒对话框   (b) 选择对话框

(c) 输入信息对话框

图 3.7　Windows 10 丰富的对话框窗口

3.3　Windows 10 程序管理

3.3.1　启动应用程序

应用程序是指运行在操作系统上完成一项或多项特定任务的计算机程序,在 Windows 操作系统中,文件名通常以".exe"结尾,属于可执行文件。

启动应用程序的常用方法有如下 3 种。

（1）在"开始"菜单中找到应用程序，单击它即可启动，如图 3.8 所示。

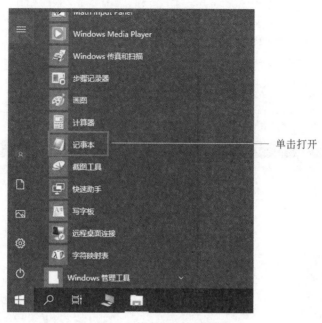

单击打开

图 3.8 单击启动应用程序

（2）双击桌面上的应用程序图标，或右击应用程序图标，从弹出菜单中单击"打开"菜单项来启动，如图 3.9 所示。

图 3.9 快捷方式启动应用程序

（3）在"开始"菜单中字母 W 下的"Windows 系统"里单击"运行"，打开"运行"对话框（按 **Win＋R** 键也可打开该对话框），在其中输入程序的文件名后单击"确定"按钮来启动，如图 3.10 所示。

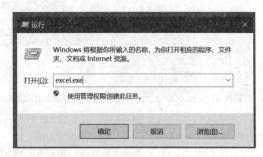

图 3.10　在"运行"对话框中启动应用程序

3.3.2　切换应用程序窗口

课堂练习

在 Windows 系统使用过程中，往往是多个应用程序同时运行，熟练掌握各种快速切换应用程序窗口的方法，能在很大程度上提高操作效率。常用的切换应用程序窗口的方式包括鼠标操作和键盘操作。

1. 鼠标操作

用鼠标在任务栏中单击某个应用程序窗口，将该应用程序窗口激活为当前窗口；应用程序若简化为系统托盘运行，则单击系统托盘中的图标，可将其激活为当前窗口。

2. 键盘操作

使用 **Alt＋Tab** 快捷键快速切换在任务栏中出现的应用程序窗口，方法是，按住 Alt 键不放，依次按 Tab 键切换预览窗口，移动到需要激活的窗口，释放 Alt 键即可激活窗口，如图 3.11 所示。

3.3.3　任务管理器

课堂练习

任务管理器管理所有正在运行中的程序、服务、进程，可通过它监视 Windows 系统当前的运行情况，打开任务管理器的方法有如下 3 种。

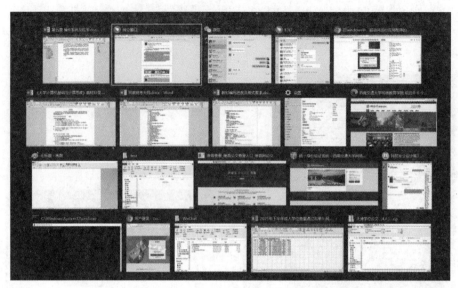

图 3.11　Alt＋Tab 快捷键实现切换预览窗口

（1）同时按下 Ctrl＋Alt＋Delete 键,然后单击"任务管理器"。

（2）同时按下 Ctrl＋Shift＋Esc 键,可直接打开"任务管理器"。

（3）在任务栏上的空白处右击,从弹出菜单中单击"任务管理器"菜单项。

在任务管理器中,列出了所有进程的 CPU 占用率、内存消耗、网络连接传输数据率、用户登录情况等实时信息,如图 3.12 所示。

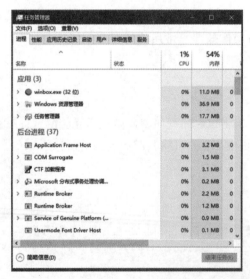
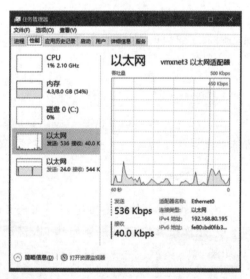

图 3.12　"任务管理器"界面

当系统资源消耗较大时,用户可以选择 CPU 或者内存占用较高的进程,单击"结束任务"按钮,强制结束该进程,主动释放系统资源;当某个程序长时间没有响应时,也可通过任务管理器结束它。使用任务管理器时，需要大致了解进程名称，错误地结束系统进程或者关键进程，可能会造成应用程序不能正常使用或者系统死机的情况。

3.4　Windows 10 文件管理

3.4.1　文件资源管理器

文件资源管理器是 Windows 的核心，计算机中与文件管理相关的绝大多数操作都是通过文件资源管理器完成的。与以往版本相比，Windows 10 系统针对资源管理器进行了较大的改进，操作更加便捷。文件资源管理器的界面如图 3.13 所示，其打开方式有如下 4 种。

（1）双击桌面上的"此电脑"图标。

（2）通过快捷键 Win+E 打开。

（3）单击"开始"菜单的"Windows 系统"中的"文件资源管理器"。

（4）在"开始"按钮上右击，从弹出菜单中单击"文件资源管理器"菜单项。

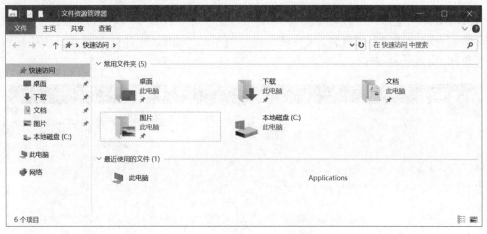

图 3.13　文件资源管理器

"文件资源管理器"可以完成以下功能。

1. 分类功能

资源管理器左栏对三类资源进行了快捷的链接："快速访问""此电脑"和"网络"。针对一些常用的文件、文件夹可以通过自定义添加到"快速访问栏"中；"此电脑"用于快速访问本地文件资源；"网络"用于快速访问网络上的文件资源。

2. 高效导航功能

用户可以在地址栏上选择浏览任何一级的其他资源（文件或文件夹），操作时只需要单击每一级类别的三角箭头,如图 3.14 所示。这种导航栏,既方便随时查看当前路径,又可以快速跳转到任一级路径,还可以在不转换目录(即文件夹)的情况下浏览任一级目录的所有子目录。这里的路径是指用户在磁盘上寻找文件时所历经的文件夹序列。

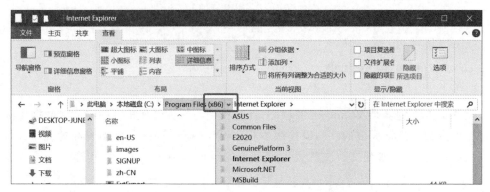

图 3.14 "文件资源管理器"的地址栏分级导航

3. 快速共享功能

Windows 10 的文件资源管理器添加了一项新功能——快速共享,可直接从资源管理器中共享文件。选择一个或多个文件后,单击"文件资源管理器"功能区中的"共享"选项即可共享它们。根据不同设置,用户可以通过电子邮件、网络或任何支持共享的应用程序共享文件,如图 3.15 所示。

图 3.15 "文件资源管理器"的"共享"选项卡

4. 快捷设置应用程序功能

在 Windows 10 的文件资源管理器中,先在窗口左侧选中"此电脑",然后从功能区菜单中打开"计算机"选项卡,则会获得"打开设置"应用程序的快捷方式,如图 3.16 所示。

5. 多形式文件图标排列功能

文件资源管理器提供了超大图标、大图标、列表、平铺等多种文件图标的排列方式,用户可根据文件数量、文件类型选择当前最合适的排列方式。

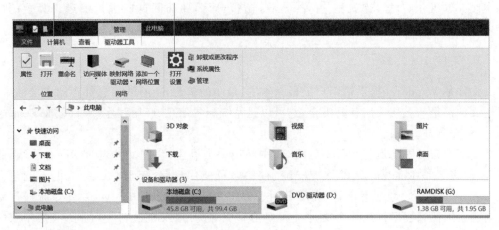

图 3.16　在"文件资源管理器"中打开设置

改变文件图标排列方式的方法有如下两种。

（1）单击功能区菜单中的"查看"选项卡，然后单击相应的图标排列方式。

（2）在"文件资源管理器"窗口的右侧区域的空白部分右击，从弹出菜单中单击"查看"菜单项下相应的图标排列方式。

通常，访问图片文件时，设置为"超大图标"方式，可以直接预览所有图片文件；当需要知道文件的修改时间、文件大小，或者要按照文件类型排序时，可设置为"详细信息"方式，如图 3.17 所示。

图 3.17　文件资源管理器的多种排列方式

3.4.2　文件和文件夹

课堂练习

Windows 的文件存储结构非常复杂，可以分为"物理存储结构"和"逻辑存储结构"。"物理存储结构"是指文件存放在磁盘上时，磁盘的存储介质的排列结构，属于"计算机原理"课程的学习领域。这里讨论的是 Windows 文件面向使用者展现的存储方式，即逻辑存储结构，涉及到的基本概念如下。

1. 逻辑盘和路径

逻辑盘不是指真正的计算机磁盘硬件，而是指用户为 Windows 操作系统分配的、用户可见的虚拟磁盘分区，比如 C、D、E 盘（习惯上 A、B 盘符一般留给软盘分区，目前已经基本废弃软盘介质）等，这就称为 Windows 虚拟分区，要访问这些虚拟的逻辑盘上的信息，用户可使用"C:\"（盘符字母＋冒号＋反斜杠）这样的标识，这就是"根目录"。

2. 文件

文件是 Windows 提供给用户的最基本的、最小的单位，所有的信息都存储在文件中，每个文件都是一组相关信息的集合，它可以是系统配置信息、应用程序、一首歌曲、一部电影、一篇文章等。

文件的命名规则是前缀名＋后缀名，中间用一个点连接，如文件名为 Readme.txt 的文件，前缀名是 Readme，后缀名是 txt。前缀名可使用汉字、字母、数字等，但不能包含 \、/、：、*、?、"、<、>、| 等字符；后缀名用于确定文件的类型，Windows 操作系统通过后缀名确定用什么程序打开某个文件。如双击后缀名为.docx 的文件，Windows 操作系统会用 Word 软件打开该文件。

在 Windows 10 的默认设置下，已知类型的文件扩展名不显示，例如文件 Readme.txt 显示为 Readme。用户可通过图标▤来确定该文件是一个文本文件，也可通过勾选"查看"选项卡下的"文件扩展名"（如图 3.18 所示），将文件的扩展名显示出来。

图 3.18　显示文件扩展名

Windows 操作系统不区分文件名的大小写，但在显示时会保留用户设置的大小写。例如，某文件夹下已有文件 Readme.txt，若想在本文件夹下再创建一个新文件 readme.txt，则系统会提示"此位置已包含同名文件"。

3. 文件夹

文件夹又称目录，是一种存储和管理文件的容器。通常将多个相关的文件存放在一个文件夹中，以实现对文件的分门别类管理。文件夹中可以包含文件或子文件夹，同一个文件夹中的文件或子文件夹不能同名。

从根目录开始，所有层次的文件夹形成了一个树形结构，根目录是这个树形结构的树根。

4. 路径

用户在磁盘上寻找文件或子文件夹时，所历经的线路称为路径，可分为绝对路径和相对路径。绝对路径是指从盘符开始的路径，相对路径是指从当前目录开始的路径。

例如，在 C 盘根目录下，有一个名为 Windows 的文件夹，该文件夹中包含了 Web、Screen 两层文件夹，在 Screen 文件夹中存放了名为 img100.jpg 的图片文件，则该文件的绝对路径为 C:\Windows\Web\Screen\img100.jpg。如果当前已打开了 C 盘根目录下的 Windows 文件夹（称为当前目录），则相对路径为 Web\Screen\img100.jpg，其中"\"称为路径分隔符。

3.4.3 文件和文件夹的基本操作

课堂练习

1. 创建新文件或文件夹

创建一个新文件或文件夹有多种方式，可以根据习惯使用，不管用哪种方式，创建出来的新文件或文件夹都位于当前目录中。

（1）利用资源管理器的菜单栏创建：单击资源管理器的"主页"菜单，单击"新建"命令组下的"新建文件夹"或者"新建项目"，如图 3.19 所示。

图 3.19 利用资源管理器菜单栏创建文件或文件夹

（2）利用弹出式菜单创建：在"文件资源管理器"窗口的右侧区域的空白部分右击，从弹出菜单中单击"新建"菜单项，然后单击文件夹或者需要创建的文件类型，如图 3.20 所示。

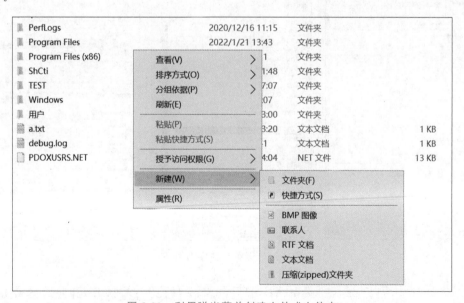

图 3.20 利用弹出菜单创建文件或文件夹

2. 选定文件或文件夹

要操作任何文件或文件夹，首先需要选定它，主要有以下几种操作方式。

（1）选定单个文件或文件夹：单击鼠标左键即可。

（2）选定多个连续的文件或文件夹：按住 Shift 键，分别单击第一个和最后一个文件或文件夹。

（3）选定多个不连续的文件或文件夹：按住 Ctrl 键，依次单击需要选择的文件或文件夹。

（4）选定当前窗口的全部文件或文件夹：使用快捷键 Ctrl＋A。

（5）取消选定：只取消一个选定时，按住 Ctrl 键，单击不需要选择的文件或文件夹；取消所有选定时，单击任意空白处即可。

3. 查看文件或文件夹的属性

选定文件或文件夹后，会在资源管理器中的"预览窗格"自动显示该文件或文件夹的概要信息，例如文件大小、类型、创建日期等。若没有"预览窗格"，可通过单击"查看"选项卡下的"预览窗格"按钮打开。若需要查看更为详细的信息，可以在保持选定的状态下，使用以下两种方式查看。

（1）单击"查看"选项卡下的"详细信息窗格"按钮。

（2）在选定的文件或文件夹上右击，从弹出菜单中单击"属性"菜单项，弹出详细信息窗口，如图 3.21 所示。

图 3.21　查看文件详细信息

从图 3.21 中可以查看文件类型、默认打开方式、文件位置、大小、创建时间等基本信息，通过切换上方的标签栏，可以查看文件相关用户权限信息，还能查看当前类型文件的其他一些特殊的信息（如当前是图片文件，就能查看到图片尺寸、像素、拍摄相机等信息）。如果当前 Windows 开启了"系统还原"功能,还能了解到每个还原点当前文件的版本状态。

4. 复制、移动文件或文件夹

复制指在目的位置生成一份与当前文件或文件夹的内容完全一致的副本,在备份文件、传递文件时经常使用复制操作。移动是指将文件或文件夹从源位置移动到目的位置,移动后,源位置的文件或文件夹不复存在。

复制、移动文件或文件夹的基本方法是:首先选定文件或文件夹,执行"复制"命令(若需移动,则执行"剪切"命令),然后到目的位置执行"粘贴"命令。复制、剪切、粘贴命令,可以从鼠标右键菜单中获取,也可使用快捷键,Ctrl+C 为复制命令,Ctrl+X 为剪切命令,Ctrl+V 为粘贴命令。

5. 删除文件或文件夹

删除文件或文件夹的基本操作是:选定要删除的文件或文件夹,按 Delete 键;或在其上右击,从弹出菜单中单击"删除"菜单项;或单击"主页"选项卡,单击"删除"命令。

采用上述方法删除的文件或文件夹,将会放在回收站中,并未真正从硬盘上删除;若想直接从硬盘删除,可以按住 Shift 键不放,再执行前面的操作。但删除 U 盘、移动硬盘上的内容时,并不会放入回收站,而是直接从硬盘删除。

回收站是硬盘上的一块区域,放入回收站的文件或文件夹,仍然占用硬盘空间。若不小心误删除了某个文件或文件夹,可以双击桌面上"回收站"图标,从打开的窗口中找到误删除的文件或文件夹,在其上右击,从弹出菜单中单击"还原"菜单项,即可将其恢复到删除前的位置。也可以单击"清空回收站"菜单项,彻底删除回收站中的内容,从而释放硬盘空间。

6. 重命名文件或文件夹

修改文件或文件夹的名称,可以选定文件或文件夹后,使用以下几种方法进入可修改文件名的状态,然后通过键盘输入新名称,完成后按 Enter 键,或者单击其他位置即可。

(1) 右击,从弹出菜单中单击"重命名"菜单项。

(2) 按 F2 键。

(3) 单击资源管理器菜单栏"主页"下的"重命名"按钮。

(4) 连续两次单击文件名。请注意,不是双击,是慢速地单击两次。还可以在不借助第三方软件的前提下,利用 Windows 提供的一些技巧,批量修改文件名。

例如,从相机里导出的照片都是以"数字"为文件名,要重新批量命名为"测试(1)、测试(2)"等,只需将多个文件选中,按 F2 键或者在选中的文件上右击,从弹出菜单中单击"重命名"菜单项,然后输入文件名"测试",并按 Enter 键即可,重命名后的各文件名如图 3.22 所示。

7. 隐藏文件或文件夹

将文件或者文件夹设置为"隐藏",主要有以下几个目的。

(1) 个人保密性:有的文件不希望被其他人看见,可以通过隐藏让其不显示出来。

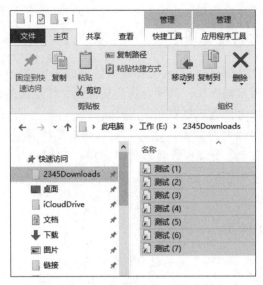

图 3.22　批量修改文件名

（2）系统安全性：Windows 的很多系统文件，一开始就自动地设置为"隐藏"＋"系统"的文件属性，对用户不可见，从而避免用户因误删除导致 Windows 系统不能正常使用。

隐藏文件或者文件夹的操作方法为：右击选定的文件或文件夹，从弹出菜单中单击"属性"菜单项，在对话框中勾选"隐藏"选项，然后单击"确定"按钮，该文件或文件夹即消失不见，如图 3.23 所示。

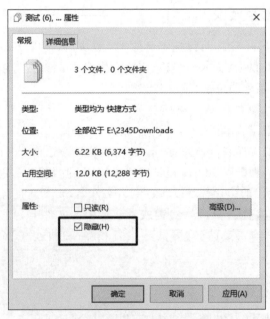

图 3.23　隐藏文件或文件夹

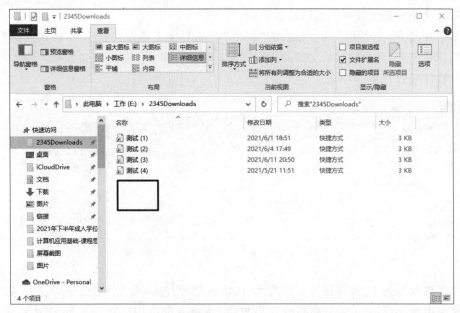

图 3.23（续）

如果想取消隐藏，即恢复显示被隐藏的文件或文件夹，可在文件资源管理器的菜单栏中单击"查看"菜单，再在"显示/隐藏"选项卡中勾选"隐藏的项目"，如图 3.24 所示。

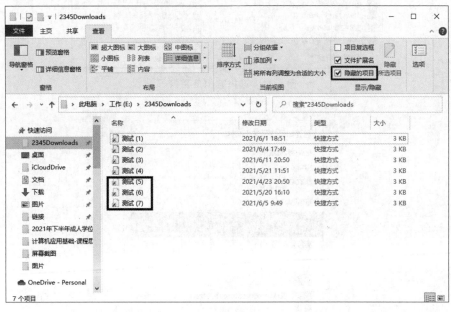

图 3.24 取消"隐藏"文件或文件夹

8. 设置文件的默认打开方式

Windows 对于每一种文件类型，都有一个默认打开的应用程序。通过 Windows 的关联图标就能知道文件的当前默认打开方式。

如图 3.25 所示,"乡村一号.jpg"的"类型"栏说明该文件是一张 JPG 格式的图片,而左边图标则说明,当前的默认关联应用程序是"画图"软件,当双击该文件后,会自动启动"画图"软件来打开它。

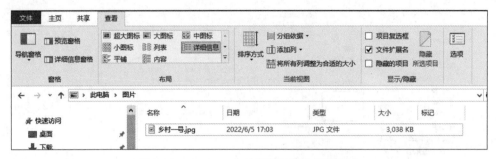

图 3.25 Windows 文件类型和默认打开程序

如需更改某类文件(以图片文件为例)的默认打开方式,可右击任意一个图片文件,从弹出菜单中单击"打开方式"菜单项,然后单击"选择其他应用"(如图 3.26 所示),在弹出的窗口中选择想设置为默认打开方式的程序(例如"画图",如图 3.27 所示),然后勾选"始终使用此应用打开.jpg 文件",单击"确定"按钮即可。

图 3.26 选择其他应用打开

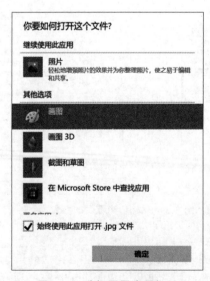

图 3.27 选择画图应用打开

在实际应用中,选择自己喜欢的"默认打开方式",对于提高工作效率很重要。推荐以下几个使用原则。

(1)尽量选择最常用、启动时间最快的应用软件来作为某类文件的"默认打开程序"。

(2)不常用类型的文件,可以右击,并从弹出菜单中的"打开方式"中选择需要的应用程序打开,由此不会影响"默认打开方式"设置,如图 3.28 所示。

图 3.28　选择其他打开方式

9. 查找文件或文件夹

当需要在系统中快速找到指定的文件或文件夹时,可以使用搜索功能进行查找,具体有以下两种方式。

(1)通过开始菜单搜索栏:如图 3.29 所示,在输入框中直接键入要查找的完整文件名或者部分文件名。

图 3.29　开始菜单搜索栏

Windows 会在开始菜单栏中,按照找到的文件、应用程序、系统功能的类别,分类显示搜索结果,用户只需要单击某项结果,就能打开这个文件或者功能。

(2)打开"此电脑",在文件资源管理器中右上角也提供了搜索栏,操作方法与(1)一致,且比方法(1)的搜索结果更加详尽,如图 3.30 所示。

图 3.30　文件资源管理器搜索栏

使用方法(2)时,若当前打开的是 D 盘,则仅在 D 盘搜索;若当前已打开某个文件夹,则仅在该文件夹及其子文件夹中搜索。因此,若用户记得想查找的文件的大致位置,可通过该方法缩小查找范围,以加快查找速度。

搜索中可以使用通配符"＊"和"?"结合提高检索效率,其中"＊"是匹配任意字符,"?"是匹配单个字符。如文件夹中包含图示文件,通过输入"＊"或"?"匹配出不同的文件夹,如图 3.31 所示。

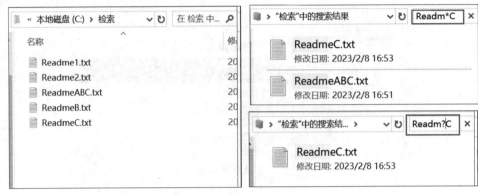

图 3.31 使用通配符检索文件

3.5 Windows 10 磁盘管理

3.5.1 查看磁盘空间

打开 Windows 10 的磁盘管理器的常用方法有如下 3 种。

(1) 右击"开始"菜单,从弹出菜单中单击"磁盘管理"菜单项。

(2) 按 Win+R 键打开"运行"窗口,输入"diskmgmt.msc"。

(3) 右击桌面上的"此电脑"图标,从弹出菜单中单击"管理"菜单项,打开"计算机管理"界面后,单击"磁盘管理"。

用户可以非常直观地看到计算机的磁盘配置及状况,如图 3.32 所示,本机一共有两块物理磁盘,分别是磁盘 0 和磁盘 1。其中磁盘 0 分为系统保留区和 C 盘两个分区;而磁盘 1 有 E、F、G 三个分区,卷标分别是"工作""学习""娱乐"。在界面的上半部分详细列出了每个卷的文件系统、状态、容量、可用空间等具体信息。

3.5.2 格式化分区

新购买的磁盘在使用之前,要能让操作系统识别,首先需要写入一些磁性的记号到磁盘上的每个扇区,完成后便可在该操作系统下读/写磁盘上的数据,这个操作称为格式化。格式化操作通常会导致现有的磁盘或分区中的所有文件被清除。常用的格式化方式有如下两种。

———— 大学计算机基础与计算思维

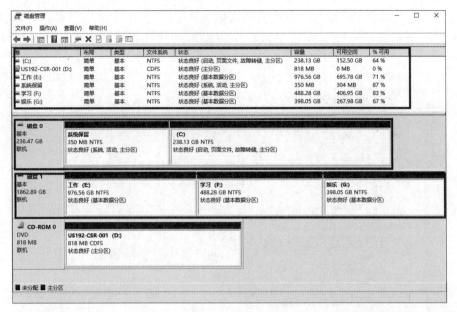

图 3.32 "磁盘管理"界面

（1）在磁盘管理中选中想要格式化的分区，从右键菜单项中单击"格式化"菜单项，弹出"格式化"对话框，设置参数后单击"确定"按钮即可进行格式化，如图 3.33 所示。

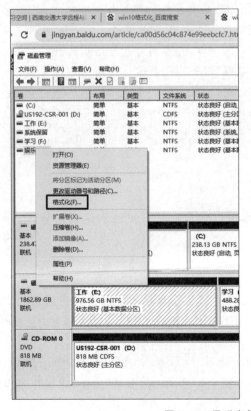

图 3.33　用磁盘管理格式化

（2）在文件资源管理器中选中想要格式化的分区，从右键菜单项中单击"格式化"菜单项，弹出"格式化"对话框，设置参数后单击"开始"按钮即可进行格式化，如图 3.34所示。

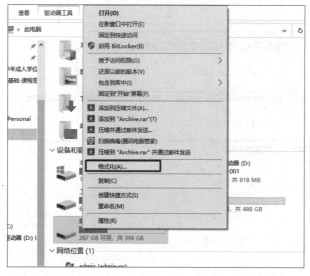

图 3.34　在文件资源管理器中格式化

虽然两种方式的操作界面不同，但采用的方法和产生的效果相同。

在格式化参数设置时，有一个"快速格式化"选项，它与正常格式化的区别如下。

（1）"快速格式化"只是删除所在驱动器的文件，并不对磁盘扇区重写。

（2）"快速格式化"仅仅是抹去表面的数据，可以通过其他方式进行恢复。

（3）"正常格式化"会在格式化的时候全面检测硬盘，如果检测到有坏道将会提示。

不难看出，如果仅仅是为了删除文件，用快速格式化即可；如果怀疑硬盘有坏道，要分析坏扇区，或者彻底删除硬盘上的文件，则最好使用正常格式化。

3.5.3　磁盘分区管理

课堂练习

在 Windows 10 中，利用磁盘分区管理可以非常直观方便地创建硬盘分区、合并分区、调整分区大小。

1. 创建硬盘分区

新购买的计算机通常只有 C 盘和 D 盘，并不能完全满足用户的实际使用需求。若希望能创建出 E 盘、F 盘等更多的磁盘分区，用于分类存储各种资料，可按如下方法操作。

（1）压缩现有磁盘分区空间

在磁盘管理中选中要操作的盘，以 G 盘（娱乐卷）为例，从右键弹出菜单中单击"压缩卷"菜单项，在弹出的"压缩"对话框中输入压缩空间量，单击"压缩"按钮，磁盘管理器即会将此卷未使用的部分分离出来，以备后续操作，如图 3.35 和图 3.36 所示。

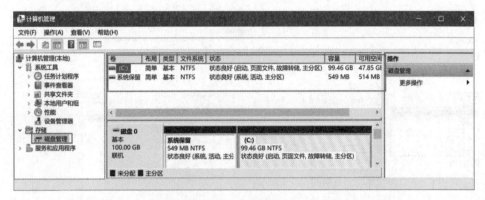

图 3.35　磁盘管理操作

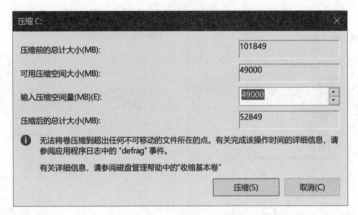

图 3.36　"压缩卷"操作

（2）创建新的分区

右击未分配卷，从弹出菜单中单击"新建简单卷"菜单项。在新建简单卷向导中按需设置以下参数：

简单卷大小：若只需创建一个新分区，则按图中提示的"最大磁盘空间量"的值输入。若需创建多个新分区，则输入想创建的第一个分区的大小，以 MB 为单位。

分配驱动器号："驱动器号"即盘符，一般使用默认的（图中为 H），用户也可以自己指定。

卷标：可空缺，也可输入简短的信息（例如娱乐 2），用于标识该分区的主要用途。

如图 3.37 所示，即可完成新的分区创建。若需创建多个分区，重复以上步骤即可。

2. 合并分区

如果硬盘分区太多，会导致每个分区的空间有限，给实际使用带来诸多不便，此时，可以将多个分区合并为一个分区。

下面以将 H 盘（"娱乐 2"卷）合并到 G 盘（"娱乐"卷）为例进行介绍。

首先，在"娱乐 2"卷上右击，从弹出菜单中单击"删除卷"菜单项，在弹出的提示对话

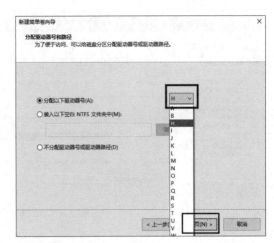

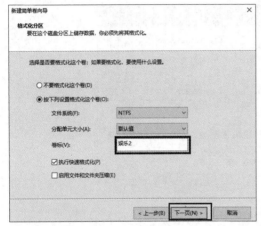

图 3.37 "新建简单卷"操作步骤

框中单击"是"按钮。此时,原来的"娱乐 2"卷变成未分配空间。

特别注意:务必先备份 H 盘的所有数据,"删除卷"会清除该盘上的所有数据,如图 3.38 所示。

然后,在"娱乐"卷右击,从弹出菜单中单击"扩展卷"菜单项。根据扩展卷向导按需输入参数 "选择空间量",若要将原"娱乐 2"卷全部合并到"娱乐"卷,则按系统提示的"最大可用空间量"输入,最后单击"完成"按钮即可,如图 3.39 所示。

完成后可以看到,磁盘管理器中已无"娱乐 2"卷,它的空间已全部合并入"娱乐"卷,如图 3.40 所示。

3. 调整分区大小

若用户想将 D 盘空间缩小,而将 E 盘空间扩大,则可以先压缩 D 盘空间,然后将压缩后产生的"未分配卷"合并到 E 盘,操作方法与前面一致。

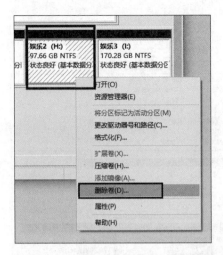

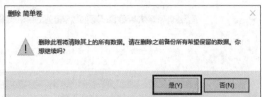

图 3.38 "删除卷"操作步骤

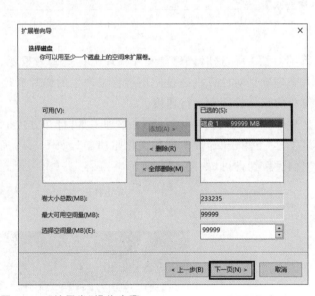

图 3.39 "扩展卷"操作步骤

3.5.4 碎片整理

课堂练习

磁盘在使用过程中,由于反复写入或删除文件,磁盘中的空闲扇区会分散到整个磁盘中不连续的物理位置上,从而使文件不能被存储在连续的扇区里,由此形成文件碎片,也称为磁盘碎片。文件碎片过多会使系统在读写文件时重复寻找,降低磁盘的访问速度,使

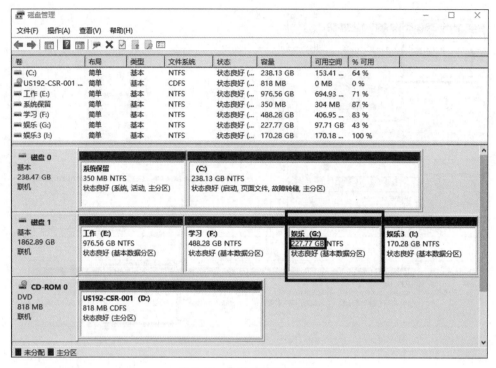

图 3.40　合并后的"娱乐"卷

得系统性能下降,这时候磁盘碎片整理工具就尤为重要。通过系统程序或者专业的磁盘碎片整理软件对计算机磁盘使用过程中产生的碎片和凌乱文件进行重新整理,从而提高计算机的整体性能和运行速度。

　　Windows 10 提供了磁盘碎片整理工具,打开方法是:单击"开始"菜单,从"Windows 管理工具"下单击"碎片整理和优化驱动器",如图 3.41 所示,在"优化驱动器"对话框中单击"优化"按钮即可,如图 3.42 所示。

图 3.41　从"开始"菜单进入碎片整理

　　　　　　　　大学计算机基础与计算思维

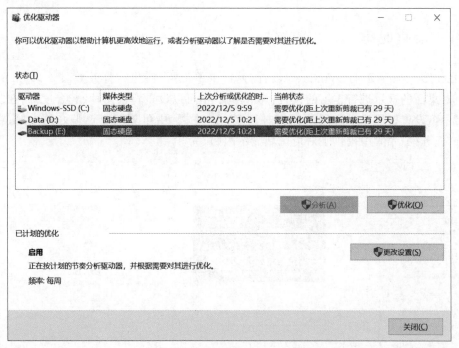

图 3.42 碎片整理和优化驱动器对话框

3.6 Windows 10 设置

微课视频

Windows 设置是操作系统的设置程序,相对于控制面板设置方式更加简洁、美观和实用。打开"设置"的常用方式有以下 3 种。

(1) 使用 Windows 10 搜索框:单击"开始"菜单,输入"设置",在弹出的搜索结果中即可看到"设置"应用。

(2) 单击"开始"菜单,在弹出的"开始"菜单左下角单击齿轮状的"设置"图标。

(3) 按 Win+X 快捷键,在弹出的系统快捷菜单中单击"设置"菜单项。

打开后的"Windows 设置"窗口如图 3.43 所示。

图 3.43 "Windows 设置"窗口

3.6.1 桌面显示

在如图 3.43 所示的"Windows 设置"窗口中单击"个性化",打开如图 3.44 所示的窗口,可对桌面的显示进行丰富的设置:在"背景"中可以设置背景图片、契合度等;在"锁屏界面"中可设置锁屏显示应用及锁屏时长等;在"主题"中可更改自己偏好的主题;在"开始"和"任务栏"菜单中提供了对应区域显示的"开关"按钮。

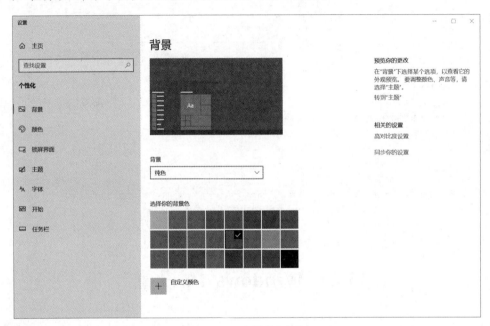

图 3.44　"个性化"功能

3.6.2 用户管理

在如图 3.43 所示的"Windows 设置"窗口中单击"账户",打开如图 3.45 所示的窗口,可查看当前登录账户信息,设置电子邮件和账户选项等,还提供了连接工作或学校账户、添加家庭和其他用户、同一账户下多设备同步等设置功能。

3.6.3 日期和时间

在如图 3.43 所示的"Windows 设置"窗口中单击"时间和语言",打开如图 3.46 所示的窗口,可以方便地调整系统时间、同步系统时间以及显示农历日期等。若发现系统时间和真实时间有差别,可以单击"立即同步"按钮,系统自动进行时间同步。

图 3.45 "账户"功能

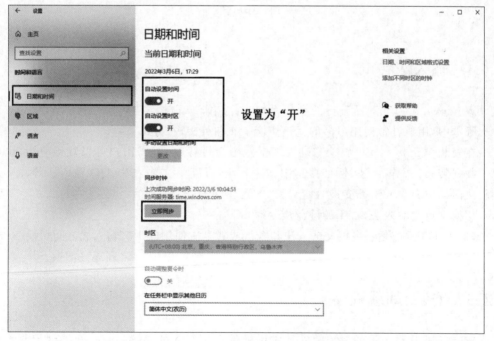

图 3.46 "日期和时间"功能

图　3.46(续)

3.6.4　输入法

Windows 作为全世界流行的操作系统,对多国语言的支持非常完善。Windows 10 中文版本中,用户日常使用最多的就是切换中文和英文输入法。

在安装 Windows 10 时,会自动安装微软中文拼音输入法,用户可以直接使用,也可以下载安装第三方输入法,例如搜狗中文输入法、百度中文输入法、QQ 输入法等。一般比较热门的中文输入法都支持"拼音"和"五笔"两种输入方式。

切换中英文输入法,常用的键盘快捷键如下。

(1) Ctrl+空格键:在英文输入法和默认或者上次使用的中文输入法之间切换。

(2) Ctrl+Shift:在所有已安装的输入法(包括英文输入法)之间逐一切换。

3.6.5　安装、卸载程序

Windows 是靠大量的系统软件和应用软件支撑起来的,Windows 10 提供了非常便捷的添加程序和应用的功能。

1. 安装程序

Windows 10 的应用市场里提供了大量的常用软件,从"开始"菜单中打开 Microsoft Store,挑选出需要的应用,单击"获取"按钮即可。此外,也可从第三方软件的官网下载相应软件后,执行其安装程序(一般是后缀名为.exe 的可执行程序)完成安装,如图 3.47 所示。

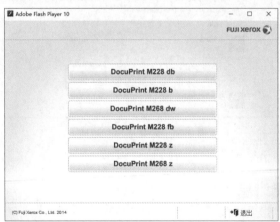

图 3.47　安装应用程序

2. 卸载程序

当软件已经不再需要使用时,为了减轻系统在启动、运行、存储上的负担,需要对它们进行卸载。标准的 Windows 程序,在安装时,会在以下几个位置留下痕迹。

(1)应用程序的安装目录。

(2)系统文件目录。有些应用程序需要调用系统的一些应用程序接口(API)文件,也需要将自己的动态链接库(DLL)文件复制到系统文件目录(比如 Windows/System32目录)。

(3)个人用户文件夹。对于一些应用软件的用户配置文件和存档文件,在 Windows 10 中一般将其存放在"个人用户文件夹"中,而不是在自己的安装目录中。

(4)Windows 注册表、启动目录、环境变量等系统配置文件。这些系统常用配置文件,都保留了应用软件的一些参数配置。

卸载程序时,不能直接删除该程序对应的文件夹,而必须彻底清除以上所有文件或者文件内容的痕迹,尽量保证 Windows 系统的安全、清洁,因此可以单击如图 3.43 所示的"Windows 设置"窗口中的"应用",打开"应用和功能"窗口,如图 3.48 所示,先单击不再需要的程序,然后单击"卸载"按钮即可完成卸载。

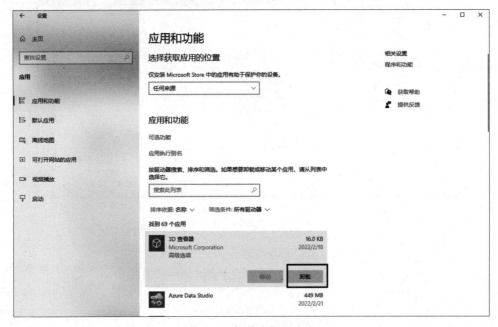

图 3.48　卸载应用和功能

3.6.6　查看系统信息

在如图 3.43 所示的"Windows 设置"窗口中单击"系统",打开如图 3.49 所示的窗口,单击"关于",可以查看系统的基础信息,主要有设备规格、Windows 规格,从中可以获取CPU 型号、内存大小、操作系统版本等基本信息。

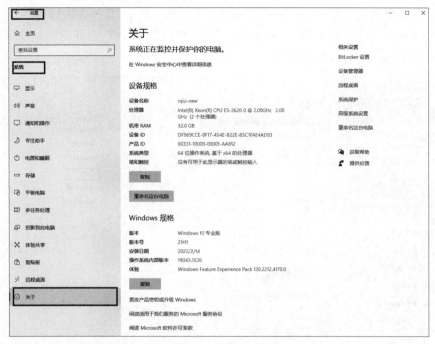

图 3.49　查看系统信息

3.6.7　系统更新、还原

在如图 3.43 所示的"Windows 设置"窗口中单击"更新和安全",打开如图 3.50 所示的窗口,单击"Windows 更新",可查看可用更新及对更新策略进行控制。

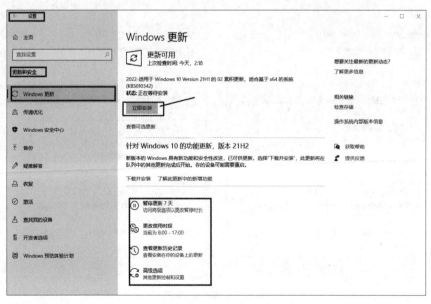

图 3.50　Windows 更新

还可将计算机的操作系统恢复到之前某一个还原点状态,具体方法如下。

(1) 在如图 3.43 所示的"Windows 设置"窗口中单击"系统",打开如图 3.51 所示的窗口,单击"关于",单击右边的"系统保护"选项卡。

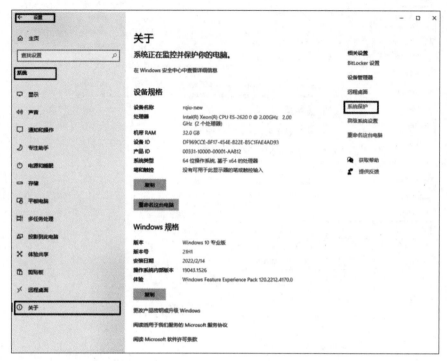

图 3.51　系统保护

(2) 选择要创建还原点的卷,单击"创建"按钮,输入标识信息,如图 3.52 所示。

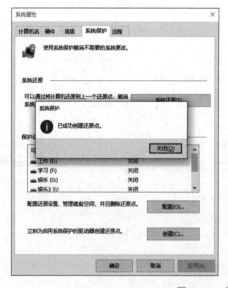 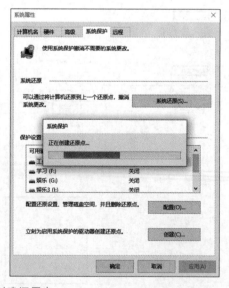

图 3.52　创建还原点

大学计算机基础与计算思维

（3）若系统需要进行还原，单击"系统还原"按钮，在弹出对话框中选择还原点，单击"下一页"按钮，再单击"完成"按钮即可，如图 3.53 所示。

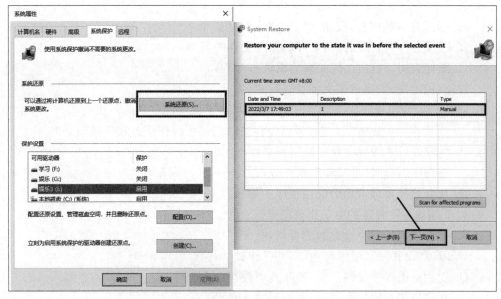

图 3.53　系统还原

3.7　练　习　题

练习题答案
与解析

一、单项选择题

1. 桌面上的快捷方式图标无法代表（　　）。

    A. 用户文档　　　　　B. 应用程序　　　　　C. 文件夹　　　　　D. 打印机

2. Windows 10 无法完成窗口切换的操作是（　　）。

    A. Alt＋Tab　　　　　　　　　　　　B. Ctrl＋Tab

    C. 鼠标单击任务栏上的窗口　　　　　D. 鼠标单击窗口任何可见部位

3. 已知路径"C:\Windows\System32\drivers\etc\"下面有一个名为 host 的文件，以下方式无法找到它的是（　　）

    A. 通过"此电脑"图标逐级寻找进入

    B. 在已经打开的文件资源管理器的"路径"窗口仅使用鼠标选择到达

    C. 在 IE 上网浏览器网络路径中直接输入以上路径

    D. 在资源管理器处于 D 盘根目录时，在搜索框中搜索 host 关键字

4. 下面关于备份文件的操作中最好的方法是（　　）。

    A. 直接备份到 Windows 桌面，方便查找和使用

    B. 在 Windows 桌面和 Windows 用户专有目录各复制一份备份

C. 复制文件到 D、E 盘符位置各一份

D. D 盘符和 U 盘或者其他计算机上各备份一份

5. 关于文件类型的描述中,正确的是(　　　)。

　　A. 通过显示的图标,完全可以知道文件的类型

　　B. 通过文件的后缀名,完全可以知道文件的类型

　　C. 图标表明了目前文件关联的默认打开程序

　　D. 空白的图标,表示该文件没有后缀名

6. 将常用的应用程序放在最方便使用的位置,下面不能实现的方法是(　　　)

　　A. 生成桌面快捷方式,或者将已经存在的启动程序快捷方式复制到桌面

　　B. 将安装目录的启动程序复制到桌面

　　C. 在程序运行时,将其锁定到任务栏

　　D. 从开始菜单最常用的应用程序中寻找

7. 以下卸载应用程序的方法正确的是(　　　)。

　　A. 删除该程序的桌面运行图标即可

　　B. 通过"设置"的"应用和功能"进行卸载

　　C. 找到应用程序安装目录,删除其中任意一个文件

　　D. 找到应用程序安装目录,直接删除该目录

8. Windows 10 任务管理器不能完成的操作是(　　　)。

　　A. 重新启动后台运行的服务

　　B. 在"网络和 Internet"选项卡中断开某个网络适配器

　　C. 将无响应的应用程序强制关闭

　　D. 在"用户"选项卡中注销某个登录的用户

9. 在 Windows 10 中,可以快速获得计算机硬件配置的基本信息的是(　　　)。

　　A. 右击"此电脑",单击"属性"菜单项

　　B. 右击"开始"菜单

　　C. 右击桌面空白区,单击"属性"菜单项

　　D. 右击任务栏空白区,单击"属性"菜单项

10. 在选定文件或文件夹后,将其彻底删除的操作是(　　　)。

　　A. 用 Delete 键删除

　　B. 用 Shift＋Delete 键删除

　　C. 用鼠标直接将文件或文件夹拖放到"回收站"中

　　D. 用"主页"选项卡下"组织"命令组下的"删除"命令

11. 下列说法中正确的是(　　　)。

　　A. 安装了 Windows 的微型计算机,其内存容量不能超过 4MB

　　B. Windows 中的文件名不能用大写字母

　　C. 安装了 Windows 操作系统之后才能安装应用软件

　　D. 安装了 Windows 的计算机,硬盘常安装在主机箱内,因此是一种内存储器

12. Windows 菜单操作中,如果某个菜单项的颜色暗淡,则表示(   )。

    A. 只要双击,就能选中

    B. 必须连续三击,才能选中

    C. 单击被选中后,还会显示出一个方框要求操作者进一步输入信息

    D. 在当前情况下,这项选择是没有意义的,选中它不会有任何反应

13. 下列关于 Windows 的叙述中,错误的是(   )。

    A. 删除应用程序快捷图标时,会连同其所对应的程序文件一同删除

    B. 设置文件夹属性时,可以将属性应用于其包含的所有文件和子文件夹

    C. 删除目录时,可将此目录下的所有文件及子目录一同删除

    D. 双击某类扩展名的文件,操作系统可启动相关的应用程序

14. 在资源管理器中,选定多个非连续文件的操作是(   )。

    A. 按住 Shift 键,单击每一个要选定的文件图标

    B. 按住 Ctrl 键,单击每一个要选定的文件图标

    C. 先选中第一个文件,按住 Shift 键,再单击最后一个要选定的文件图标

    D. 先选中第一个文件,按住 Ctrl 键,再单击最后一个要选定的文件图标

15. 下面是关于 Windows 文件名的叙述,错误的是(   )。

    A. 文件名中允许使用汉字   B. 文件名中允许使用多个圆点分隔符

    C. 文件名中允许使用空格   D. 文件名中允许使用竖线(|)

二、问答、操作题

1. 列举出三个 Windows 模仿生活和工作设计出的专有名词和它们的对应含义。

2. 查找系统提供的应用程序 calc.exe,并在桌面创建名为"计算器"的快捷方式图标。

3. 在 D 盘创建 source 文件夹,在其中创建名为 1.docx 的 Word 文件,将其复制两份至 D 盘的 destination 文件夹,分别命名为 1.docx 和 2.txt,最后将它们用 Word 软件打开。

第 **4** 章 Word 文字编辑

Microsoft Word 软件是微软公司开发的办公套件 Office 的重要组件,主要用于文字处理工作。它秉承了 Windows 友好的窗口界面、风格和操作方法,提供了一整套齐全的功能和灵活方便的操作方式;用户可以用它处理日常的办公文档、排版、处理数据、制作表格、创建简单网页等。

4.1 Word 2016 基础知识

4.1.1 Word 主要功能

(1) 文字编辑功能:进行文字的录入、修改、删除、复制、查找等基本操作,文字字体、段落格式及页面效果等编辑,包括在文档上编辑文字、图形、数学公式、图像、声音、动画等数据,以及插入来源不同的其他数据源信息。

(2) 自动纠错和检查功能:进行文字拼写和语法检查;对于错误的拼写和输入,提供修正建议;帮助用户自动编写目录;自定义字符输入来代替相同字符。

(3) 制表功能:自动或手动绘制表格;自定义表格样式;将表格和文本进行相互转换;对表格中的数据进行自动计算。

(4) 模板与向导功能:提供大量丰富的模板,让用户能够很快建立相应格式的文档;同时,允许用户自己定义模板,满足个性化用户需求。

(5) 帮助功能:提供了形象而方便的帮助文档,让用户遇到问题时可以快速找到解决方法,为用户自学提供了方便。

(6) 超强兼容性:支持多种格式的文档,可以编辑邮件、信封、备忘录、报告、网页等。

4.1.2 Word 2016 新增功能

(1) Office 2016 新加入了协同工作的功能,只要通过共享功能选项发出邀请,就可以让其他使用者一同编辑文件,而且每个使用者编辑过的地方,都会出现提示,让所有人都可以看到哪些段落被编辑过。对于需要合作编辑的文档,这项功能非常方便。

(2) 将云模块与 Word 功能融为一体,为用户打造了一个开放的文档处理平台,用户可以指定云作为默认存储路径,也可以继续使用本地硬盘储存。用户通过手机、iPad 或其他客户端均可随时存取存放在云端的文件。

（3）对"打开"和"另存为"的对话框界面进行了改良,存储位置、浏览功能、当前位置和最近使用的排列,都变得更加清晰。

（4）在"插入"中增加了"屏幕截图"功能,可以直接截取图片,并将图片直接导入Word 中进行编辑修改。

（5）在工具栏最上面最右侧增加了"操作说明搜索",如果找不到 Word 中的一些功能,可以直接在搜索框中输入关键字进行调用。

4.1.3　Word 2016 窗口

课堂练习

启动 Word 2016 时将创建一个自动命名的新空白文档,其扩展名为.docx;选择"文件"选项卡中的"新建"命令,单击"空白文档"按钮,也可创建一个新文档。Word 2016 窗口组成如图 4.1 所示。

图 4.1　Word 2016 窗口组成

标题栏位于窗口的最上端,显示当前正在编辑的文档名称及"- Word"。

1. 快速访问工具栏

快速访问工具栏包括文件操作常用命令,例如"保存"和"撤销";同时,用户也可以自行添加个人常用命令。

2. 窗口控制按钮栏

窗口控制按钮栏包括"最小化""最大化/还原切换""关闭"命令。

3. 水平/垂直标尺

水平/垂直标尺用于设置或查看段落缩进、制表位、页面边界和栏宽等信息。

4. 水平/垂直滚动条

文档过长或显示比例较大时，屏幕不能显示全部内容，通过水平/垂直滚动条可以方便查看屏幕外的其他内容。

5. 文档编辑区

文档编辑区显示正在编辑的文档，文档的所有操作都在文档编辑区进行。

6. 视图栏

视图栏用于设置和更改文档的显示方式，通常有"页面视图""阅读视图""大纲视图"等，可以根据不同的需要选择不同的显示方式。

7. 缩放滑块

缩放滑块用于设置和更改正在编辑文档的显示比例。

8. 状态栏

状态栏显示当前正在编辑文档的相关信息。

4.1.4 Word 2016 选项卡和功能区

Word 大部分操作都可以通过功能区的控制按钮来实现，功能区采用选项卡的形式对各项功能进行分类。Word 2016 的选项卡主要包括"文件""开始""插入""设计""布局""引用""邮件""审阅""视图""帮助"等。另外根据操作对象的不同，会临时增加"格式""设计"等选项卡。

在不同的选项卡中，还利用"功能区"来对一组相似的命令进行分类。例如在"开始"选项卡中，包括"剪贴板""字体""段落""样式""编辑"几个功能区，每个功能区中有若干个命令按钮，如图 4.2 所示。

图 4.2　选项卡和功能区

每个功能区的右下角有一个右下箭头符号 ，单击该符号可以打开相应的控制窗口，进行详细设置。

4.1.5 Word 2016 视图

课堂练习

视图是文档在窗口中的显示方式，Word 2016 提供了多种视图，主要包括“阅读视图”“页面视图”“Web 版式视图”“大纲”“草稿”5 种，如图 4.3 所示。用户可以在“视图”选项卡中选择需要的文档视图模式，也可以在右下方的视图按钮直接进行选择，如图 4.4 所示。以神舟十三号乘员组的故事作为案例，给大家展示不同视图下文档的区别。

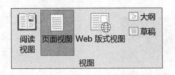

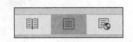

图 4.3　Word 视图功能区

图 4.4　Word 视图按钮

1. 阅读视图

“阅读视图”将“文件”按钮、功能区等窗口元素隐藏起来，以图书的分栏样式显示文档。同时，用户还可以单击“工具”按钮选择各种阅读工具，如图 4.5 所示。

在轨 183 天 神舟十三号乘员组解锁多个“首次”

北京时间 2022 年 4 月 16 日 09 时 56 分，神舟十三号载人飞船返回舱在东风着陆场成功着陆，神舟十三号载人飞行任务取得圆满成功。半年“出差”，神舟十三号航天员乘组顺利完成全部既定任务，创造了多项“首次”。

图 1　神舟十三号乘员组

1、首次实施径向交会对接

2021 年 10 月 16 日，神舟十三号载人飞船搭载三名航天员开启“超长太空之旅”。在此次任务中，神舟十三号采用自主快速交会对接技术，在入轨后 6.5 小时内与核心舱完成交会对接。神舟十三号首次验证了径向交会对接技术，与空间站核心舱径向对接口实施了径向交会对接。

2、刷新在轨飞行纪录

神舟十三号乘组共在轨飞行 183 天，创造了中国航天员连续在轨飞行时间的最长纪录。王亚平成为中国航天员中在轨飞行累计时长最久的一位。

3、首次执行应急救援发射待命任务

为应对在轨停靠飞船无法返回的风险，空间站任务阶段首次建立了应急救援任务模式，采用“滚动待命”策略，在前一发载人飞船发射时，后一发载人飞船在发射场待命，通过在轨停靠飞船和发射场待命飞船共同确保在轨航天员安全。神舟十三号载人飞船作为神舟十二号载人飞船备份首次执行了应急救援发射待命任务。

4、首次实施快速返回流程

图 2　神舟十三号乘员组安全返回地面

为进一步提高返回任务执行效率，缩短地面飞控实施时间，提高航天员返回舒适度，神舟十三号首次实施快速返回。通过对飞行任务事件进行合理裁剪和调整、压缩操作时间，将返回所需时间由以往的 11 个飞行圈次压缩至 5 个飞行圈次。

5、首次利用空间站机械臂操作大型在轨飞行器进行转位试验

2022 年 1 月 6 日 6 时 59 分，经过约 47 分钟的跨系统密切协同，空间站机械臂转位货运飞船试验取得圆满成功，这是我国首次利用空间站机械臂操作大型在轨飞行器进行转位试验。此次试验，初步检验了利用机械臂操作空

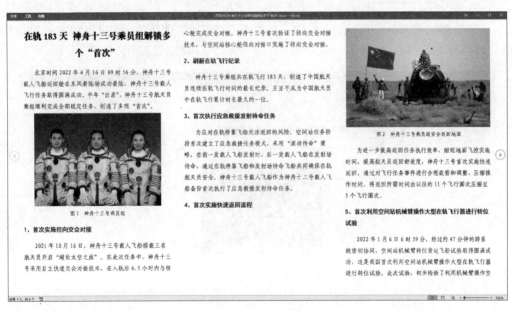

图 4.5　阅读视图

2. 页面视图

“页面视图”显示文档的所有排版与布局，包括页眉、页脚、图形对象、分栏设置、页面

边距等元素,屏幕布局与打印输出的效果完全一样。"页面视图"是 Word 2016 默认的视图方式,也是使用最多的视图方式,如图 4.6 所示。

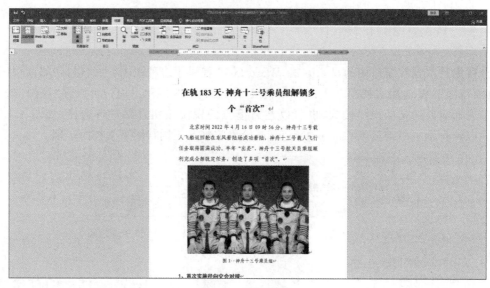

图 4.6　页面视图

3. Web 版式视图

"Web 版式视图"以网页的形式显示文档,正文显示宽度更大,同时自动换行以适应窗口,Web 版式视图适用于发送电子邮件和创建网页,如图 4.7 所示。

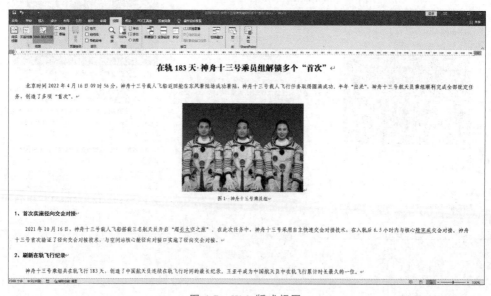

图 4.7　Web 版式视图

4. 大纲

"大纲"用于显示文档的层次结构,并可以方便地折叠和展开各级文档,适用于长文档的快速浏览和定位。在大纲中,图片仅有占位而没有图片内容显示,如图4.8所示。

5. 草稿

"草稿"是最节省计算机系统硬件资源的视图方式,在该视图中不显示页边距、分栏、页眉页脚和图片等元素,仅显示标题和正文,如图4.9所示。

图 4.8　大纲　　　　　　　　　　　图 4.9　草稿

4.2　Word 2016 文件操作与文本编辑

4.2.1　文件基本操作

1. 新建文档

可以通过以下几种方法完成。

(1)单击"文件"→"新建"命令,将会弹出"新建文档"窗口,单击可用模板区的任意模板,可以新建相应的空白文档。

(2)单击"快速访问工具栏"中的"新建"按钮 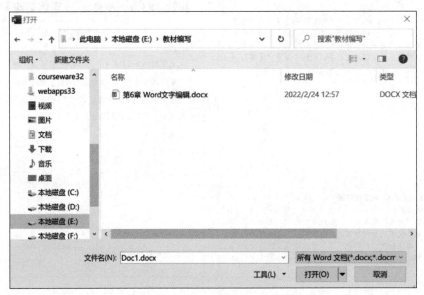。如果没有该按钮,可在窗口顶部左侧的"自定义快速访问工具栏"下拉菜单中单击"新建"项,在"快速访问工具栏"中将出现"新建"按钮。

(3)使用 Ctrl+N 快捷键,将直接新建一个空白文档。

2. 打开文档

打开文档,就是将文件从外存读入内存的过程,可以通过以下几种方法完成。

(1)单击"文件"→"打开"命令,弹出"打开"对话框,选中要打开的文档,也可以同时打开多个文档,如果文档存放顺序相连,可以选中第一个文档后按住 Shift 键,再用鼠标单击最后一个文档;如果文档存放顺序不相连,可以先按住 Ctrl 键,再用鼠标依次选定文档;最后,单击"打开"按钮即可,如图 4.10 所示。当多个文档被打开后,最后一个被打开的文档为 Word 当前编辑的文档,即活动窗口显示的文档。

图 4.10 "打开"对话框

(2)单击"快速访问工具栏"中的"打开"按钮。如果没有该按钮可在窗口顶部左侧的"自定义快速访问工具栏"下拉菜单中单击"打开"项,则在"快速访问工具栏"中将出现"打开"按钮。

(3)在"资源管理器"中,选中要打开的 Word 文档,按下回车键,系统会自动启动 Word 2016 并将所选文档全部打开;若只需打开一个文档,也可直接双击该文档。

(4)单击"文件"→"打开"命令,在菜单右方会出现最近编辑过的若干文件,单击其中一个,便可快速打开相应文档。

(5)使用 Ctrl+O 快捷键,直接弹出文件打开窗口。

大学计算机基础与计算思维

3. 保存文档

保存文档,就是将文档从内存写入外存的过程,可以通过以下几种方法完成。

(1) 单击"文件"→"保存"命令,若正在编辑的文档已经有文件名,则按文件的原名保存;若正在编辑的文档是第一次保存,则将出现文件"另存为"对话框,Word 2016 的"保存"和"另存为"使用的是同一个对话框。输入文件名,选择文档保存路径和保存类型,单击"保存"按钮。默认情况下,文档将被保存为".docx"格式。

(2) 单击"文件"→"另存为"命令,将出现文件"另存为"对话框,操作方法与(1)类似,用于将已经存在的文档以新的路径、文件名或类型保存。

(3) 单击"快速访问工具栏"中的"保存"按钮 🔲。

(4) 使用 Ctrl+S 快捷键,直接以当前所在路径、文件名和类型保存文档。

4. 关闭文档

关闭文档,释放文档占用的内存空间,可以通过以下几种方法完成。

(1) 单击"文件"→"关闭"命令。

(2) 单击窗口右上角的"关闭"按钮 ⊠。

(3) 若将要关闭的文档是当前活动窗口,可以使用快捷键 Alt+F4 关闭该文档。

不管使用哪种方法,如果文档中还有未保存的部分,都会弹出"是否将更改保存到文档中"的询问窗口。

4.2.2 文本编辑基本操作

1. 插入点移动与定位

(1) 鼠标定位:将鼠标光标移动到需要插入的位置后单击鼠标左键。

(2) 键盘定位:使用键盘"→""←""↑""↓"四个键将光标移动到需要插入的位置,同时也可以使用快捷键进行定位,常用的快捷键如表 4.1 所示。

表 4.1　光标移动常用快捷键及功能

快 捷 键	功 能
Home	将光标移动到当前行的行首
End	将光标移动到当前行的行尾
Ctrl+Home	将光标移动到整个文档最前端
Ctrl+End	将光标移动到整个文档末尾
Alt+Ctrl+PageUp	将光标移动到窗口顶端
Alt+Ctrl+PageDown	将光标移动到窗口结尾

2. 文本选择

（1）用鼠标如下选择。

① 将光标定位到需要选择字符的左侧，按住鼠标左键并拖动至需要选择的最后一个字符后松开鼠标即可，适用于选择较短的文本。

② 将光标定位到需要选择字符的左侧，按住 Shift 键，在需要选择的最后一个字符后单击鼠标左键即可，适用于选择较长的文本。

③ 将光标定位到某个单词中间并双击，可选定整个单词。

（2）用键盘选择，选择文本常用快捷键及功能如表 4.2 所示。

表 4.2　选择文本常用快捷键及功能

快　捷　键	功　　能	快　捷　键	功　　能
Shift+↑	选择上一行文本	Shift+↓	选择下一行文本
Shift+→	选择相邻后一个字符	Shift+←	选择相邻前一个字符
Ctrl+Shift+↑	选择从段首至当前字符的所有文本	Ctrl+Shift+↓	选择从当前字符到段尾的所有文本
Ctrl+Shift+→	选择当前字符右侧一个字符或词语	Ctrl+Shift+←	选择当前字符左侧一个字符或词语
Shift+Home	选择从行首至当前字符的所有文本	Shift+End	选择从当前字符至行尾的所有文本
Shift+PageUp	选择从上一屏至鼠标当前位置的所有内容	Shift+PageDown	选择从当前鼠标位置至下一屏的所有内容
Shift+Ctrl+Home	选择从文档最前端至当前字符所在行的所有内容	Shift+Ctrl+End	选择从当前字符所在行至文档末尾的所有内容
Ctrl+A	选择当前文档所有内容		

3. 插入与改写内容

Word 2016 有插入和改写两种录入状态。在"插入"状态下，从键盘输入文本即可将文本直接插入当前光标所在位置，光标后面的文字将按顺序后移；"改写"状态下，键入的文本将把光标后的文字替换掉，其余的文字位置不改变，可以用键盘上的 Insert 键在两种状态之间进行切换。

4. 删除操作

（1）删除一个字符：使用 Backspace 键删除光标前一个字符，Delete 键删除光标后一个字符。

（2）删除指定内容：选中需要删除的内容，然后使用 Backspace 键或 Delete 键或 Ctrl+X 快捷键进行删除。

　　　　　　　大学计算机基础与计算思维

5. 撤销、恢复和重复操作

（1）使用 ⤺ 或快捷键 Ctrl＋Z 可以撤销最近进行的操作，恢复到执行操作前的状态。

（2）交替使用 ⤻ 与 ⤺ 或快捷键 Ctrl＋Y 与 Ctrl＋Z 可以恢复和重复最近所进行的操作。

6. 移动与复制

移动：将对象（文本、图片、表格等）从源位置移动到目标位置，源位置的对象不再保留。需要先选中对象，执行"剪切"操作，然后在目标位置执行"粘贴"操作。

复制：将对象从源位置复制到目标位置，保留源位置的对象。需要先选中对象，执行"复制"操作，然后在目标位置执行"粘贴"操作。

执行"剪切""复制"或"粘贴"操作的几种方法如下。

（1）单击"开始"选项卡的"剪贴板"功能区中的相应按钮，如图 4.11 所示。

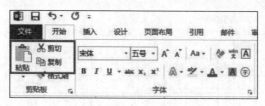

图 4.11　剪切、复制、粘贴按钮

（2）右击（即单击鼠标右键，下同），从弹出菜单中单击"剪切""复制"或"粘贴"菜单项。

（3）使用快捷键，Ctrl＋X 表示剪切，Ctrl＋C 表示复制，Ctrl＋V 表示粘贴。

在粘贴时，可以通过单击图 4.11 中粘贴按钮下方的箭头，或者通过单击右键菜单中的选项，视情况选择"保留源格式""合并格式""图片"或"只保留文本"。

除此之外，还可以用鼠标拖曳的方式完成移动操作，选中对象后，按住鼠标左键，直接将对象拖曳到目标位置，然后松开鼠标即可。若在拖曳的过程中按住 Ctrl 键，即可完成复制操作。

7. 拼写检查

Word 2016 能够在用户输入时自动检查英文的拼写和语法错误，并用红色波浪线标记出拼写错误，用绿色波浪线标记出语法错误。

例如，为一段文字进行拼写和语法检查，操作如下。

（1）单击"审阅"选项卡的"校对"功能区中的"拼写和语法"按钮。

（2）提示英文单词"teachor"错误，并给出修改建议，修改后自动检查下一个错误，如图 4.12 所示。

8. 插入特殊符号

若想在文档中插入特殊符号，例如 π、α、β、→、÷ 等，可单击"插入"→"符号"→"其他

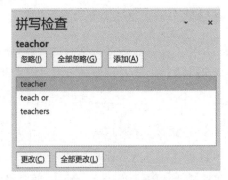

图 4.12 拼写和语法检查

符号"按钮,弹出如图 4.13 所示的对话框,选择需要插入的字符后单击"插入"按钮即可。

图 4.13 "符号"对话框

9. 插入日期和时间

单击"插入"→"文本"→"日期和时间"按钮,可在文档中插入当前日期和时间。在"语言(国家/地区)"栏中选择"中文"或"英文",在"可用格式"栏中选择一种日期和时间格式,如图 4.14 所示。

4.2.3 查找与替换

课堂练习

当需要在一篇文档中查找一些字符或将其替换为另一些文字时,如果是手工来做,工作量会很大。Word 2016 提供了文档的查找与替换功能,可以按照下面的步骤进行操作。

(1) 单击"开始"选项卡的"编辑"功能区中的"查找"按钮,弹出"查找和替换"对话框,如图 4.15 所示。

(2) 如图 4.15 所示,在"查找内容"项中输入需要被替换的文本,在"替换为"项中输入替换后的新文本。

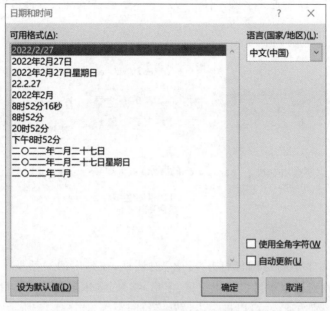

图 4.14 "日期和时间"对话框

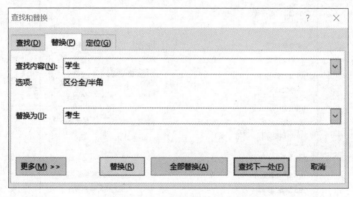

图 4.15 "查找和替换"对话框

（3）单击"替换"按钮，当前被查找到的文本被替换；单击"全部替换"按钮，所有匹配的文本都被替换为新的文本；单击"查找下一处"按钮，继续查询下一个符合"查找内容"匹配条件的文本。

4.3　Word 2016 文档格式与版面

4.3.1　字体格式

课堂练习

设置字体主要有两种方式：通过"开始"选项卡的"字体"功能区进行设置，如图 4.16

所示,在功能区中可以设置文字的字体、字号、字体颜色、背景色、字符边框、加粗、斜体、上下标等。

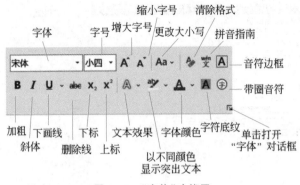

图 4.16 "字体"功能区

也可以单击右下角的 图标打开"字体"对话框,在弹出的对话框中进行字体设置,如图 4.17 所示,在对话框中可以设置字体、字形、字号、字体颜色等,同时可以预览字体设置效果;单击"高级"选项卡,可以进一步设置字符间距等,如图 4.18 所示。

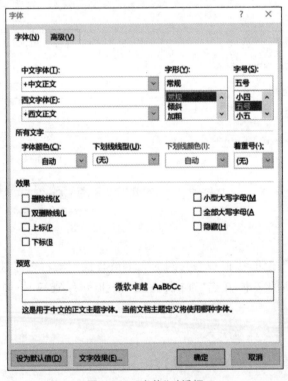

图 4.17 "字体"对话框

同时,Word 也提供了一些快捷键用于对字体格式的快速设置,如表 4.3 所示。

图 4.18 "高级"选项卡

表 4.3 字体格式设置的快捷键

快捷键	功　能	快捷键	功　能
Ctrl＋Shift＋C	从文本复制格式	Shift＋F3	更改字母大小写
Ctrl＋Shift＋V	将已复制格式应用于文本	Ctrl＋Shift＋A	将所有字母设为大写
Ctrl＋Shift＋F 或 Ctrl＋D	打开"字体"对话框	Ctrl＋B	将字符加粗
Ctrl＋Shift＋">"	增大字号	Ctrl＋U	给字符添加下画线
Ctrl＋Shift＋"<"	减小字号	Ctrl＋I	应用倾斜格式

4.3.2　段落格式

课堂练习

　　段落由任意数量的文字、图形、公式、特殊符号等组成。Word 以回车键作为段落标记，表示一个段落的结束。

　　段落格式的设置包括段落对齐方式、项目编号、段落左右缩进、段落边框、段落底纹等，可以在"开始"选项卡的"段落"功能区进行快速设置，如图 4.19 所示。也可以单击"段落"功能区的 图标，弹出"段落"对话框，如图 4.20 所示，在该对话框中可以设置段落的对齐方式、大纲级别、缩进、段前段后间距、段落行距等,同时可以对所设置的段落格式进行预览。

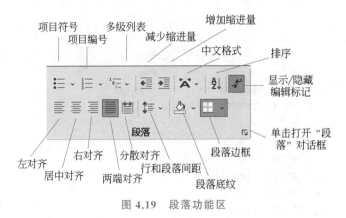

图 4.19　段落功能区

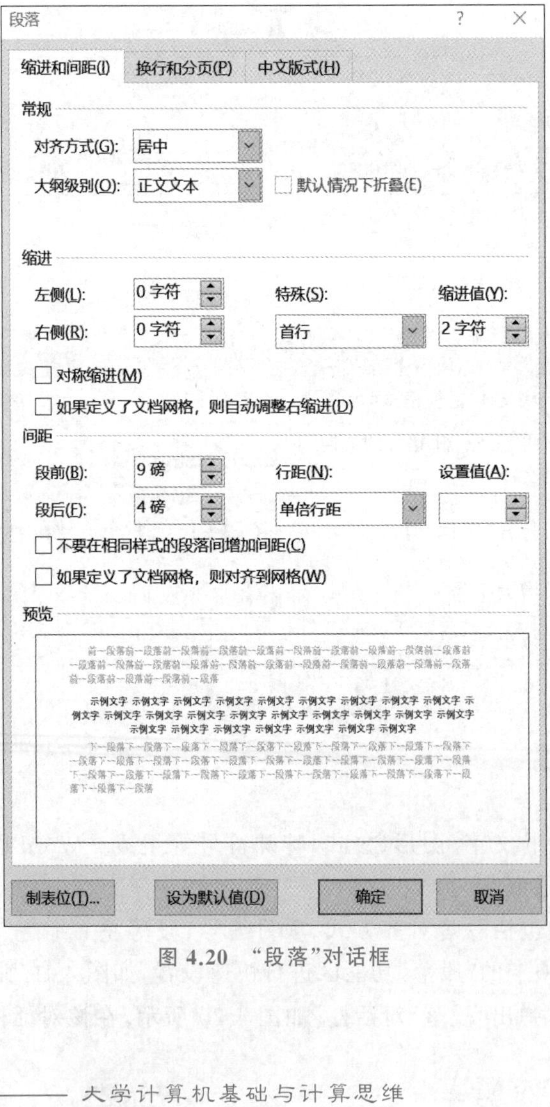

图 4.20　"段落"对话框

常用的设置方法如下。

（1）段落的对齐：段落对齐方式主要有左对齐、居中对齐、右对齐、两端对齐和分散对齐 5 种。可以使用图 4.20 的"段落"对话框中的对齐方式进行设置，也可以使用段落功能区中的对应按钮进行设置。

（2）段落的缩进：段落缩进是表示某段落的首行、左侧和右侧分别与页面左边界和右边界的距离，以及相互之间的距离关系，主要有 4 种缩进方式。

- 左侧缩进：段落左侧距离页面左边界的距离；
- 右侧缩进：段落右侧距离页面右边界的距离；
- 首行缩进：段落第一行由左缩进位置向内缩进的距离，通常中文的首行缩进为两个汉字的宽度；
- 悬挂缩进：除第一行以外，段落中其余各行由左缩进位置向内缩进的距离。

（3）行间距：在如图 4.19 所示的"段落"对话框"间距"设置区域，可以设置段前、段后以及段落中各行的间距。

同时，Word 也提供了一些快捷键用于对段落格式的快速设置，如表 4.4 所示。

表 4.4　段落格式设置快捷键

快捷键	功　　能	快捷键	功　　能
Ctrl+1	单倍行距	Ctrl+L	在段落左对齐和两端对齐之间切换
Ctrl+2	双倍行距	Ctrl+M	左侧段落缩进
Ctrl+5	1.5 倍行距	Ctrl+Shift+M	取消左侧段落缩进
Ctrl+0	在段前添加或删除一行间距	Ctrl+T	创建悬挂缩进
Ctrl+E	在段落居中和两端对齐之间切换	Ctrl+Shift+T	减小悬挂缩进量
Ctrl+J	在段落两端对齐和左对齐之间切换	Ctrl+Q	删除段落格式
Ctrl+R	在段落右对齐和两端对齐之间切换		

4.3.3　格式刷

课堂练习

格式刷是 Word 中的一种用来复制文字格式、段落格式的工具，用格式刷"刷"格式，可以快速将指定段落或文本的格式应用到其他段落或文本上，大大减少排版的重复劳动，具体操作如下。

（1）把光标放在已经设置好格式的文字上；

（2）单击"开始"选项卡中的"格式刷"按钮，如图 4.21 所示，单击后鼠标变成一把刷子形状；

图 4.21 "格式刷"按钮

（3）然后选择需要同样格式的文字，利用鼠标左键拉取范围选择，松开鼠标左键，完成相应格式设置。

课堂练习

4.3.4 项目符号和编号

在段落前添加项目符号和编号可以使文档内容更加条理清晰，同时可以更准确清楚地表达文档内容之间的并列关系、顺序关系等。选定要添加项目或编号的文档内容，单击"开始"选项卡的"段落"功能区，单击 按钮，进行项目符号和编号的设置。在设置了"项目符号""编号"或"多级列表"的文档后，按回车键会自动产生后续的项目符号或编号。可以通过以下方式给文档添加项目符号或编号。

（1）选择需要添加项目符号或编号的段落；
（2）单击"项目符号"或"项目编号"按钮，弹出相应菜单，如图 4.22 和图 4.23 所示；

图 4.22 "项目符号"菜单

图 4.23 "项目编号"菜单

（3）选择需要的符号或编号样式；
（4）还可单击"定义新项目符号"或"定义新编号格式"命令，设置用户需要的符号或编号格式，如图 4.24 和图 4.25 所示；

大学计算机基础与计算思维

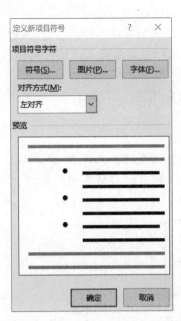

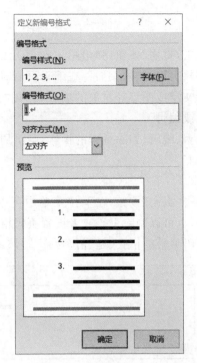

图 4.24 "定义新项目符号"对话框　　　　图 4.25 "定义新编号格式"对话框

（5）多级符号可清晰地表明段落各层次之间的关系，单击"段落"功能区的 ![button] 或 ![button] 按钮可提升或降低项目符号或编号的层次，设置后的效果如图 4.26 所示。

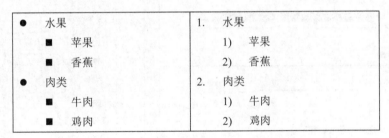

图 4.26　项目符号、编号的设置效果

4.3.5　页眉页脚和页码

课堂练习

页眉（页脚）是指电子文档中每个页面的顶部（底部）区域，常用于显示文档的附加信息，例如公司名称、文档名称、时间、页码等。

只有在"页面视图"模式时，才能显示或修改页眉页脚。可通过单击"插入"选项卡的"页眉和页脚"功能区中的"页眉""页脚"和"页码"三个按钮来实现相应功能。

1. 插入、编辑、删除页眉或页脚

单击"页眉"按钮,弹出图 4.27 所示的"页眉"对话框,可以选择需要插入页眉的样式,或者编辑页眉、删除页眉。在编辑页眉时,文档区域会变灰显示,光标定位在页眉区域,可以进行文字或图形等对象的输入,在文档区域双击鼠标左键或按 **Esc** 键可以完成对页眉的插入或编辑。

插入、编辑、删除页脚的操作,与页眉类似,不再赘述。

2. 插入、设置页码

单击"页码"按钮,在下拉菜单中可以选择页码在页面的插入位置(顶端或底端,左、中、右),也可以删除页码或者设置页码格式,设置页码格式的对话框如图 4.28 所示,可以选择页码编号的格式、是否包含章节号、编号方式等。

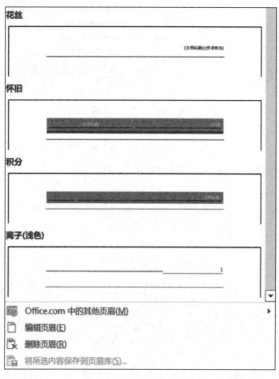

图 4.27 "页眉"对话框

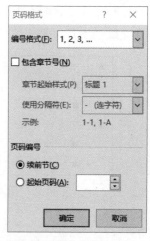

图 4.28 "页码格式"对话框

课堂练习

4.3.6 边框和底纹

选择需要添加边框或底纹的文字或段落,在"开始"选项卡的"段落"功能区中单击 ⊞▾ 图标右侧的箭头,然后选择"边框和底纹";也可单击"设计"选项卡的"页面背景"功能区中的"页面边框"按钮,两种方法都可打开"边框和底纹"对话框,如图 4.29 所示,该对话框有 3 个选项卡。

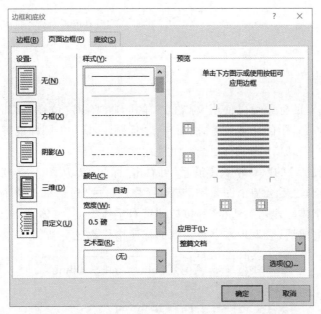

图 4.29　"边框和底纹"对话框

1."边框"选项卡

在该选项卡中,可以为选定的段落或文字设置边框的样式、颜色、宽度及应用范围等,也可以分别指定上、下、左、右四个方向边框的有无。

2."页面边框"选项卡

在该选项卡中,可以对所选段落或全部文档添加边框,设置边框样式、颜色、宽度,也可以分别指定上、下、左、右四个方向边框的有无。

3."底纹"选项卡

在该选项卡中,可以指定单元格、文字或段落底纹的填充颜色、图案等。

4.3.7　样式

在编辑长文档或者要求具有统一格式的文档时,通常需要对多个段落设置相同的格式,无论是逐一设置还是通过格式刷复制格式,都会显得非常烦琐,此时可通过样式进行排版,以减少工作量,从而提高工作效率。

样式,就是将修饰某一类段落的一组参数(包括字体类型、字体大小、颜色、对齐方式、行距等)命名为一个特定的段落格式名称。样式一般以段为对象。

在"开始"选项卡的"样式"功能区列出了 Word 提供的一些常用样式,如图 4.30 所

微课视频

课堂练习

示。若未进行样式设置,默认的样式都是"正文"。

图 4.30 "样式"功能区

例如,本书每章的标题可以使用"标题 1"样式,将光标定位在"第 4 章 Word 文字编辑"(或其他章的标题)中的任意位置,然后单击"标题 1"即可。同样道理,4.1 节、4.2 节等可使用样式"标题 2",4.1.1 节、4.1.2 节等可使用样式"标题 3"。

若对样式"标题 1"的默认格式不满意,可右击"标题 1",从图 4.31 所示的弹出菜单中单击"修改"菜单项,之后会弹出图 4.32 所示的"修改样式"对话框。单击左下角的"格式"按钮,然后单击"字体""段落""边框"等按钮即可对字体类型、字体大小、段落格式、边框等进行设置。设置完成后,会发现本书每一章的标题格式都已更新,并不需要逐一修改。

图 4.31 修改样式

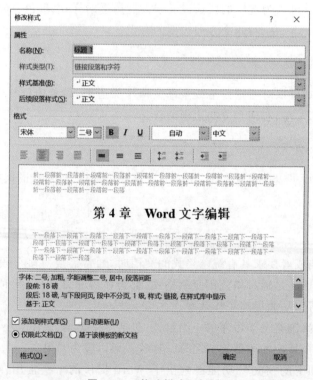

图 4.32 "修改样式"对话框

大学计算机基础与计算思维

除了修改已有样式外，还可以创建新样式，方法是：单击"样式"功能区的 按钮，然后选择"创建样式"，弹出图 4.33 所示的"根据格式化创建新样式"对话框，单击"修改"按钮，弹出与图 4.33 类似的对话框，在该对话框中，输入样式名称、样式类型。"样式基准"建议选择"无样式"，以避免其他样式的修改对该样式造成影响。"后续段落样式"的设置将会决定应用了该样式的段落的下一段落的默认样式。例如，将新建的"样式 1"的后续段落样式设为"正文"，那么，在应用了"样式 1"的段落后按回车键，新开始的段落样式为"正文"。然后单击下方的"格式"按钮进行字体、段落、边框、语言、编号等详细设置，最后单击"确定"按钮即可完成新样式创建。

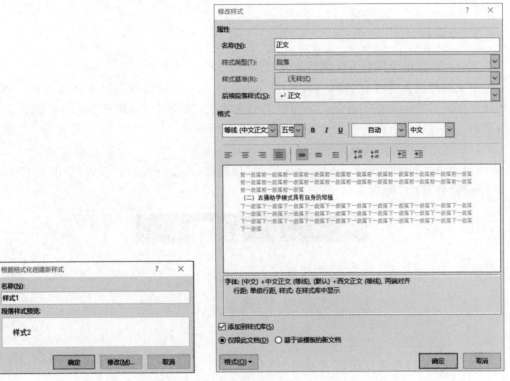

图 4.33 "根据格式化创建新样式"对话框

4.3.8 页面设置

1. 页面样式

Word 2016 可以对页面格式进行设置，比如调整页边距、纸张方向、纸张大小等，可以通过下面的方法进行文档的页面设置。

（1）单击"布局"选项卡，选择"页面设置"功能区，如图 4.34 所示；

（2）单击右下角 图标，弹出"页面设置"对话框；

（3）"页面设置"对话框中共有 4 个选项卡，第一个为"页边距"功能，可以调节内容到页边的距离，第二个为"纸张"的选择，第三个为"版式"功能，可以调节页眉页脚的相关设

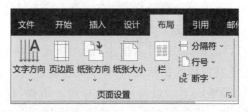

图 4.34　"页面设置"功能区

置,也可以设置页面对齐方式,第四个为"文档网格"功能,可以指定每页行数、每行字符数等。

2. 分隔符

Word 2016 的分隔符有分页符和分节符两类。

当文本或图形等内容填满一页时,Word 会插入一个自动分页符并开始新的一页。如果要在某个特定位置强制分页,可手工插入分页符,这样可以确保章节标题总在新的一页开始。可以通过下面的方法进行分页符的插入。

(1) 将光标移到需要分页的位置;

(2) 单击"布局"选项卡,选择"页面设置"功能区,单击"分隔符"按钮,单击其下拉菜单栏里的"分页符",如图 4.35 所示;

图 4.35　"分隔符"按钮

(3) 在光标位置可以看到"分页符"插入成功。

分节符用于将文档内容划分为不同的页面,分别针对不同的节,进行页面设置操作。如下面几种情况下,可以在分节符的帮助下完成页面设置。

(1) 文档编排中,如果要使首页、目录等的页眉、页脚、页码与正文部分不同,可以将首页、目录等作为单独的节;

(2) 在文档中,包括封面、目录和正文几个部分,一般情况下,若设置页码,所有页面按顺序编号,正文部分的页码编号不能从 1 开始。此时,可以通过插入分节符,分成若干节,设置每节的页码从 1 开始编号。

插入分节符的方法与插入分页符的方法类似。

3. 分栏

分栏是将 Word 文档全部页面或选中的段落内容设置为多栏,从而呈现出报刊、杂志、书籍中经常使用的分栏排版效果。分栏是文档排版中常见排版形式,作用是使版面更整齐、活泼,且便于阅读。可以通过下面的方法完成分栏操作。

(1) 选择需要进行分栏的文本;

(2) 单击"布局"选项卡,选择"页面设置"功能区,单击"栏"按钮,如图 4.36 所示,单击其下拉菜单栏里的不同分栏效果;

图 4.36　分栏

(3) 可以看到所选择的文本完成了分栏排版效果。

4.4　Word 2016 表格制作

4.4.1　表格创建

课堂练习

将光标定位于需插入表格的位置,单击"插入"选项卡的"表格"功能区中的"表格"按钮,弹出如图 4.37 所示的"插入表格"对话框,此时可通过以下几种方式创建表格。

1. 使用快捷方式创建

在网格框中移动鼠标,改变表格的行数和列数,满足要求后,单击鼠标左键即可。该方式适用于创建行数或列数较少的表格。

2. 使用对话框创建

在图 4.37 中单击"插入表格",在弹出的"插入表格"对话框中输入列数和行数,并设置"自动调整"操作,最后单击"确定"按钮即可。

3. 文本转换为表格

先将需要转换为表格的文本通过插入分隔符,以指明使用什么符号来将文档进行行和列的分隔,如有以下用";"分隔的 2022 年冬奥会金牌排行榜文本:

编号;国家/地区;金牌;银牌;铜牌;1;德国;12;10;5; 2;美国;8;10;7;3;挪威;16;8;13;4;瑞典;8;5;5;5;中国;9;4;2

选定上述文本内容,选择"插入"选项卡的"表格"功能区,在下拉菜单中单击"文本转换成表格",弹出如图 4.38 所示的对话框,在"文字分隔位置"中选择分隔符,本例选择"其他字

图 4.37　"插入表格"对话框

符"项,并输入";",在"列数"处输入 5,则行数会自动变为 6,最后单击"确定"按钮完成表格的转换,转换后的表格如表 4.5 所示。

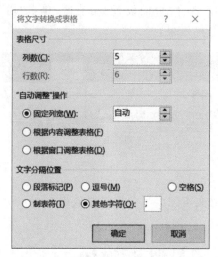

图 4.38　"将文字转换成表格"对话框

表 4.5　文字转换后的表格

编　　号	国家/地区	金牌	银牌	铜牌
1	德国	12	10	5
2	美国	8	10	7
3	挪威	16	8	13
4	瑞典	8	5	5
5	中国	9	4	2

4.4.2　表格编辑

课堂练习

插入表格后,单击表格或选中表格的任一单元格,在 Word 的选项卡中会出现"表格工具-设计"和"表格工具-布局"选项卡。其中"表格工具-设计"选项卡可以对表格样式、表格边框等进行设置;"表格工具-布局"选项卡可以对表格属性、行和列、合并单元格、单元格大小、单元格对齐方式、单元格数据处理等进行设置。

1. 表格元素选择

选择单元格:将鼠标指针移到单元格的左下角,待光标变成向右上的黑色箭头时,单击可以选择该单元格,拖动鼠标可以选择多个单元格。

选择行:将鼠标指针移动到某行的最左侧,待光标变成向右的空心箭头时,单击即可选择该行,继续向上或向下拖动,可以选择多行。

选择列:将鼠标指针移动到某列的顶端,待光标变成向下的黑色箭头时,单击即可选择该列,向左或向右拖动,可以选择多列。

选择整个表格:单击表格外左上角的全选按钮⊞,可选择整个表格。

2. 表格元素插入与删除

(1) 表格元素的插入:将光标定位于表格中的某个单元格,右击(或通过"布局"选项卡中的"行和列"功能区按钮),从弹出菜单中单击"插入"菜单项,弹出如图4.39所示的下级菜单,在菜单中选择需要插入的表格元素。

(2) 表格元素的删除:将光标定位于需要删除的行、列中的任意单元格,右击(或通过"布局"选项卡的"行和列"功能区按钮),从弹出菜单中单击"删除单元格"菜单项,弹出"删除单元格"对话框,根据具体需求选择相应的选项,单击"确定"按钮即可。

3. 单元格合并与拆分

(1) 合并单元格:用鼠标拖动选中需要进行合并的多个单元格,右击,从弹出菜单中单击"合并单元格"菜单项(或单击"布局"选项卡的"合并"功能区中的"合并单元格"按钮),则多个单元格的内容会合并到新的单元格中。

(2) 拆分单元格:将光标定位于需要拆分的单元格中,右击,从弹出菜单中单击"拆分单元格"菜单项(或单击"布局"选项卡的"合并"功能区中的"拆分单元格"按钮),弹出如图4.40所示的"拆分单元格"对话框,在其中输入需要拆分的行数和列数后单击"确定"按钮即可。

图4.39　插入行、列或单元格菜单命令

图4.40　"拆分单元格"对话框

4.4.3　表格样式设置

微课视频

在表格中的任意位置右击,从弹出菜单中单击"表格属性"菜单项,弹出如图4.41所示的"表格属性"对话框,在该对话框中可以进行表格对齐方式、文字环绕方式、边框、底纹、行、列等设置。

课堂练习

(1) 表格设置:在"表格"选项卡中可以设置表格的宽度、对齐方式、文字环绕方式等,同时也可以单击下面的"边框和底纹"按钮对表格的边框和底纹样式进行设置;单击"选项"按钮可以对单元格的边距等进行设置;

(2) 行设置:在"行"选项卡中可以设置行的高度、是否允许跨页断行、是否允许标题行在各页顶端重复出现等;

(3) 列设置:在"列"选项卡中可以对列的宽度进行设置;

(4) 单元格设置:在"单元格"选项卡中可以设置单元格所在列的宽度、单元格的垂

图 4.41 "表格属性"对话框

直对齐方式等。

若表格中某行的内容较多,需要排版在前、后两页,则可将光标定位在该行后,通过右键菜单打开"表格属性"对话框,然后复选"允许跨页断行"。若表格的行数较多,超过了一页,则可以将光标定位在标题行(表格的第一行)后,通过右键菜单打开"表格属性"对话框,然后复选"在各页顶端以标题行形式重复出现"。

课堂练习

4.4.4 表格数据处理

1. 表格数据计算

Word 2016 可以对表格数据进行简单的运算处理,表格中的行号用 1、2、3…阿拉伯数字表示,列号用 A、B、C…大写英文字母表示,单元格通过列号加行号的形式来表示,例如 D5 表示第四列第五行的单元格。

【例 4-1】 如表 4.6 所示,在最后增加"总数"列,计算每个国家/地区的奖牌总数,并放入相应的单元格中,具体操作如下。

表 4.6　冬奥会奖牌榜

编号	国家/地区	金牌	银牌	铜牌	总数
1	德国	12	10	5	27
2	美国	8	10	7	25
3	挪威	16	8	13	37
4	瑞典	8	5	5	18
5	中国	9	4	2	15

（1）将光标定位于"总数"列的第 2 行。

（2）单击"布局"选项卡，在"数据"功能区中单击"公式"按钮 f_x，弹出"公式"对话框，如图 4.42 所示。

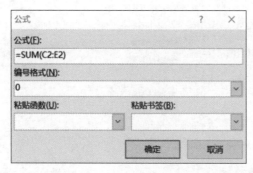

图 4.42 "公式"对话框

（3）在"公式"框中输入"＝SUM(C2:E2)"或"＝SUM(LEFT)"。

（4）单击"确定"按钮计算结果。

（5）重复以上步骤可计算出每个国家的奖牌总数。

使用公式时应注意：

（1）公式应在英文半角状态下输入，字母不分大小写；公式开头必须有等号"＝"，否则会报错。

（2）公式计算中的 4 个方向参数 ABOVE、BELOW、LEFT、RIGHT，分别表示向上、向下、向左、向右运算。

（3）公式中引用的数据源发生变化后，计算结果并不会自动改变，需要用户手工更新。方法为：右击需要更新的公式数据，从弹出菜单中单击"更新域"菜单项。

（4）"粘贴函数"下拉列表中列出了 Word 提供的函数种类，用户可在"公式"处直接输入函数，也可输入"＝"后从"粘贴函数"处选择相应的函数。

（5）在"编号格式"下拉列表中可选择计算结果的显示形式，例如，选择"0"表示把计算结果显示为整数。

2. 表格数据排序

Word 2016 可以把表格数据按照一定的顺序进行排列。

【例 4-2】 在例 4-1 计算完成后，对表格中的数据按"金牌"数进行降序排列。

（1）单击表格的任一单元格，再单击"布局"选项卡，在"数据"功能区中单击"排序"按钮 ，弹出"排序"对话框，如图 4.43 所示。

（2）在图 4.43 的左下角单击"有标题行"，表示表格中的第一行是标题行，不参与排序。在其他表格中，也可以根据实际情况选择"无标题行"，表示表格中的所有行都参与排序。

（3）在"主要关键字"一栏中选择"金牌"，选择排序类型为"降序"。

（4）如果主要关键字中有相同的数据，需要再根据另一列进行排序，则可以选择"次

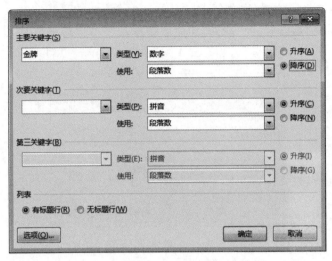

图 4.43 "排序"对话框

要关键字"。以此类推，Word 最多允许设置 3 个关键字。

（5）选择排序类型为"降序"。

（6）单击"确定"按钮即可完成排序，如表 4.7 所示。根据需要，用户可手工对排序后的"编号"列的数据进行调整。

表 4.7 冬奥会金牌榜排序

编号	国家/地区	金牌	银牌	铜牌	总数
3	挪威	16	8	13	37
1	德国	12	10	5	27
5	中国	9	4	2	15
2	美国	8	10	7	25
4	瑞典	8	5	5	18

4.5 Word 2016 图文混排

Word 2016 提供"图文混排"技术，可以在文档中插入各种图形和对象，使得文档图文并茂。

4.5.1 剪贴画和图片插入

课堂练习

1. 剪贴画插入

剪贴画是 Word 自带的一种矢量图片，包括人物、动植物、建筑、科技等各个方面，这些图片精美而且实用。在文档中插入剪贴画,可以起到很好的美化和装饰作用。

插入剪贴画的具体操作为:将光标定位在要插入剪贴画的位置,在"插入"选项卡的"插图"功能区中单击"联机图片"按钮,弹出如图 4.44 所示的对话框,在"搜索必应"文本框中输入"剪贴画",在下方会显示已有剪贴画,选择需要的剪贴画,单击"插入"按钮即可。

图 4.44　插入剪贴画

2. 图片插入

可以将保存在计算机上的图片文件(例如网上下载的,从手机或数码相机导入的)插入到 Word 文档中。具体操作为:单击"插入"选项卡的"插图"功能区中的"图片"按钮,从弹出的"插入图片"对话框中选择图片文件所在的路径,再选择图片,单击"插入"按钮即可。

4.5.2　图片设置与图文混排

课堂练习

Word 2016 增强了图片处理技术,可根据实际需求对图片进行各种设置,并提供图文混排技术,使得文档能够图文并茂。

单击文档中的图片,Word 的功能区中会自动增加"图片工具-格式"选项卡,如图 4.45 所示,其中提供了删除背景、修改图片颜色、修改图片样式、图片裁剪、设置图片大小等功能。

图 4.45　"图片工具-格式"选项卡

1. 调整图片大小

单击选中图片后,图片四周会出现 8 个尺寸柄,将鼠标移到尺寸柄处,当光标变成双向箭头时,按住鼠标左键拖动即可改变图片大小。若在改变大小时需保持图片的纵横比,应拖动图片四个顶点处的尺寸柄;若不需保持纵横比,可拖动图片四条边中点位置的尺寸柄。

若需对图片的高度、宽度进行精确设置,可单击图片,然后单击"图片工具-格式"选项卡,在"大小"功能区中的"宽度"或"高度"文本框中输入合适的数值即可。默认保持图片的纵横比,因此,修改"宽度"或"高度"的其中一个后,另一个会被自动修改。若想分别修改,可单击"大小"功能区右下角的 按钮,在弹出的"布局"对话框的"大小"选项卡中,取消勾选"锁定纵横比",然后再输入宽度、高度的数值即可。右击图片,从弹出菜单中单击"大小和位置"菜单项,也可打开"布局"对话框。

2. 图文混排

Word 通过设置图片的环绕方式来实现图文混排。图片的环绕方式主要分为如下两大类。

(1) 嵌入式:只能放置在有文档插入点的位置,不能与其他对象组合,这时可以与正文一起排版,但不能实现环绕。

(2) 浮动式:可以放置在文档中任意位置,允许与其他对象组合,可以与正文实现多种形式的环绕。

图片的环绕方式,可以通过以下方法设置。

(1) 单击图片,然后单击"图片工具-格式"选项卡的"环绕文字"按钮,从下拉列表中选择合适的环绕方式即可。

(2) 右击图片,从弹出菜单中单击"环绕文字"下的某种环绕方式。

(3) 右击图片,从弹出菜单中单击"大小和位置"菜单项,在弹出的"布局"对话框中单击"文字环绕"选项卡,如图 4.46 所示,选择合适的环绕方式后单击"确定"按钮即可。

4.5.3 对象插入与编辑

课堂练习

1. 艺术字插入

单击"插入"选项卡的"文本"功能区中的"艺术字"按钮,在下拉列表中选择需要的一种艺术字效果,然后按提示输入要添加的艺术字内容即可。选中艺术字后,可以通过"开始"选项卡下的相关按钮修改其字号、字体、颜色等。

艺术字默认的插入形式是浮动式的,可以放置在页面的任意位置,用户也可将其设置为嵌入型的,设置方法可参考图片的环绕方式设置。

2. 公式插入

单击"插入"选项卡的"符号"功能区中的"公式"按钮 ,会显示出系统内置的一些公

图 4.46 图片的"文字环绕"方式

式供选用。若需要创建新公式,则单击"符号"功能区中的按钮 π 或单击按钮 公式 后从下拉列表中选择"插入新公式",转入"公式工具-设计"选项卡,即可开始编辑新公式。

3. 文本框插入

文本框是一种可移动、可调整大小的文字或图形容器,是一类特殊的图形对象。使用文本框,可以在一页上放置数个文字块,或使文字按与文档中其他文字不同的方向排列。

插入文本框的方法为:单击"插入"选项卡的"文本"功能区中的"文本框"按钮,出现系统内置样式的文本框,可以直接选择需要插入的文本框,也可以选择下方的"绘制文本框"或"绘制竖排文本框",然后光标变为黑色十字形状,按住鼠标左键拖动,达到合适大小后松开左键即可。

将光标定位到文本框中,可输入文字;选中文字后,可与普通文本一样进行字号、字体等设置。

4. 图形插入

单击"插入"选项卡的"插图"功能区中的"形状"按钮,从下拉列表中选择一种合适的形状(如长方形、梯形、圆形等),当光标变为黑色十字形状时,按住鼠标左键拖动,达到合适大小后松开左键即可。

右击图形,从弹出菜单中单击"添加文字"菜单项,可在图形中输入文字。

5. 文本框或图形编辑

文本框和图形的编辑方法是一样的,以下叙述时统称为图形。

(1)调整大小:在图形内的任意位置单击,将鼠标移动到图形的四个顶点或者四条边的中点位置,待鼠标变成双向箭头后按下鼠标左键并拖动即可。

(2)移动图形:将鼠标移动到图形的边缘,当鼠标指针变为✥形状时,按下鼠标左键将其拖动到目标位置后松开鼠标即可。

(3)设置图形属性:将鼠标移动到图形的边缘,当鼠标指针变为✥形状时,右击,从弹出菜单中单击"设置形状格式"菜单项,Word窗口右侧出现"设置形状格式"功能区,如图4.47所示,在此处可以设定图形的所有属性,包括填充颜色、线条颜色、线型、阴影、文字方向、对齐方式等。

(4)设置图形的叠放次序。

当插入文档中的多个图形可以叠放在一起时,有些图形会被遮挡。默认是后插入的图形叠放在先插入图形的上方,若需调整叠放次序,可右击图形,在如图4.48所示的弹出菜单中单击"置于顶层"或"置于底层"菜单项后,在弹出的二级菜单中选择其叠放的次序。

图4.47 "设置形状格式"功能区

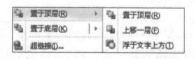

图4.48 图形叠放次序菜单

(5)图形的组合与取消组合。

为了防止文档排版时多个图形的相对位置发生变化,可将多个图形组合在一起成为一个整体。组合后的整体,也可以进行移动、修改大小等操作。

图形组合的方法为:按住Shift键,依次单击需要组合的图形,然后在图形上右击,从弹出菜单中单击"组合"菜单项中的"组合"命令。

取消组合的方法为:在已组合的图形上右击,从弹出菜单中单击"组合"菜单项中的"取消组合"命令。

6. SmartArt 图形插入

SmartArt 是 Microsoft Office 2007 中新加入的特性,用户可在 Word、Excel 和 PowerPoint 中使用该特性创建各种图形图表。使用 SmartArt 图形,用户只需单击几下鼠标,并输入文字,即可创建具有设计师水准的插图,从而更有助于读者理解信息。

具体操作为:单击"插入"选项卡的"插图"功能区中的 SmartArt 按钮,弹出"选择 SmartArt 图形"对话框,如图4.49所示,从对话框左侧需要选择的图形类型,例如"层次结构",然后从对话框中部选择一种布局,在对话框右侧会显示其预览效果,单击"确定"按钮即可完成 SmartArt 图形的插入,然后,可在图形中输入文字。选中该图形后,Word 的功能区会出现"SmartArt 工具-设计"和"SmartArt 工具-格式"两个选项卡,可对 SmartArt 图形的颜色、样式、文本效果等进行设置。

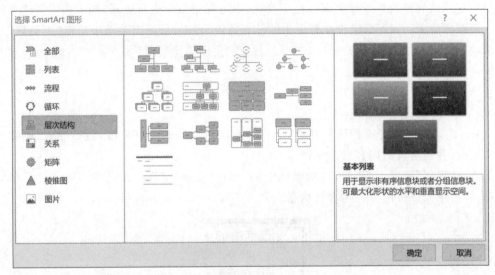

图 4.49 "选择 SmartArt 图形"对话框

4.6 Word 2016 高级应用

4.6.1 目录

课堂练习

对于一个较长的文档,目录是必不可少的。在 Word 文档中插入目录的方法为:将光标定位在需要插入目录的位置,单击"引用"选项卡的"目录"功能区中的"目录"按钮,从下拉列表中选择"手动目录"或"自动目录"。

若选择了手动目录,则需要手工输入各级标题及其对应的页码,当文档内容发生改动后,需手工修改目录中的标题名称或页码。

多数情况下,会使用自动目录,它可以自动将文档中使用了标题样式的内容提取到目录中,使用自动目录的方法如下。

(1)按照 4.3.7 节的方法,将需要显示在目录中的内容设置为"标题 1""标题 2"或"标题 3"等样式。

(2)将光标定位在需要插入目录的位置,单击"引用"选项卡的"目录"功能区中的"目录"按钮,从下拉列表中选择"自动目录",系统将会在光标位置自动插入三级目录。

Word 默认插入的是三级目录,这也是大多数文档中使用的目录级别。例如,本书的目录即为三级目录。若需插入其他级别的目录,可从下拉列表中选择"自定义目录",然后调整目录的显示级别。

默认情况下,目录是以链接形式插入的,按住 Ctrl 键并单击某条目录项可访问相应的目标位置。

使用自动目录的优势在于:若文档内容发生了改动,不论是对标题内容进行了修改,还是对文档内容修改后导致页码发生了变化,都可以对目录进行更新,而无需手工逐条修改。更新方法为:将光标定位在目录中的任意位置,右击,从弹出菜单中单击"更新域"菜单项,从弹出的对话框中可选择"只更新页码"或"更新整个目录"。

微课视频

课堂练习

4.6.2　审阅与修订

Word 2016 提供了文档修订功能,会自动跟踪对文档的所有更改,包括插入、删除和格式更改,并对更改的内容做出标记。

单击"审阅"选项卡的"修订"功能区中的"修订"按钮,如图 4.50 所示,可以打开修订状态,再次单击该按钮可关闭修订状态。

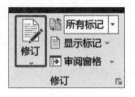

图 4.50　打开或关闭文档修订

当审阅者(例如老师)对作者的文档(例如学生的论文)进行修改时,若希望作者能清楚地知道文档的哪些地方被修改过,则审阅者可以打开"修订"按钮,然后对文档进行修改。此时,审阅者对文档进行的所有修改都会自动显示为彩色,且被删除的内容将标有删除线,而添加的内容则标有下画线。同时,不同审阅者的更改在文档中将用不同的颜色表示。审阅者将文档返回给作者后,作者可在图 4.50 中单击"所有标记",则 Word 会以彩色标记的形式显示出审阅者对文档进行的所有修改,从而方便查看。作者若想继续修改该文档,可单击"修订"关闭修订状态,此时,Word 将停止对作者新输入的内容进行标记,但已有的标记仍然存在。若想删除掉这些标记,方法是:将光标定位在标记处,单击"审阅"选项卡的"更改"功能区中的"接受"或"拒绝"按钮,可以接受或拒绝一处修订;也可以单击"接受"或"拒绝"按钮下方的箭头,然后单击"接受或拒绝所有修订",一次性地接受或拒绝对该文档的所有修订。

练习题答案
与解析

4.7　练　习　题

一、单项选择题

1. 在 Word 的编辑状态,为文档设置页码,可以使用(　　)。

A. "插入"选项卡的"插图"功能区中的命令

B. "页面布局"选项卡中的命令

C. "开始"选项卡的"样式"功能区中的命令

D. "插入"选项卡的"页眉和页脚"功能区中的命令

2. 用 Word 进行编辑时,要将选定区域的内容放到剪贴板上,可单击工具栏中的(   )。

A. 剪切或替换　　　B. 剪切或清除　　　C. 剪切或复制　　　D. 剪切或粘贴

3. 在 Word 中新建文档命令位于(   )选项卡中。

A. "文件"　　　　　B. "插入"　　　　　C. "设计"　　　　　D. "审阅"

4. 在 Word 编辑过程中,使用(   )键盘命令可将插入点直接移到文章末尾。

A. Shift＋End　　　B. Ctrl＋End　　　C. Alt＋End　　　D. End

5. Word 在编辑完毕一个文档后,可使用(   )功能查看它打印后的结果。

A. 打印预览　　　　B. 模拟打印　　　　C. 提前打印　　　　D. 屏幕打印

6. 在 Word 中要对表格的某一单元格进行拆分,应执行(   )操作。

A. "插入"选项卡中的"拆分单元格"命令

B. "表格布局"选项卡中的"拆分单元格"命令

C. "工具"选项卡中的"拆分单元格"命令

D. "格式"选项卡中的"拆分单元格"命令

7. 在 Word 中,图片可以有多种环绕方式与文本混排,其中(   )不是所提供的环绕方式。

A. 左右型　　　　　B. 穿越型　　　　　C. 上下型　　　　　D. 嵌入型

8. 在 Word 编辑状态下,要在文档中添加◆符号,应该选择(   )选项卡。

A. "开始"　　　　　B. "页面布局"　　　C. "插入"　　　　　D. "引用"

9. 在 Word 的编辑状态下,可以对文档进行自动纠错和检查的命令位于(   )选项卡。

A. "插入"　　　　　B. "引用"　　　　　C. "审阅"　　　　　D. "工具"

10. 在 Word 的编辑状态设置了标尺,同时显示水平标尺和垂直标尺的视图是(   )。

A. 普通视图　　　　B. 页面视图　　　　C. 大纲视图　　　　D. 全屏显示

11. 在 Word 中,创建表格不应该使用的方法是(   )。

A. 使用"自选绘图"工具　　　　　　　B. 使用表格拖曳方式

C. 使用"插入表格"命令　　　　　　　D. 使用"快速表格"命令

12. 在 Word 编辑状态下,粘贴操作的快捷键是(   )。

A. Ctrl＋A　　　B. Ctrl＋C　　　C. Ctrl＋V　　　D. Ctrl＋X

13. 给一篇文档插入目录的命令位于(   )选项卡。

A. "开始"　　　　　B. "插入"　　　　　C. "设计"　　　　　D. "引用"

14. 在 Word 中,如果插入页面的内外框线是实线,要想将框线变成虚线,操作命令是(   )。

A. "开始"选项卡的"更改样式"　　　　B. "页面布局"选项卡的"边框和底纹"

C. "设计"选项卡的"页面边框"　　　　D. "视图"选项卡的"新建窗口"

15. 在 Word 的编辑状态下,选择了文档全文,若在"段落"对话框中设置行距为 20 磅的格式,应当选择"行距"列表框中的(　　)。

A. 单倍行距　　　　　　　　　　B. 1.5 倍行距

C. 固定值　　　　　　　　　　　D. 多倍行距

二、操作题

1. 将如下素材按要求进行排版。

【素材】

> 在轨 183 天 神舟十三号乘员组解锁多个"首次"
>
> 　　北京时间 2022 年 4 月 16 日 09 时 56 分,神舟十三号载人飞船返回舱在东风着陆场成功着陆,神舟十三号载人飞行任务取得圆满成功。半年"出差",神舟十三号航天员乘员组顺利完成全部既定任务,创造了多项"首次"。
>
> 2021 年 10 月 16 日,神舟十三号载人飞船搭载三名航天员开启"超长太空之旅"。在此次任务中,神舟十三号采用自主快速交会对接技术,在入轨后 6.5 小时内与核心舱完成交会对接。神舟十三号首次验证了径向交会对接技术,与空间站核心舱径向对接口实施了径向交会对接。

【要求】

(1) 将标题"在轨 183 天 神舟十三号乘员组解锁多个'首次'"字体设置为"黑体",字形为"常规",字号为"一号",居中显示。

(2) 将正文字体设置为"微软雅黑",字号设置为"五号","神舟十三号乘员组"的字体加粗,字号为"三号",字形设为"斜体"。

(3) 将正文行距设置为 25 磅,两端对齐。

2. 如样表所示,完成以下操作。

序　号	姓　名	语　文	数　学	总　分
1	周炜	88	95	
2	张娟	92	92	
3	刘艺玲	93	91	
4	王洪志	91	89	

(1) 插入一个如样例所示的表格,并填入相应内容。

(2) 将表格外框线设置为 1.5 磅单实线。

(3) 将表格中的文字设置为粗黑体四号。

(4) 将表格中内容设置为居中。

(5) 在总分列中计算每个学生三门课程的总成绩。

3. 将如下素材按要求进行排版。

【素材】

在轨 183 天 神舟十三号乘员组解锁多个"首次"

北京时间 2022 年 4 月 16 日 09 时 56 分，神舟十三号载人飞船返回舱在东风着陆场成功着陆，神舟十三号载人飞行任务取得圆满成功。半年"出差"，神舟十三号航天员乘员组顺利完成全部既定任务，创造了多项"首次"。

2021 年 10 月 16 日，神舟十三号载人飞船搭载三名航天员开启"超长太空之旅"。在此次任务中，神舟十三号采用自主快速交会对接技术，在入轨后 6.5 小时内与核心舱完成交会对接。神舟十三号首次验证了径向交会对接技术，与空间站核心舱径向对接口实施了径向交会对接。

（1）在页面右下方插入页码，首页显示页码。

（2）将全文行距设置为 20 磅，并将字体设置为加粗、单下画线、小四号、红色。

（3）设置图片"环绕文字"方式为"浮于文字上方"。

Word 文档排版常用操作

Word 常用操作技巧

第 5 章 Excel 电子表格

Microsoft Excel 是微软公司开发的办公套件 Office 中重要的组件,直观的界面、出色的计算功能和图表工具,使其成为非常流行的个人计算机数据处理软件。它广泛应用于现代化办公中,在财务、统计、管理、教学、工商、科研等领域完成数据搜集、整理、分析和处理,是现代化办公中的必备工具之一。

微课视频

课堂练习

5.1 Excel 2016 基础知识

5.1.1 Excel 2016 窗口

Excel 2016 由快速访问工具栏、标题栏、窗口控制栏、选项卡标签栏、编辑栏、工作表编辑区、状态栏和视图栏八部分组成,布局如图 5.1 所示,具体栏目介绍如下。

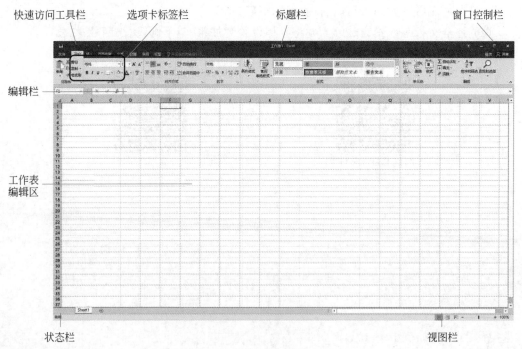

图 5.1 Excel 2016 窗口组成

1. 快速访问工具栏

快速访问工具栏位于窗口的顶端左部,默认包括"保存文件""撤消""恢复"等快速访问按钮,直接单击相应的按钮即可完成对应的功能。该工具栏的最右侧为"自定义快速访问工具栏"按钮,单击时会打开一个下拉菜单,可以选择相应的选项来增加或减少工具栏中的快速访问按钮;也可以右击快速访问按钮,从弹出菜单中单击"从快速访问工具栏删除"来去掉在快速访问工具栏的显示。

2. 标题栏

标题栏位于窗口的顶端中部,显示当前正在打开的电子工作簿文件的名称,图 5.1 中显示的"工作簿 1"是系统新建文件时自动命名的临时文件名。

3. 窗口控制栏

窗口控制栏位于屏幕窗口的顶端右部,单击相应按钮可以完成联机帮助、最小化、最大化、还原和关闭窗口功能。

4. 选项卡标签栏

选项卡标签栏位于标题栏的下面一行,包含一个"文件"下拉菜单项和多个选项卡标签,初始选项卡标签包括"开始""插入""页面布局""公式""数据""审阅""视图"等,选择不同的选项卡标签,选项卡下对应的功能区也随之变化。

5. 编辑栏

编辑栏位于选项卡功能区的下面一行,由左、中、右三部分组成,左边部分显示活动单元格的地址;中间部分为取消、输入和插入函数图标按钮;右边部分用于显示、输入和修改活动单元格的内容,该内容也同时在活动单元格中显示。

6. 工作表编辑区

工作表编辑区位于编辑栏的下面一行,它是处理数据的主要场所,包括行号、列标、单元格、工作表标签和工作表标签滚动显示按钮等。

7. 状态栏

状态栏位于窗口的底部,用于显示 Excel 应用程序当前的工作状态,如等待用户操作时则为就绪状态,正在向单元格输入数据时则为输入状态,对单元格数据进行修改时为编辑状态。

8. 视图栏

视图栏位于状态栏右侧,用于文档视图模式的切换和显示比例的调整,其中视图模式包含普通、页面布局和分页预览三种模式。

5.1.2 Excel 2016 基本元素

Excel 2016 的三个基本元素是工作簿、工作表和单元格，它们之间是包含与被包含的关系，即一个工作簿包含一个或者多个工作表，而一个工作表包含一个或多个单元格，如图 5.2 所示。

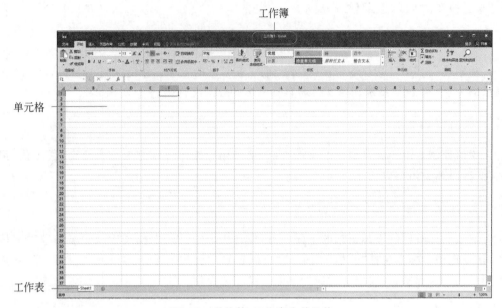

图 5.2 工作簿、工作表和单元格

1. 工作簿

工作簿是 Excel 操作的主要对象和载体，也称为"电子工作簿文件""电子表格文件""工作簿文件"等。一个工作簿就是一个 Excel 文件，用户可以同时创建或者打开多个工作簿，默认情况下新建的工作簿名称为"工作簿 1"，此后新建的工作簿名（Excel 文件）默认以"工作簿 2""工作簿 3"等依次命名，Excel 2016 文件的默认扩展名为 xlsx。若要兼容 Excel 97-2003 工作簿模式，可以选择"文件"菜单，然后单击"另存为"按钮，在弹出的保存对话框中选择保存类型"Excel 97-2003 工作簿（＊.xls）"即可。

2. 工作表

工作表是工作簿的基本组成单位，是由单元格按照行和列方式排列组成的二维结构数据表，用于数据的存储和处理工作。一个工作簿可以由一个或者多个工作表组成。单击工作表区域的"⊕"按钮可新增工作表，选择某一个工作表名称，可以实现工作表的移动、复制、删除、保护等操作。

3. 单元格

单元格是 Excel 的数据存储单元,是工作表中用行和列将整个工作表划分出来的若干个小方格。在单元格中可以输入文本、符号、数值、公式以及其他内容。单元格通过行号和列标的组合进行标记,其中行号用阿拉伯数字"1、2、3、4……"表示,而列标用大写英文字母"A、B、C、D、……、Y、Z、AA、AB、AC……"表示。单元格的地址采用"列标+行号"表示,比如工作表中最左上角的单元格地址是 A1,表示 A 列第 1 行。选中每一个单元格,将会在编辑栏的最左端显示出已选中单元格的地址,例如"A1";也可以在编辑栏中输入地址,进行单元格的快速定位。

5.1.3　Excel 2016 基本操作

课堂练习

在对 Excel 2016 工作表进行操作之前,首先需要选择想要进行操作的单元格、行或列,具体方法如下。

(1) 选择一个单元格:用鼠标单击即可。

(2) 选择多个连续的单元格:先单击想选择的第一个单元格,当光标是空心十字形时,按住鼠标左键向下(或向右,或向右下)拖动到最后一个单元格,松开鼠标即可;或者先单击想选择的第一个单元格,然后按住 Shift 键,再单击最后一个单元格即可。

(3) 选择多个不连续的单元格:先单击想选择的第一个单元格,然后按住 Ctrl 键,依次单击想选择的其余单元格。

(4) 选择一行(或一列):将鼠标移到最左侧的行号(或最顶端的列标)处,此时光标变为向右(或向下)的黑色箭头,单击即可。

(5) 选择多行(或多列):先选择一行(或一列),然后上下(或左右)拖动鼠标即可。

(6) 选择已输入内容的单元格所构成的矩形区域:先单击已输入内容的任一单元格,然后使用快捷键 Ctrl+A。

(7) 选择整个表的所有单元格:先单击已输入内容的任一单元格,然后使用快捷键 Ctrl+A 两次;或者先单击未输入内容的任一单元格,然后使用快捷键 Ctrl+A 一次。

5.2　Excel 2016 数据与编辑

微课视频

5.2.1　Excel 数据类型

课堂练习

在 Excel 中,数据可分为 4 种类型,分别是数值、文本、逻辑和错误值。

1. 数值类型

数值类型包含数字、日期和时间 3 种。

(1) 数字:由数字(0~9)、小数点(.)、正负号(+、-)、百分号(%)、千位分隔符(,)、科学计数符号（E 或 e）、货币符号（¥、$、US $、￡等）等组合而成。如 1234、－5678、－3.1415926、6.10321E＋17、¥1,927.1 等，都是有效的数值类型。

（2）日期：表示格式通常为 yyyy/mm/dd 或 yyyy-mm-dd，如 2013/12/21，表示的日期是 2013 年 12 月 21 日。系统存储一个单元格中的日期数据时，存储的是日期对应的数值，即从 1900 年 1 月 1 日起到该日期为止之间的所有天数，如 2013/12/21 对应的值为 41629。

（3）时间：表示格式通常为 hh:mm:ss 或 hh:mm，如 14:28:04 表示的是 14 点 28 分 4 秒。系统存储一个单元格中的时间数据时，存储的是时间对应的数值，即该时间折合成的秒数除以全天的总秒数 86400，如 14:28:04 对应的值约为 0.60282。

2. 文本类型

文本类型由英文字母、汉字、数字和符号等计算机中所有能使用的字符（称为 Unicode 字符集）顺序排列组成，每个字符对应一个唯一的 16 位二进制编码。

3. 逻辑类型

逻辑类型由两个特定标识符 **TRUE** 和 **FALSE** 组成，大小写均可。其中 TRUE 代表逻辑值"真"，FALSE 代表逻辑值"假"。

4. 错误值类型

错误值数据是因为单元格输入或者数据编辑出错，由系统自动显示的结果，提示用户注意改正。错误值类型有 8 种，如文本型数据不能参与算术运算，如果单元格 A3 中输入公式"A1 * A2"，当 A1 或 A2 中任一数据为文本型时，单元格 A3 中内容显示为"♯VALUE!"。

5.2.2　数据输入与编辑

课堂练习

1. 数据输入

Excel 2016 包括 4 种常见的数据输入方法：从键盘直接输入、从下拉列表中输入、利用系统记忆输入、使用填充功能输入，各自适用于不同的情况。

1）从键盘直接输入数据

从键盘直接输入数据是最常用的数据输入方法，首先用鼠标单击选中要进行数据输入的单元格，或者在编辑栏的最左侧输入要录入数据的单元格地址，如"C5"，被选中的单元格称为活动单元格，此时单元格边框是黑粗线条。接下来，直接从键盘输入相应的数值、文本等内容，此时单元格处于"输入"状态，光标在单元格中闪烁，输入的内容同时在编辑栏右边的数据编辑框和单元格中显示。单元格中内容确定后，可以按下 Tab 键或"→"键，结束此次输入，并将右边相邻的单元格变为活动单元格；或者，按下 Enter 键或"↓"键，结束此次输入，并将下边相邻单元格变为活动单元格。

下面以"学生基本信息表"工作簿为例，演示从键盘直接输入文本、数字、日期等类型的数据。

新建 Excel 工作簿，将其保存为"学生基本信息表.xlsx"，然后在该表中建立表头，按图 5.3 所示的内容输入即可。

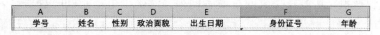

图 5.3　数据表的表头

在对应的列输入数据信息，其中姓名、性别、政治面貌、身份证号为文本型，出生日期为日期型，学号和年龄为数值型。在输入单元格数据时，如果需要将全由数字构成的数据作为文本使用，不能直接输入，而需要先输入一个半角单引号做先导，再接着输入相应的内容才有效。例如身份证号，如果直接输入"610321198107241234"，将被默认为数值型数据，则会显示为 6.10321E+17，而加上半角单引号后，会在单元格左上角出现一个绿色三角，如图 5.4 所示，表示这是一个文本类型的数据。出生日期，直接输入"1981/7/24"或"1981-7-24"即可，若要更直观地展示为"1981 年 7 月 24 日"，可以将"出生日期"列的格式设置为"日期"→"年月日"，设置方法详见 5.2.3 节。

2）从下拉列表中输入数据

在单元格中输入内容时，可以从下拉列表中输入数据，从而将该列中已经存在的数据列出来供用户选择，达到自动输入的效果，如图 5.5 所示。

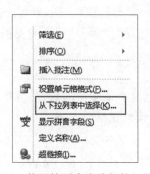

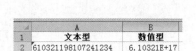

图 5.4　文本型与数值型对比　　　图 5.5　从下拉列表中选择输入数据

如需要输入某位学生的性别信息，可右击待输入数据的活动单元格，从弹出菜单中单击"从下拉列表中选择"菜单项，则在当前单元格的下面弹出一个菜单，如图 5.6 所示，该菜单中会列出当前列连续单元格中不重复的所有取值，如"性别"列显示出"男""女"两个值，选择其中一个值即可。

图 5.6　从下拉列表中选择
性别的数据列表

3）利用系统记忆输入数据

在单元格中输入内容时，如果输入的一部分内容与本工作表中同列的其他单元格内容能够唯一匹配，则会把匹配上的内容显示到正在输入的单元格中，按 Tab 键或 Enter 键完成输入即可。

例如,在输入"政治面貌"列的数据时,当输入了"中"字时,会自动匹配出"中共党员"内容 李楠　女　中共党员 ,按 Tab 键或 Enter 键即可自动匹配输入。

4)快速填充有序数据或重复数据

在单元格中输入内容时,若列或行之间的数值和文本内容变化有一定规律,可以使用 Excel 的数据快速填充功能来完成同行或者同列连续若干个单元格的数据输入。如图 5.7 所示,需要对工作表中的学号列进行有序编号,编号规则为:从 20220001 开始,逐行递增 1。具体操作为:先在单元格 A2 和 A3 中分别输入 20220001 和 20220002,然后选中 A2 和 A3 单元格,将鼠标移动到 A3 单元格右下角的小黑点处,当光标呈黑色十字型时,按住鼠标左键往下拖动进行填充,每经过一个单元格都会按照 A2 和 A3 单元格的变化规律显示出内容,然后松开鼠标左键即可。

	A	B	C	D	E	F	G
1	学号	姓名	性别	政治面貌	出生日期	身份证号	年龄
2	20220001	钊紫*	男	共青团员	2002年03月07日	510101200203074719	20
3	20220002	闵芳*	女	共青团员	2000年04月19日	310101200004190574	22
4	20220003	管语*	男	中共党员	2001年04月15日	110101200104150013	21
5	20220004	眭芙*	女	中共党员	2003年11月09日	21010120031109935X	19
6	20220005	钞代*	男	中共党员	2002年11月21日	410101200211217813B	20
7	20220006	郤圣*	男	中共党员	2003年10月13日	51010120031013599X	19
8	20220007	巴云*	女	中共党员	2001年05月08日	520101200105087338	21
9	20220008	全*	女	中共党员	2001年06月08日	510101200106084612	21
10	20220009	道星*	男	中共党员	2001年12月12日	210101200112128736	21

图 5.7　快速进行学号编号

图 5.7 中的"政治面貌"列,有多个连续单元格内容都是"中共党员",也可采用快速填充的方式,其方法与"学号"的填充类似。

2. 数据编辑

若想修改某个单元格的数据,可单击该单元格,然后在编辑栏进行修改;也可双击单元格后,直接在单元格中修改。

课堂练习

5.2.3　单元格的格式设置

当需要在单元格中输入一些特定格式的数据时,需要对单元格的格式进行设置,具体操作为:选中需要设置格式的单元格(或行、列)后,单击"开始"选项卡的"单元格"功能区中的"格式"按钮,从下拉列表中选择"设置单元格格式";或者右击选中的单元格,从弹出菜单中单击"设置单元格格式"菜单项,将会弹出如图 5.8 所示的"设置单元格格式"对话框,该对话框包含"数字""对齐""字体""边框""填充"和"保护"6 项选项卡。

1. "数字"选项卡

该选项卡主要用来设置单元格区域中数字数据的显示类型和方式,包括常规、数值、货币、会计专用、日期、时间、百分比、分数、科学记数、文本、特殊、自定义等多种可选类型和格式。当选择任一种类型和格式时,在其右边会给出"示例"的显示效果、需要设置的选

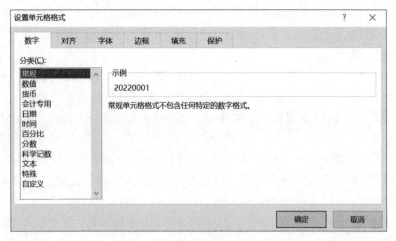

图 5.8　设置单元格格式对话框

项,以及一些帮助性的文字等信息,供用户设置和参考。如 A2 单元格内容为"20220001",若在分类处选中"数值",可以看到小数位数默认保留两位,数据示例显示为"20220001.00",如图 5.9 所示。

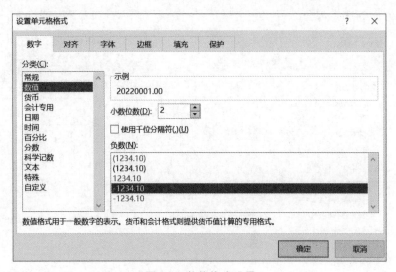

图 5.9　数值格式设置

数字的分类,主要格式如下。

(1) 常规:不包含任何特定的数字格式。

(2) 数值:用于一般数值的表示,如设定小数位数、是否使用千分位分隔符和负数的显示样式设置。

(3) 货币:用于表示货币数值,会自动添加货币符号,如￥12,345.678。

(4) 会计专用:对一系列数值进行货币符号和小数点的对齐设置。

(5) 日期:将日期和时间数值显示为指定格式的日期值,如"1933 年 10 月 18 日"。

(6) 时间:将日期和时间数值显示为指定格式的时间值,如"16 时 16 分 19 秒"。

（7）百分比：将单元格中的数据乘以 100 后，以百分数形式显示，可以设置小数位数，如 0.12345 小数位数设置为 3，显示为"12.345％"，若小数位数设置为 2，则小数最末尾按照四舍五入显示为"12.35％"。

（8）分数：数字以分数的形式显示，可以选择分母数为 1 位、2 位和 3 位，或者以特定值（2、4、8、16、10、100）作为分母，分子是由相应的值乘以分母后取的近似值。

（9）科学记数：以科学记数的方式来显示，其中 e 或 E 代表指数。例如 2.35e4 表示 2.35×10^4。

（10）文本：将输入的数字作为文本处理。例如在"学生基本信息表"中选中"身份证号"所在列后，将该列的格式设置为"文本"，则输入身份证号时可直接输入，不用加半角单引号作为前导符。

（11）特殊：针对一些值进行特殊类型的转换，如邮政编码、中文小写数字（一二三等）、中文大写数字（壹贰叁等）等。

（12）自定义：在现有格式的基础上可以自定义类型。

2. "对齐"选项卡

该选项用来设置数据在单元格中的对齐方式，如图 5.10 所示，它包含文本对齐方式、文本控制、方向等选择部分。

图 5.10　对齐设置对话框

（1）文本对齐方式：又分为水平和垂直对齐两种，水平对齐可设置为常规、靠左、居中、靠右等方式，默认为常规方式，即文字、数字、逻辑数据分别为靠左、靠右和居中方式。垂直对齐可设置为靠上、居中、靠下等方式，默认为靠下方式，即当单元格足够高时，单元格中的内容靠下显示。

（2）文本控制部分包含 3 个可选项：自动换行、缩小字体填充、合并单元格。若"自动换行"前的复选框被选中,则较长的文本将被自动换行,以适应单元格的宽度,否则将占用右边单元格的显示位置;若"缩小字体填充"被选中,则压缩字体使较长的文本能够显示在一个单元格内;若"合并单元格"被选中,则使被选中的单元格区域合并成一个较大的单元格。若想在单元格中进行手动换行,应按 Alt+Enter 键。

3."字体"选项卡

该选项主要对数据的字体、字形、字号、下画线、颜色、特殊效果等进行设置,如图5.11所示,可以根据需要进行设置,在右下角有预览窗口可以看到即时效果。

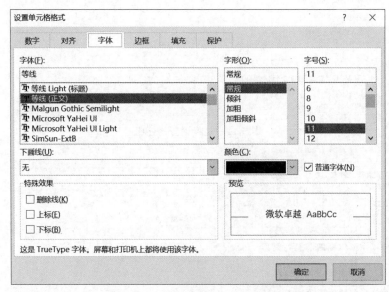

图 5.11　字体设置对话框

4."边框"选项卡

该选项主要对选择区域内表格边框的线条样式和颜色进行设置,如图 5.12 所示。

5."填充"选项卡

该选项主要对所选区域内单元格的背景色和图案的颜色、样式进行设置,默认为无底色和无图案,如图 5.13 所示。

6."保护"选项卡

该选项主要对所选区域内单元格的格式进行锁定保护,如图 5.14 所示。

5.2.4　工作表格式化

完成工作表的基本编辑工作后,可对工作表的外观进行美化,例如设置字体、字号、颜

课堂练习

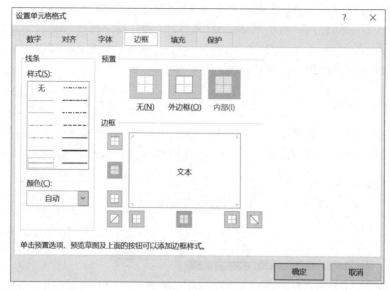

图 5.12　边框设置对话框

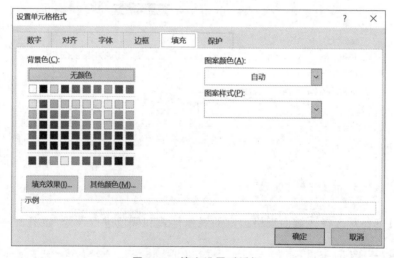

图 5.13　填充设置对话框

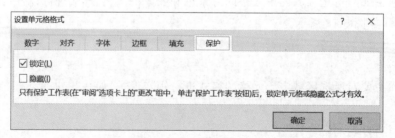

图 5.14　保护设置对话框

　　大学计算机基础与计算思维

色等,设置表格的边框、填充颜色等,这些操作与 Word 中的操作基本一致,不再赘述。除此之外,还可以调整工作表的行高、列宽,根据需要隐藏某行或某列。

1. 调整列宽

调整列宽有以下 4 种方法。

(1) 将鼠标移动到列标右边界处,当光标变为黑色双向箭头时,按住鼠标左键拖动即可。

(2) 双击列表右边的边界,列宽自动调整为与单元格中内容的宽度一致。

(3) 选定相应的列,单击“开始”选项卡的“单元格”功能区中的“格式”按钮,在弹出的下拉菜单中单击“列宽”,然后输入具体的宽度,或者单击“自动调整列宽”。

(4) 将某一列的列宽复制到其他列。先选中要复制列宽的一列,单击“开始”选项卡的“剪贴板”功能区中的“复制”按钮,然后单击目标列中的任意单元格,再单击“开始”选项卡的“剪贴板”功能区中的“粘贴”按钮下方的箭头,单击“选择性粘贴”命令,从弹出窗口中选择“列宽”选项即可。

若单元格中的数据显示为若干个#,则说明列宽不够,通过上述方法调整列宽即可。

2. 调整行高

上述调整列宽的前 3 种方法同样适用于调整行高,将方法(1)和(2)中的“列标右边界”改为“行标下边界”,方法(3)中的“列宽”改为“行高”即可。

3. 隐藏列(或行)

若工作表中的某些列不想被别人看见,则可以将其隐藏;或者当工作表中数据列较多时,也可以将暂时不用的列隐藏,具体方法为:选择想要隐藏的一列或多列,右击,从弹出菜单中单击“隐藏”菜单项;或者单击“开始”选项卡的“单元格”功能区中的“格式”按钮,从下拉菜单中单击“隐藏和取消隐藏”下的“隐藏列”命令。

隐藏行的方法类似,不再赘述。

4. 取消隐藏列(或行)

若 C 列被隐藏,则应至少选中 B~D 列(或者更大的范围,例如 A~F 列),然后右击,从弹出菜单中单击“取消隐藏”菜单项。

取消隐藏行的方法类似,不再赘述。

5.3 Excel 2016 公式与函数

微课视频

公式是 Excel 2016 中非常重要的内容,它由参与运算的数据和运算符组成。通过公式,可对数据进行各种计算和处理,这正是 Excel 的强大之处。

5.3.1　公式输入与快速填充

在 Excel 中,输入公式时必须以"="开头。输入的公式会同时在单元格和编辑栏的单元格内容区域中显示出来,输入结束后按 Tab 键或 Enter 键,或者单击编辑栏中的确认按钮✔,单元格中就会显示出公式计算的结果。当再次单击此单元格时,会在编辑栏的单元格内容区域显示其公式,若需要进行公式编辑,双击此单元格或直接在编辑栏的单元格内容区域对公式进行修改编辑即可。

以"学生成绩表.xlsx"为例,首先在工作表中输入图 5.15 所示的数据,然后通过公式计算总分。单击 E2 单元格,输入"=B2+C2+D2"后按 Enter 键,即可计算出第一位同学的总分。

	A	B	C	D	E
1	学号	数学	语文	英语	总分
2	20220001	93	93	95	
3	20220002	87	85	92	
4	20220003	89	79	85	
5	20220004	91	83	79	

图 5.15　学生成绩表

说明:输入公式时也可以不用手工输入 B2、C2 等单元格的地址,而是用鼠标单击相应的单元格后,在公式中会自动添加该单元格的地址。

计算其余同学的总分可以使用快速填充方式,具体操作步骤为:单击已经输入了公式的单元格 E2,将鼠标移动到 E2 的右下角,光标呈黑色十字形状时,按住鼠标左键向下拖动,经过的单元格会被自动填充公式并计算出结果,即当前学生的总分,单击任意一个单元格,例如 E4,即可在编辑栏看到 E4 的内容为公式"=B4+C4+D4",如图 5.16 所示。

E4	▾	⋮	✕ ✓	f_x	=B4+C4+D4

	A	B	C	D	E
1	学号	数学	语文	英语	总分
2	20220001	93	93	95	281
3	20220002	87	85	92	264
4	20220003	89	79	85	253
5	20220004	91	83	79	253

图 5.16　通过公式填充方式计算总分

5.3.2　公式运算符及其优先级

公式中的运算符类型包括算术运算符、比较运算符、文本运算符和单元格引用运算符。

1. 算术运算符

算术运算符包括＋、－、＊、/、％和^。其中％表示百分比,例如,在某单元格中输入"＝8％"并按 Enter 键,该单元格中会显示 0.08。若 B2 单元格的内容为 93,在另一单元格中输入"＝B2％"后按 Enter 键,该单元格会显示 0.93。^为乘方运算,例如,在某单元格中输入"＝2^4"后按 Enter 键,该单元格中会显示 16,即 2 的 4 次方。

这些运算符中,％的优先级最高,^次之,然后是 ＊、/(乘、除),最后是＋、－(加、减)。

2. 比较运算符

比较运算符包括＝、＜、＜＝、＞、＞＝、＜＞(不等于),用于实现两个值的比较,结果是逻辑值 TRUE 或 FALSE。例如,在 A6、B6 单元格中分别输入 3 和 5,在 C6 单元格中输入"＝A6＞B6"后按 Enter 键,C6 单元格中会显示 FALSE,表示 3＞5 的比较结果为"假"。

3. 文本运算符

文本运算符 & 可用于连接一个或多个文本数据。例如,在 A7、B7 单元格中分别输入"张可""18",在 C7 单元格输入"＝2022&A7&B7&"岁""后按 Enter 键,C7 单元格的内容显示为"2022 张可 18 岁"。

说明:(1)参与文本连接的可以是某单元格的内容(上例中的 A7、B7),也可以是数值型常量(上例中的 2022)、文本型常量(上例中的"岁")。若为文本型常量,必须加半角双引号。

(2) Excel 在执行文本连接运算时,会将参与运算的数值数据(上例中的 2022、18)自动转换为文本数据。

4. 单元格引用运算符

单元格引用运算符共有 3 个。

(1)区域运算符(:):用于合并多个单元格区域,例如 B2:D5,表示从 B2～D5 的矩形区域内的所有单元格。

(2)联合运算符(,):也称为区域并集运算符,用于将多个引用合并为一个引用。

(3)交叉运算符(空格):也称为区域交集运算符,用于产生对两个引用共同的单元格的引用。

例如,单元格 A1:C4 的数据如图 5.17 所示,在单元格 D3 中输入"＝SUM(A1:C1,

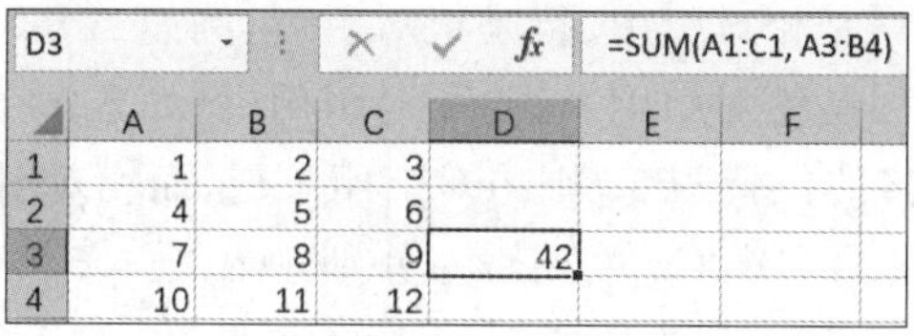

图 5.17 单元格引用运算符示例

A3:B4)"后按 Enter 键,其内容显示为 42,即对数据 1、2、3、7、8、10、11 求和的结果。在
D4 单元格中输入"=SUM(A1:B3　B2:C4)"后按 Enter 键,其内容显示为 13,即对数据
5、8 求和的结果。

说明:SUM 是 Excel 的求和函数,详见 5.3.4 节。

课堂练习

5.3.3　单元格引用

把单元格中的数据和公式联系起来,指明公式中使用数据的位置,即为单元格的
引用。

主要有 5 种引用方式:相对引用、绝对引用、混合引用、工作表间引用和工作簿间引
用。系统默认的是相对引用。

1. 相对引用

相对引用是指引用单元格时直接使用列号和行号所构成的单元格地址,例如 A1、
B2、C3。在进行公式的复制或快速填充时,公式所在单元格的位置发生了改变,引用也会
随之改变。

5.3.1 节的例子中,E2 单元格的公式为"=B2+C2+D2",进行快速填充后,E3 单元
格的公式为"=B3+C3+D3",即进行纵向填充或复制时,单元格引用的行号会自动调整。
若将 E2 单元格复制到 F2 单元格,会发现 F2 单元格的公式为"=C2+D2+E2",即进行
横向填充或复制时,单元格引用的列号会自动调整。

2. 绝对引用

绝对引用是指引用时使用的是单元格的绝对地址,分别在列号和行号的前面加上
"$"字符即可构成绝对地址。

如果公式的位置发生改变,公式中绝对引用的单元格始终保持不变,相当于同时锁定
了列号和行号。

例如 A3=7、B3=8、A4=9、B4=10,在 C3 单元格输入"=$A$3*$B$3"后按
Enter 键,则 C3 单元格的值为 56,复制 C3 单元格并粘贴到 C4,C4 中引用的地址不会发
生变化,仍然是"=$A$3*$B$3",其值仍为 56,这就是绝对引用。

3. 混合引用

混合引用是指引用时同时使用了相对引用和绝对引用,可分为如下两种。
(1) 只锁定行,即:列是相对引用、行是绝对引用,例如 A$1、B$1。
(2) 只锁定列,即:列是绝对引用、行是相对引用,例如 $A1、$B1。

如果公式所在单元格的位置改变,则绝对引用不变,而相对引用会自动调整。

例如,在 A1、B1、C1、A2、B2、C2 单元格中分别输入 3、4、5、6、7、8,然后在 D1 单元格
输入"=$A1*B$1"后按 Enter 键,D1 单元格的值为 12,然后复制 D1 单元格,分别粘
贴到 D2、E1、E2 单元格后,各单元格的值如图 5.18 所示。分别单击 D2、E1、E2 单元格,

在编辑栏会分别显示"＝＄A2＊B＄1""＝＄A1＊C＄1""＝＄A2＊C＄1"。

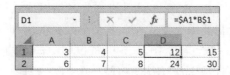

图 5.18　混合引用示例

4. 工作表间引用

单元格的引用可以在不同的工作表间进行,只需要在单元格引用前加上工作表的名称和感叹号"!"即可,如在工作表 Sheet1 中引入工作表 Sheet2 的 A1 单元格,可用"Sheet2! A1"表示。

5. 工作簿间引用

工作簿之间也可以进行引用,引用格式为:'工作簿存储地址[工作簿名称]工作表名称'! 单元格地址,例如"＝'C:\Users\Administrator\Desktop\[教务管理应用案例.xlsx]基础信息'! A1"表示引用文件夹"C:\Users\Administrator\Desktop\"下的名为"教务管理应用案例.xlsx"的工作簿中的"基础信息"工作表的 A1 单元格。

6. 对单元格的相对引用、绝对引用、混合引用进行切换

在 Excel 中输入公式时,可使用 F4 键快速地对单元格的相对引用、绝对引用、混合引用进行切换。

例如,为 C1 单元格输入公式"＝A1＋B1"后,在编辑栏中选中整个公式或需要切换的单元格引用(此处以选中"A1"为例)。

第一次按下 F4 键,该公式的内容变为"＝＄A＄1＋B1",即切换为绝对引用。

第二次按下 F4 键,该公式的内容变为"＝A＄1＋B1",即切换为混合引用(只锁定行)。

第三次按下 F4 键,该公式的内容变为"＝＄A1＋B1",即切换为混合引用(只锁定列)。

第四次按下 F4 键,公式变回到初始状态"＝A1＋B1",即切换为相对引用。

5.3.4　Excel 函数

课堂练习

Excel 函数是预先定义的特定计算公式,按照这个特定的计算公式对一个或多个参数进行计算,并得出计算结果,称为函数值。使用 Excel 函数不仅可以完成许多复杂的计算,而且还可以简化公式的繁杂程度。

函数一般由函数名和参数组成。函数名代表函数的用途,参数可以是数值、文本、逻辑值、数组、单元格引用或其他函数等,给定的参数必须能产生有效的值。

Excel 提供了大量的内置函数,包括财务、日期与时间、数学与三角函数、统计、查找与引用、数据库、文本、逻辑等类别。

可通过以下两种方法调用函数。

(1) 手工输入,以求图 5.15 中每位同学的总分为例,可在 E2 单元格中直接输入"＝SUM(B2:D2)",然后使用快速填充方式完成其余单元格的求和。

(2) 使用插入函数对话框。以求图 5.15 中每位同学的平均分为例,具体操作为:单击 F2 单元格,单击"开始"选项卡的"编辑"功能区中的 Σ 自动求和 按钮右侧的箭头,打开图 5.19 所示的下拉列表,从其中选择"平均值",此时,F2 单元格左侧的 A2 到 E2 单元格会被一个虚线框选中,表示 Excel 默认对 A2:E2 区域的数据求平均值,用户可用鼠标选中 B2 到 D2 单元格,将求平均值的区域修改为 B2:D2(如图 5.20 所示),然后按 Enter 键,F2 单元格即可显示出平均分,编辑栏的单元格区域会显示"＝AVERAGE(B2:D2)"。

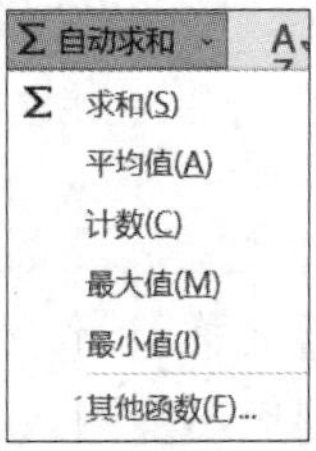

图 5.19 "插入函数" 下拉列表

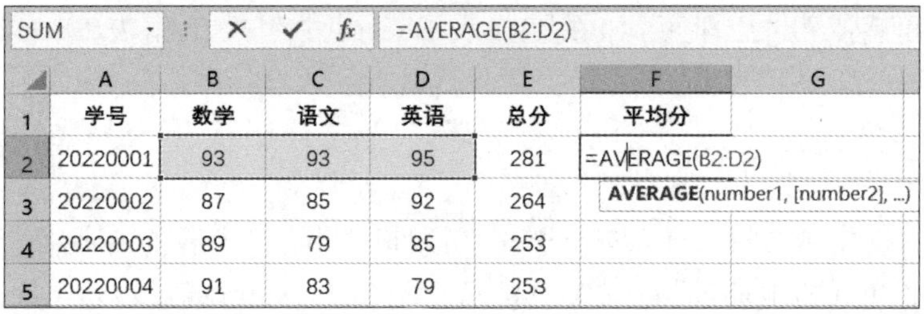

图 5.20 插入函数

接着,使用快速填充方式完成 F3:F5 单元格的求平均值任务。完成后,F2:F5 单元格的左上角会有一个绿色三角标识,且左侧会出现一个感叹号图标,提示用户公式可能有错误(因为系统认为公式中应包含 A 列和 E 列),若确认公式无误,可选中 F2:F5 单元格后,单击感叹号图标,然后选择"忽略错误",如图 5.21 所示。

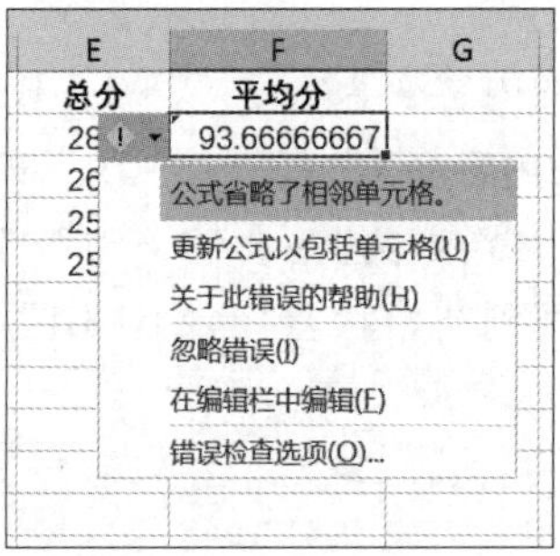

图 5.21 公式中的错误提示

若在图 5.19 所示的下拉列表中没有找到需要的函数,可以单击"其他函数",弹出"插入函数"对话框,如图 5.22 所示。

以对每位同学的平均分进行向下取整(即舍掉小数部分,仅保留整数)为例,先选中 G2 单元格,然后弹出图 5.22 所示的"插入函数"对话框,在"选择类别"下拉框中选择"数学和三角函数",然后在"选择函数"下拉列表中选择 ROUNDDOWN,在对话框的下半部分会显示该函数的功能介绍,即"向下舍入数字",可帮助用户了解函数的用途。单击"确

大学计算机基础与计算思维

图 5.22 "插入函数"对话框

定"按钮,弹出图 5.23 所示的"函数参数"对话框。

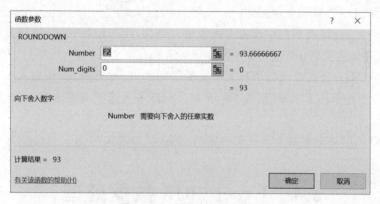

图 5.23 "函数参数"对话框

从图 5.23 可以看出,ROUNDDOWN 函数有两个参数,分别是 Number(需要向下舍入的数据)和 Num_digits(舍入后的数字位数),单击相应的文本框后,在对话框的下方会有对参数的详细说明。单击 Number 框,输入 F2(或者直接在工作表中单击 F2 单元格),然后在 Num_digits 中输入 0(表示舍入后为正数),单击"确定"按钮,G2 单元格中即会显示计算结果 84。然后,使用快速填充方式求出 G3:G5 单元格的值,结果如图 5.24 所示。

	A	B	C	D	E	F	G
1	学号	数学	语文	英语	总分	平均分	取整后的平均分
2	20220001	93	93	95	281	93.66666667	93
3	20220002	87	85	92	264	88	88
4	20220003	89	79	85	253	84.33333333	84
5	20220004	91	83	79	253	84.33333333	84

图 5.24 调用 ROUNDDOWN 函数后的结果

5.3.5 公式出错信息

当公式不能正确计算时,Excel 2016 将显示一个错误值,提示出错原因,具体如下:

(1) ＃＃＃＃＃:单元格的内容大于单元格的宽度(调整列宽即可),或者单元格的日期时间公式的计算结果为负数。例如,在单元格 A1 中输入 2022-3-5,在单元格 B1 中输入公式"＝A1-45000",按 Enter 键后,单元格 B1 即显示为若干个＃。因为 Excel 所能支持的最小日期为 1900-1-1,它对应的数值为 1,1900-1-2 对应的数值为 2,……,2022-3-5 对应的数值为 44625。

(2) ＃VALUE!:使用了错误的参数或运算符类型,或公式出错。例如,在单元格 A2 中输入一串英文字母,而在单元格 B2 中输入了公式"＝A2＋3"。

(3) ＃DIV/0!:公式中出现了除数为 0 的情况。

(4) ＃NAME?:公式中出现了 Excel 无法识别的内容。例如,公式"＝A＋B2",Excel 无法识别 A 是指哪个单元格。

(5) ＃REF!:单元格引用无效。例如,单元格 D2 的公式为"＝B2＋C2",若删除了 B 列后,则单元格 D2 会显示为＃REF!

(6) ＃N/A:公式或函数中没有可用数值。例如,用 VLOOKUP 函数进行数据查找时,若查找值在源数据表中不存在,则查找结果显示为＃N/A。

(7) ＃NUM!:公式或函数中有无效数值。例如,在单元格 A3 中输入－3,在单元格 B3 中输入公式"＝SQRT(A3)"后按 Enter 键。SQRT 为求平方根函数,因负数无法求平方根,故出错。

(8) ＃NULL!:指定两个不相交区域的交集,例如公式"＝SUM(A1:B5 C1:D2)"。

5.4 Excel 2016 数据处理

5.4.1 数据排序

1. 简单排序

简单排序是将数据表中的数据按照某一列进行升序或者降序排序,也称为单属性排序。操作步骤是:选中排序数据所在列中的任一单元格,单击"开始"选项卡的"编辑"功能区中的"排序和筛选"按钮,在下拉菜单中单击"升序"或者"降序"即可。

2. 复杂排序

复杂排序是将数据表中的数据先按照"主要关键字"进行排序(可选择升序或降序),若"主要关键字"所在列有相同的数据,则再按"次要关键字"进行排序,也称为多属性排序。根据需要,可添加多个"次要关键字"。

以 5.3 节的"学生成绩表"(图 5.15)为例,排序要求为:先按"总分"进行降序排序,若"总分"相同,则再按"数学"成绩降序排序。操作步骤为:单击 A1:G5 区域内的任一单元格,单击"开始"选项卡的"编辑"功能区中的"排序和筛选"按钮,在下拉菜单中单击"自定义排序",弹出"排序"对话框,将"主要关键字"设为"总分","排序依据"采用默认设置"数值","次序"设为"降序",然后单击"添加条件"按钮,按图 5.25 所示设置"次要关键字"和"次序"后,单击"确定"按钮即可。

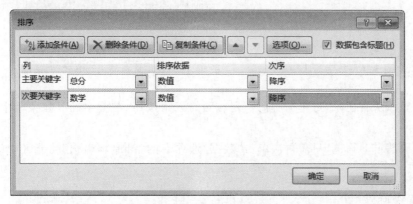

图 5.25 "排序"对话框

说明:若用户选择的待排序区域带有标题行,则应选中如图 5.25 右上角的"数据包含标题"复选框;若没有标题行,则应取消该选择。

5.4.2 数据筛选

课堂练习

通常工作表由标题行和其后的若干条记录(每一行称为一条记录)组成。数据筛选就是从数据表中筛选出符合某一个或者某一组条件的数据记录,隐藏其他不符合条件的数据记录。在 Excel 中有两种筛选方法:自动筛选和高级筛选。

1. 自动筛选

以 5.3 节的"学生成绩表"(图 5.15)为例,对其自动筛选的操作步骤如下:鼠标定位到工作表中的任一单元格,单击"数据"选项卡的"排序和筛选"功能区中的"筛选"选项,此时数据表中每一列的标题(属性名)右边都带有一个三角按钮,单击"总分"列右侧的三角按钮,打开一个下拉菜单,如图 5.26 所示。在搜索框中输入内容,下方列表会根据模糊检索进行动态显示,单击"确定"按钮后,不符合条件的记录将会被过滤掉,不进行显示。

如果需要对筛选条件进行自定义,例如,筛选出总分大于 260 分的记录,可以单击图 5.26 中的"数字筛选"菜单(若筛选列数据为文本,则显示为"文本筛选"),弹出"自定义自动筛选方式"对话框,如图 5.27 所示,选择"大于",在其中输入 260,单击"确定"按钮,则工作表中将只显示总分大于 260 分的记录。

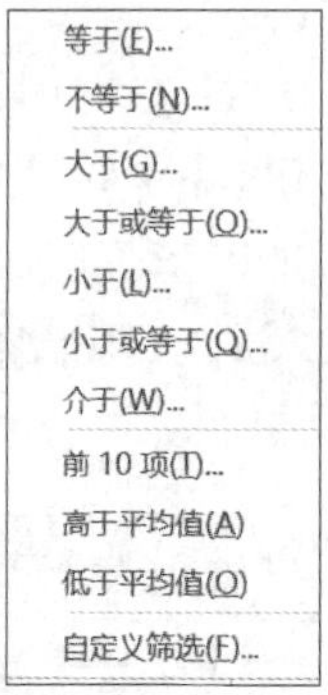

| 等于(E)... |
| 不等于(N)... |
| 大于(G)... |
| 大于或等于(O)... |
| 小于(L)... |
| 小于或等于(Q)... |
| 介于(W)... |
| 前 10 项(T)... |
| 高于平均值(A) |
| 低于平均值(O) |
| 自定义筛选(F)... |

图 5.26　数字筛选菜单　　　图 5.27　"自定义自动筛选方式"对话框

若需显示所有记录,可单击"总分"列右侧的三角按钮,在弹出的下拉菜单中勾选"全选"即可。

若需取消自动筛选,只需再次单击"数据"选项卡的"排序和筛选"功能区中的"筛选"按钮即可。

2. 高级筛选

自动筛选只能筛选出条件比较简单的记录,若条件比较复杂则需要采用高级筛选的方式。如希望从工作表"成绩"中筛选出"数学>90,总分>270"或者"语文>80,总分>260"的记录,设定好列表区域,并在工作表的空白区域设置好条件区域,如图 5.28 所示,其中同一行之间是逻辑"与"的关系,不同行之间是逻辑"或"的关系,然后单击"数据"选项卡的"排序和筛选"功能区的"高级"选项。按照给定的条件会筛选出学号"20220001"和"20220002"符合条件的记录。

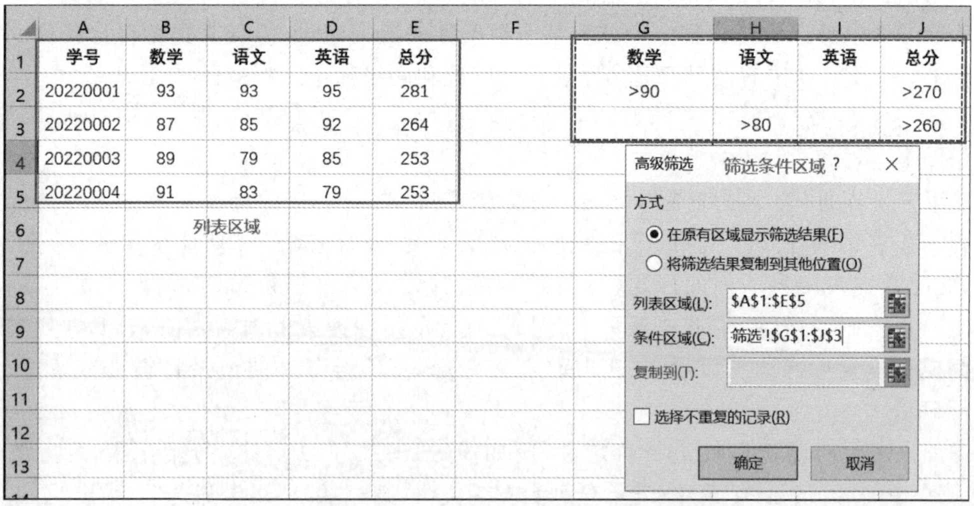

图 5.28　高级筛选方式筛选出复杂条件的数据

　大学计算机基础与计算思维

5.4.3　数据分类汇总

分类汇总是将工作表中的数据进行分门别类地统计处理的一种方法。执行分类汇总操作时，Excel 会自动对各类别的数据进行计算，并且把汇总结果以"分类汇总"和"总计"方式显示出来。分类汇总时可进行的计算有求和、计数、平均值、最大值、最小值等。

进行分类汇总时，分类的依据称为"分类字段"，该字段的选择应该有一定的实际意义，例如，在 5.2.2 节建立的"教务管理应用"工作簿中，以"性别"列作为分类字段，即可将学生分为男生和女生两类进行统计；在 5.3 节建立的"学生成绩表"中增加一列"班级"后，以"班级"作为分类字段；若以"学号"列作为分类字段，则每一个学生都是一类数据，几乎没有实际意义。

以 5.2.2 节建立的"教务管理应用"工作簿为例，若需按"性别"分别统计出人数，进行分类汇总的具体操作步骤是：首先对工作表按"性别"进行排序，然后单击"数据"选项卡的"分级显示"功能区中的"分类汇总"按钮，弹出"分类汇总"对话框，在"分类字段"下拉列表框中选择"性别"；在"汇总方式"下拉列表框中选择"计数"；在"选定汇总项"复选列表框中勾选"性别"；"替换当前分类汇总"复选框通常设为选定状态，以便消除以前的分类汇总信息；"汇总结果显示在数据下方"复选框通常也设为选定状态，否则其汇总结果信息将显示在对应数据的上方；"每组数据分页"设置需要连续显示或者分页显示分组数据信息。全部设置完成后，单击"确定"按钮即可，工作表中显示的汇总结果如图 5.29 所示。

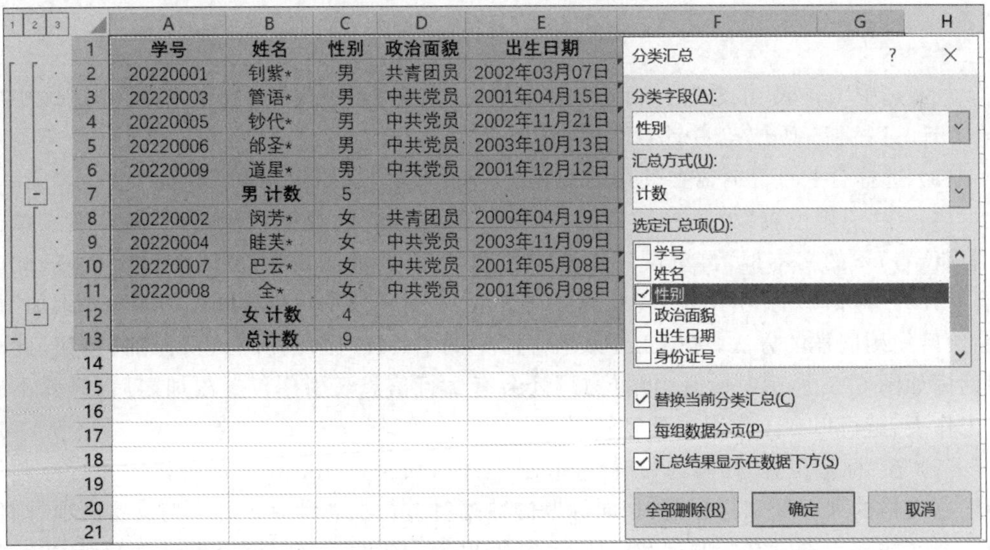

图 5.29　按性别进行分类汇总

若需取消分类汇总，再次单击"分类汇总"按钮，然后单击"全部删除"按钮即可。

5.4.4 数据合并计算

在实际工作中,经常会碰到需要将按月份、地区等制作的多张数据表进行汇总的情况,若使用公式制作一个汇总表会比较复杂,有时还无法实现,更好的方法是使用 Excel 的"合并计算"功能。

合并计算的主要功能是将多个区域的值合并到一个新区域,多个区域可以在一个工作表中,也可以在一个工作簿的多个工作表中,还可以分散在不同的工作簿中。Excel 的合并计算不仅可以进行求和汇总,还可以进行计数统计、求平均值、求最大值、求最小值、求标准偏差等计算。

本节以家电销售数据的合并计算为例,具体操作如下。

(1) 建立名为"家电销售表.xlsx"的工作簿,并在其中建立 3 个工作表,分别命名为"1月""2月""汇总"。按图 5.30 所示输入工作表"1月""2月"工作表的数据,两个工作表的结构一致,但工作表中的产品顺序不同,且工作表"2月"中多了一种产品。工作表"汇总"的内容为空。

	A	B	C	D
1	序号	产品	销量	销售额
2	1	彩电	61	316200
3	2	冰箱	59	189024
4	3	空调	26	98146
5	4	微波炉	25	21055
6				

1月 2月 汇总

	A	B	C	D
1	序号	产品	销量	销售额
2	1	空调	35	132120
3	2	微波炉	32	26950
4	3	彩电	54	279914
5	4	冰箱	62	198635
6	5	洗衣机	33	105600

1月 2月 汇总

图 5.30　家电销售表

(2) 选中工作表"汇总"的 A1 单元格,单击"数据"选项卡的"数据工具"功能区中的"合并计算"按钮,弹出"合并计算"对话框。

(3) 选择合并计算时需要使用的"函数",本例使用默认的"求和"即可。

(4) 在"引用位置"处添加数据源,即需要进行合并的数据区域,具体操作为:单击"引用位置"下的文本框,再单击工作表标签"1月",然后用鼠标选中 B1:D5 区域,此时"合并计算"对话框的"引用位置"处会自动显示"'1月'! ＄B＄1:＄D＄5",单击"添加"按钮;然后使用同样的方法,选中工作表"2月"中的 B1:D6 区域,并单击"添加"按钮,此时对话框如图 5.31 所示,"所有引用位置"处会有 2 行信息。引用位置添加之后,只要不删除工作表,就可以在工作表中重复使用。

(5) 在"标签位置"处勾选"首行"和"最左列",表示使用数据源的列标题和行标题作为汇总表格的列标题和行标题,相同标题的数据将进行汇总计算。若不勾选这两项,则生成的合并数据表格没有标题列和标题行,数据也不会按照不同标题分类汇总,而是按照数据表格中的位置汇总。

(6) 单击"确定"按钮,生成的汇总数据表如图 5.32 所示。该表中罗列了所有行标题(5 种家电),包括工作表"2月"中新增的"洗衣机",但是第一个列标题缺省,需要用户自己添加内容。

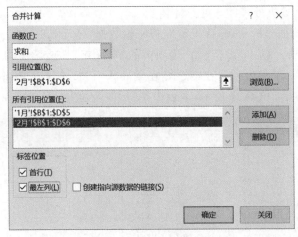

图 5.31 "合并计算"对话框

	A	B	C
1		销量	销售额
2	彩电	115	596114
3	冰箱	121	387659
4	空调	61	230266
5	微波炉	57	48005
6	洗衣机	33	105600

图 5.32 合并计算的结果

对比 3 个工作表的内容,可以发现:虽然表格中的产品排列顺序不一样,但在汇总时仍然能实现相同产品的销量相加,并不是相同位置的单元格相加,这正是"合并计算"的强大之处。

需要注意的是:若数据源被修改,合并计算的结果并不会自动更新。需要用户选中工作表"汇总"的 A1 单元格后,再次执行"合并计算"操作。

若勾选了图 5.31 中的"创建指向源数据的链接",则生成的汇总表是分类汇总的样式,且数据项都是公式,当数据源被修改后,汇总数据自动更新,但每个数据源表格的数据都会单独占一项,因此整个表格的数据项较多。

如果需要在汇总表中体现出不同月份的明细,合并计算没有直接实现此类需求的功能,但可以利用合并计算按照不同标签分类汇总的特性来实现。具体操作为:将数据源数据表的列标题加上月份作为标识,即将工作表"1月"的 C1 和 D1 单元格分别改为"1月销量"和"1月销售额";将工作表"2月"的 C1 和 D1 单元格分别改为"2月销量"和"2月销售额";然后选中工作表"汇总"的 A1 单元格,再次执行"合并计算"操作,结果如图 5.33所示。

	A	B	C	D	E
1		1月销量	1月销售额	2月销量	2月销售额
2	彩电	100	316200	54	279914
3	冰箱	59	189024	62	198635
4	空调	26	98146	35	132120
5	微波炉	25	21055	32	26950
6	洗衣机			33	105600

图 5.33 合并计算的结果(含每月明细)

5.4.5 数据透视表

Excel 数据透视表能够对大量数据进行快速汇总与分析,对原始数据进行多维度展

课堂练习

现,并生成汇总表格,是 Excel 强大数据处理能力的具体体现。

本节以对"学生成绩表"进行数据分析为例,首先要准备原始数据,打开 5.3 节建立的"学生成绩表.xlsx",单击 C1 单元格,然后单击"开始"选项卡的"单元格"功能区中的"插入"按钮下方的箭头,然后选择"插入工作表列",在"数学"左侧插入一列,并输入"班级",然后在该表中添加更多的学生记录,如图 5.34 所示,本表中共有 20 名学生。

	A	B	C	D	E	F
1	学号	班级	数学	语文	英语	总分
2	20220001	2班	89	79	86	254
3	20220002	1班	87	85	93	265
4	20220003	2班	90	93	95	278
5	20220004	1班	95	83	87	265
6	20220005	3班	97	98	96	291
7	20220006	2班	63	61	60	184
8	20220007	1班	58	50	66	174
9	20220008	3班	62	78	72	212
10	20220009	1班	91	52	94	237
11	20220010	2班	90	55	74	219
12	20220011	3班	94	58	87	239
13	20220012	2班	63	81	90	234
14	20220013	1班	92	67	95	254
15	20220014	3班	53	56	82	191
16	20220015	2班	83	80	95	258
17	20220016	1班	91	95	56	242
18	20220017	3班	62	83	79	224
19	20220018	1班	73	71	97	241
20	20220019	2班	62	76	55	193
21	20220020	3班	58	52	99	209

图 5.34　学生成绩表

单击 G1 单元格,单击"插入"选项卡的"表格"功能区中的"数据透视表"按钮,弹出如图 5.35 所示的"创建数据透视表"对话框,在要分析的数据区域中,默认已选中 A1:F21 区域;放置数据透视表的位置,已默认为刚才选中的单元格 G1,两者都使用默认设置即可,然后单击"确定"按钮,将会打开"数据透视表字段"窗格,如图 5.36 所示。

图 5.35　"创建数据透视表"对话框

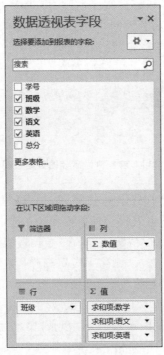

图 5.36 "数据透视表字段"窗格

说明：本例中的原始数据较少，可将数据透视表与原始数据放在同一个工作表中。若原始数据较多，建议将数据透视表放在"新工作表"中，方法为：单击数据区域 A1:F21 中的任一单元格后，单击"数据透视表"按钮，然后使用默认设置即可。

在图 5.36 所示的窗格中，根据需要将某些字段拖动到相应的区域即可创建数据透视表。

以统计各班各科成绩的平均分为例，将"班级"字段拖动到"行"区域，将"数学""语文""英语"字段拖动到"值"区域，如图 5.36 所示。此时，在 G1:J5 区域将会显示数据透视表，其标题栏默认为"求和项：数学"的形式，汇总方式默认为"求和"，在本例中应修改为"平均值"，方法为：双击 H1 单元格，在弹出的"值字段设置"对话框中，在"自定义名称"处输入"数学平均分"（也可直接使用默认名称），在"值汇总方式"中选择"平均值"，单击"确定"按钮即可；然后对 I1 和 J1 单元格执行同样的操作，结果如图 5.37 所示。

G 行标签	H 数学平均分	平均值项:语文	J 英语平均分
1班	83.85714286	71.85714286	84
2班	77.14285714	75	79.28571429
3班	71	70.83333333	85.83333333
总计	77.65	72.65	82.9

图 5.37　求各科平均分的数据透视表

说明：若不需修改标题栏的文字，仅修改汇总方式，也可右击 H1 单元格，从弹出菜单中单击"值汇总依据"菜单项的"平均值"命令。

若还需进行其他项的统计,可粘贴刚才创建的数据透视表,然后修改字段设置即可。

以统计各班各科成绩的最高分为例,方法为:选中 G1:J5 区域的数据透视表并复制,然后单击 G8 单元格后执行粘贴操作,分别双击 H8、I8、J8 单元格,将"值汇总方式"改为"最大值",结果如图 5.38 所示。

行标签	最大值项:数学	最大值项:语文	最大值项:英语
1班	95	95	97
2班	90	93	95
3班	97	98	99
总计	97	98	99

图 5.38　求各科最高分的数据透视表

以分区间统计学生人数为例,具体要求为:按"总分"从 150 分开始,以 30 分为一个区间,统计各班在各个区间的学生人数。具体操作为:选中 G1:J5 区域的数据透视表并复制,然后单击 G15 单元格后执行粘贴操作,在"数据透视表字段"窗格中,在"值"区域,单击每个字段右侧的黑色三角,选择"删除字段",删除所有字段,然后将"总分"字段分别拖动到"值"和"列"区域,自动产生的数据透视表如图 5.39 所示,并不符合要求,修改方法为:右击 H16:Y16 区域(内容为 174～291 的区域)的任一单元格,从弹出菜单中单击"创建组"菜单项,在"起始于"文本框中输入 150,"步长"文本框中输入 30,单击"确定"按钮;然后右击 H17:O20 区域的任一单元格,从弹出菜单中单击"值汇总依据"菜单项的"计数"命令即可,汇总结果如图 5.40 所示。

求和项:总分	列标签																		
行标签	174	184	191	193	209	212	219	224	234	237	239	241	242	254	258	265	278	291	总计
1班	174									237		241	242	254		530			1678
2班		184		193			219		234					254	258		278		1620
3班			191		209	212		224			239							291	1366
总计	174	184	191	193	209	212	219	224	234	237	239	241	242	508	258	530	278	291	4664

图 5.39　自动产生的统计总分的数据透视表

计数项:总分	列标签					
行标签	150-179	180-209	210-239	240-269	270-299	总计
1班	1		1	5		7
2班		2	2	2	1	7
3班		2	3		1	6
总计	1	4	6	7	2	20

图 5.40　分区间统计人数的数据透视表

5.5　Excel 2016 图表

5.5.1　图表概念

课堂练习

在 Excel 中,图表是指将工作表中的数据用图形表示出来,是数据可视化的具体体现。例如,将各位同学的各门课成绩用柱形图表示出来,如图 5.41 所示。图表可以使数据更加形象、直观、易于理解，也可以帮助用户分析和比较数据，让用户对数据的变化趋势、数据之间的差别有更明显的认识。

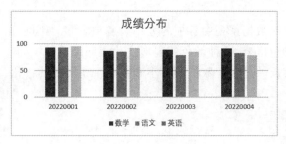

图 5.41　成绩分布图表

图表的数据来源是工作表，当工作表中的数据被修改时，与之相关联的图表中对应的数据系列会自动发生变化。

一个完整的图表主要由图表区、绘图区、数据系列、坐标轴、图表标题、图例等组成，具体说明如下。

（1）图表区：是图表最基本的组成部分，是整个图表的背景区域，图表的其他组成部分都汇集在图表区中。

（2）绘图区：是图表的重要组成部分，主要包括数据系列、坐标轴、网格线等。

（3）数据系列：在图表中绘制的相关数据点，这些数据来源于数据表的行或列。它是根据用户指定的图表类型以系列的方式显示在图表中的可视化数据。可以在图表中绘制一个或多个数据系列。

（4）坐标轴：是一个用于绘制图标数据系列大小的参考框架。以二维图表为例，坐标轴分为垂直轴（纵轴）和水平轴（横轴）。垂直轴一般表示数据的大小；水平轴一般表示时间、分类等。

（5）图表标题：用于显示图表的名称。

（6）图例：用于表示图表中的数据系列的名称或为分类而指定的图案或颜色。

5.5.2　图表类型

课堂练习

Excel 2016 提供了 14 种类型的图表，分别为柱形图、折线图、饼图、条形图、面积图、XY（散点图）、股价图、曲面图、雷达图、树状图、旭日图、直方图、箱形图和瀑布图，比较常用的是柱形图、折线图、饼图三种。

1. 柱形图

柱形图用于显示一段时间内数据的变化或说明各项数据之间的比较情况。各项对应图表中的一簇不同颜色的矩形块，或上下颜色不同的一个矩形块。

2. 折线图

折线图用于显示数据随时间或类别而变化的趋势，类别数据沿水平轴均匀分布，所有的值数据沿垂直轴均匀分布。

3. 饼图

饼图用于显示一个数据系列中各项的大小与各项总和的比例,由若干个扇形块组成,扇形块之间用不同颜色区分,一种颜色的扇形块代表同一属性中的一个相应对象的值,该扇形块面积的大小就反映出对应数值的大小和在整个饼图中的占比。

5.5.3 图表创建

图表是在数据表的基础上创建的,当需要在一个数据表上创建图表时,一般选择数据表中的一列(如学生表中的学号)作为横轴,其余列(如数学、语文、英语等成绩列)作为纵轴,才可能绘制有现实意义的图表。

首先在数据表中选择需要用于创建图表的相关数据列,单击"插入"选项卡的"图表"功能区,选择需要的图表类型即可完成图表的快速创建。

例如,创建一个基于成绩的柱状图表,直观地反映学生的数学、语文、英语成绩情况,其中"学号"用于横轴、三门课的成绩列数据用于纵轴,具体操作步骤是:选取要进行图表创建的区域 A1:D6,单击"插入"选项卡的"图表"功能区中的"柱形图"按钮,在当前工作表的右下方区域会生成一个柱状图表,如图 5.42 所示,其中横轴显示了每个学生的学号、纵轴显示学生对应的每门课程的成绩,各科成绩在图例区域用不同的颜色进行标注,如数学用红色、语文用蓝色、英语用绿色。图表标题默认显示在图表上方,默认的文字为"图表标题",可双击后,将其修改为"成绩分布"。

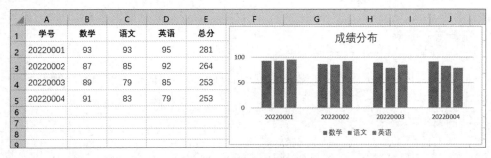

图 5.42　创建成绩分布图表

5.5.4 图表编辑

图表创建后,可以对图表进行编辑,如修改图表对象、图表区格式、图表类型、图表源数据、图表选项、图表插入位置等内容。当单击选中某一图表后,在选项卡标签栏会自动增加"图表工具"栏下的"设计"选项卡,包含了图表布局、图表样式、数据、类型、位置等选项,如图 5.43 所示。

图 5.43　图表设计选项卡

5.6　Excel 2016 打印

5.6.1　页面设置

课堂练习

工作表编辑完成后,有时需要打印出来查看和使用,在打印前可通过"页面布局"选项卡的"页面设置"功能区对打印页面进行设置,包括页面、页边距、页眉/页脚、工作表等,如图 5.44 所示。

图 5.44　"页面设置"对话框

1. 页面

包括对纸张方向、缩放比例、纸张大小、起始页码的设置。

2. 页边距

包括对页面上下左右边距、页眉/页脚边距,以及页面内容是否水平居中、垂直居中设置。

3. 页眉/页脚

包括对页眉/页脚显示内容的设置，如在页脚上显示页码等信息。

4. 工作表

包括对打印区域、打印标题栏（包括顶端标题行、左端标题列）、打印选项、打印顺序等设置。

（1）打印区域：默认情况下是打印整个工作表中有数据的区域，若只想打印指定的区域，可单击"打印区域"后的文本框，然后在工作表中选中某个区域即可。

（2）顶端标题行：若工作表的行数较多，无法打印在一页中，则可以将工作表中的某些行（通常为第一行）设为"顶端标题行"，在打印时，所有页都将固定打印顶端标题行。设置方法为：单击"顶端标题行"后的文本框，然后在工作表中选择想要设置为"顶端标题行"的行。

（3）左端标题列：若想让工作表中的某些列（通常为第一列）在每一页中都打印出来，则可将其设置为"左端标题列"，与设置"顶端标题行"的方法类似。

5.6.2 打印预览

在工作表打印前可以进行预览，预先在计算机上查看打印出来的效果，以便于调整。具体操作是单击"文件"选项卡，单击"打印"按钮，即可看到预览效果，其中左侧部分为页面设置的一些基础设置，包括打印份数、打印机选择、纸张大小、纸张方向、页边距等页面设置，预览区域会显示出即将打印的内容共计页数，可以输入对应页码查看某一页的预览效果，如图 5.45 所示。

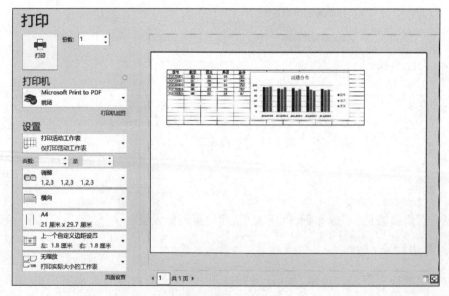

图 5.45 打印预览

5.7　其他数据处理工具

Excel 可以存储与处理电子表格,并且内置了大量的数据处理函数,基本满足人们日常的数据处理需求。但 Excel 处理的数据全部暴露在用户面前,任何用户得到了 Excel 文件,即可得到 Excel 内的全部数据,因此 Excel 保存的数据没有任何保密性可言。

为了更好地管理数据,Office 2016 套件中提供了 Access 数据库办公软件,Access 数据库是 Excel 的一种升级和外延,并且可实现对数据的增加、删除、修改、查找、统计与分析等,更能满足专业用户对数据管理的要求。

5.8　练　习　题

一、单项选择题

1. 以下不属于 Excel 基本元素的是(　　　)。

　　A. 工作表　　　　　　B. 工作簿　　　　　　C. 单元格　　　　　　D. 行

2. 以下不属于 Excel 数值类型的是(　　　)。

　　A. 标点　　　　　　　B. 数字　　　　　　　C. 时间　　　　　　　D. 日期

3. 选择若干非连续的单元格,可以使用以下(　　　)键配合鼠标来完成。

　　A. Ctrl　　　　　　　B. Shift　　　　　　　C. Enter　　　　　　　D. Tab

4. 在单元格引用中,用以下(　　　)字符来表示绝对地址。

　　A. !　　　　　　　　B. []　　　　　　　　C. $　　　　　　　　D. +

5. 工作表间引用中,用以下(　　　)字符跟在工作表名后面。

　　A. !　　　　　　　　B. []　　　　　　　　C. $　　　　　　　　D. +

6. 下面正确的单元格区域表示为(　　　)。

　　A. A1 * B2　　　　　B. C3+D4　　　　　C. E5 $ F6　　　　　D. G7:H8

7. 若一个单元格的地址为 T3,那它紧邻左上角的单元格地址为(　　　)。

　　A. T2　　　　　　　　B. S2　　　　　　　　C. S3　　　　　　　　D. T4

8. 若单元格 C5 中保存的公式为 A1+B2,将它复制到 D5,则 D5 中保存的公式为(　　)。

　　A. A2+B2　　　　　B. B1+B2　　　　　C. B1+C2　　　　　D. A2+B2

9. 在 B1 中求 A 列数据中最大值的公式表示为(　　　)。

　　A. SUM(A1)　　　　　　　　　　　B. MAX(A:A)

　　C. MIN(A)　　　　　　　　　　　D. AVERAGE(A:A)

10. 在 Excel 的每个工作表中,最小操作单元是(　　　)。

　　A. 一张表　　　　　B. 一行　　　　　　C. 一列　　　　　　D. 单元格

11. Excel 2016 提供了(　　)种图表类型。

    A. 11　　　　　　　　B. 14　　　　　　　　C. 20　　　　　　　　D. 30

12. 在 Excel 中,对数据表进行排序时,在"排序"对话框中能够指定的排序关键字个数限制为(　　)。

    A. 1个　　　　　　　　B. 2个　　　　　　　　C. 3个　　　　　　　　D. 任意

13. 在 Excel 图表中,用于反映数据变化趋势的图表类型是(　　)。

    A. 饼图　　　　　　　　B. 柱形图　　　　　　　　C. 折线图　　　　　　　　D. 雷达图

14. 在 Excel 的高级筛选中,条件区域中同一行的条件是(　　)。

    A. 与的关系　　　　　　B. 或的关系　　　　　　C. 非的关系　　　　　　D. 异或的关系

15. 在 Excel 中,右击一个工作表的标签不能够进行(　　)操作。

    A. 插入　　　　　　　　B. 删除　　　　　　　　C. 移动或复制　　　　　　D. 打印

二、操作题

1. 新建一个工作簿"学生期末成绩分析表.xlsx",完成如下操作:

(1) 将工作表修改为"成绩分析表"。

(2) 第一行输入序号、学号、姓名、语文、数学、英语、总分、平均分作为表头,并设置格式为加粗、居中。

(3) 模拟录入 5 名学生的姓名及各科目成绩(不高于 100 分,不低于 0 分)。

(4) 使用相应的公式计算每个学生三门课程的总分和平均分。

2. 在操作题 1 的"成绩分析表"中通过公式计算出第 1 名学生的总分和平均分,利用填充操作完成剩余学生的总分和平均分计算。

3. 统计各层次人数分布情况,要求如下:

(1) 计算各门课程平均成绩,保留 2 位小数,统计各门课程最高分和最低分。

(2) 按优秀(大于或等于 90 分),良好(大于或等于 80 分,且小于 90 分),其他(小于 80 分)统计。

(3) 将成绩小于 80 的单元格格式设置为浅红填充色深红色文本。

(4) 将成绩大于 90 分以上单元格格式设置为黄填充色深黄色文本。

第 **6** 章　**PowerPoint 电子演示文稿**

　　PowerPoint 是微软公司开发的办公套件 Office 中的重要组件，是目前最流行的演示文稿编辑软件之一。利用 PowerPoint 创建的文档文件，称为演示文稿，其默认扩展名为 .pptx。一个演示文稿由若干张幻灯片组成，每张幻灯片中可以包含文字、图片、动画、旁白、视频等。在日常的工作学习中，人们经常会使用 PowerPoint 制作电子演示文稿，向其他人演示需要展示的内容。

　　本章将以 PowerPoint 2016 制作工作总结为案例，逐步了解和学习 PowerPoint 的各项功能。

6.1　PowerPoint 2016 基础知识

6.1.1　PowerPoint 2016 窗口

课堂练习

　　本节主要介绍 PowerPoint 的启动和退出、主界面、功能区和选项卡、视图等。

1. PowerPoint 2016 启动和退出

　　单击 Windows 系统的"开始"菜单，找到"PowerPoint 2016"菜单并单击，即可启动 PowerPoint 2016，如图 6.1 所示。启动后，界面左侧会提示可以打开"最近使用的文档"，

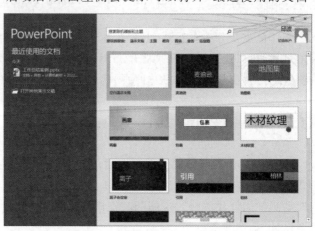

图 6.1　通过"开始"菜单启动

或者通过"打开其他演示文稿"按钮打开文件,或者在右侧的模板区,选择"空白演示文稿"来新建一个没有任何内容的演示文稿。

2. 主窗口和布局

新建一个空白的演示文稿后,即进入 PowerPoint 的主窗口。主窗口的工作界面由标题栏、快速访问工具栏、功能区(包括菜单栏和工具栏选项卡)、工作区(即普通视图,包括幻灯片浏览窗格)、状态栏等部分组成,如图 6.2 所示。

图 6.2　PowerPoint 普通视图的工作界面

工作区主要分为左右两个部分,左侧为幻灯片浏览窗格,以缩略图的形式显示出了所有幻灯片,可以快速定位到某张幻灯片,进行幻灯片的管理(复制、移动、添加、删除等)。右侧为幻灯片窗格,可以对幻灯片的内容进行编辑,例如添加标题、图片、动画等。

课堂练习

6.1.2　PowerPoint 2016 选项卡和功能区

PowerPoint 大部分操作都可以通过功能区的控制按钮来实现,功能区采用选项卡的形式来对各项功能进行分类。PowerPoint 的选项卡主要包括"开始""插入""设计""切换""动画""幻灯片放映""审阅"和"视图"等。另外根据操作对象的不同,会临时增加"格式""设计"等选项卡。

在不同的选项卡中,还利用"功能区"来对一组相似的命令进行分类。比如在"开始"

选项卡中,包括"剪贴板""幻灯片""字体""段落""绘图""编辑"几个功能区,每个功能区中有若干个命令按钮,如图6.3所示。

图6.3 "开始"选项卡及其功能区

每个功能区的右下角有一个右下箭头符号 ,单击这个符号可以打开相应的控制窗口,进行详细设置。

6.1.3 PowerPoint 2016 视图

视图即文档的显示方式。PowerPoint 提供了5种演示文稿视图和3种母版视图,可通过图6.4所示的"视图"选项卡下的相应按钮进行切换。本节主要介绍5种演示文稿视图,母版视图的介绍详见6.3.2节。

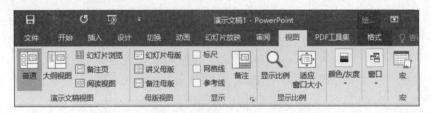

图6.4 "视图"选项卡及其功能区

(1)普通视图:是系统默认的视图方式,由幻灯片浏览窗格、幻灯片窗格和备注窗格组成。可通过单击"视图"选项卡的"显示"功能区中的"备注"按钮来打开或关闭备注窗格。

(2)大纲视图:与普通视图类似,该视图由大纲窗格、幻灯片窗格和备注窗格组成。在左侧的大纲窗格中以大纲形式显示幻灯片中的标题文本,通过该视图可以很容易地把握整个演示文稿的内容提要。

(3)幻灯片浏览视图:通过缩略图直观地查看所有幻灯片,方便实现幻灯片的复制、移动、增删等操作,以及幻灯片切换方式、放映时间的设置,但不能对幻灯片内容进行直接修改。

(4)备注页视图:可以完成对备注内容的输入和编辑,但不能编辑幻灯片内容。通过该视图,可以查看幻灯片与备注信息一起打印的效果。

(5)阅读视图:在 PowerPoint 窗口中播放演示文稿,以查看动画及幻灯片切换效果。通常用于幻灯片制作完成后的简单放映浏览。

6.2　幻灯片的基本制作方法

本节将以案例的形式介绍文本、图片、艺术字、表格等对象的操作。

课堂练习

6.2.1　演示文稿和幻灯片操作

1. 演示文稿操作

(1) 新建演示文稿。在启动 PowerPoint 后,通过"新建"按钮新建一个空白的演示文稿,这个空白的演示文稿中包含一张标题幻灯片。一般情况下,设计的演示文稿会包含多张幻灯片,在设计过程中就会涉及幻灯片的一些基本操作,包括选择、新建、复制、移动、删除、隐藏和利用节来组织管理幻灯片等。

(2) 打开已有的演示文稿。可以通过双击一个已经存在的演示文稿,或者通过"开始"选项卡的"打开"命令(快捷键 Ctrl＋O)打开一个指定位置的演示文稿。

(3) 保存演示文稿。单击"文件"选项卡的"保存"命令(快捷键 Ctrl＋S)来以当前文件名保存演示文稿,或者使用"另存为"命令(快捷键 Ctrl＋Shift＋S)来另存到其他位置或者以其他文件名、其他格式(例如较早版本的演示文稿格式或者 PDF 文件)来保存文件。默认文件格式的扩展名为 pptx。如果需要在较早版本的 PowerPoint 上播放演示文稿,可以将文件另存为 PowerPoint 97-2003 的文件格式(扩展名为 ppt)。

(4) 导出演示文稿。单击"文件"选项卡的"导出"命令,可以将文件导出为 PDF/XPS 文档或者视频,也可以将演示文稿打包成 CD,如图 6.5 所示。

图 6.5　导出功能

(5) 关闭演示文稿。单击"文件"选项卡的"关闭"命令(快捷键 Ctrl＋W)来关闭演示文稿(但不退出 PowerPoint 应用程序)。如果需要关闭演示文稿并退出 PowerPoint,直接单击 PowerPoint 右上角的关闭按钮（✖符号）。如果该演示文稿没有保存，系统会提示是否要保存。

2. 幻灯片选择

在操作幻灯片和编辑幻灯片内容之前，首先要确定在哪张幻灯片中进行操作。选择幻灯片通常在普通视图的幻灯片浏览窗格、大纲视图的大纲窗格或幻灯片浏览视图中进行，主要操作如下。

（1）选择单张幻灯片。单击需要选择的幻灯片缩略图即可。

（2）选择多张相邻的幻灯片。单击第一张幻灯片缩略图，然后按住 **Shift** 键不放，同时单击最后一张幻灯片缩略图即可。

（3）选择多张不相邻的幻灯片。单击第一张幻灯片缩略图，然后按住 **Ctrl** 键不放，依次单击需要选择的其他幻灯片缩略图即可。

（4）选择全部幻灯片。将光标定位在左侧窗格（普通视图的幻灯片浏览窗格或大纲视图的大纲窗格）中的某张幻灯片缩略图或者空白处，然后使用快捷键 **Ctrl＋A** 选择全部幻灯片；也可以单击"开始"选项卡的"编辑"功能区中的"选择"按钮，在展开的下拉列表中单击"全选"命令。

3. 幻灯片新建

新建幻灯片之前，需要在幻灯片浏览窗格中，将光标定位到需要新建幻灯片的位置：已有的某张幻灯片（新建幻灯片位于定位的幻灯片之后）或者两张幻灯片之间，可通过以下几种方法进行新建。

（1）通过版式新建幻灯片。该方法可以创建指定版式的幻灯片。操作方法为：单击"开始"选项卡，在"幻灯片"功能区中，单击"新建幻灯片"按钮右下角的三角按钮，在展开的版式列表中，选择需要的版式即可，如图 6.6 所示。

图 6.6　通过版式新建幻灯片

（2）通过右键新建幻灯片。单击鼠标右键（以下简称右击），从弹出菜单中单击"新建幻灯片"菜单项。

（3）通过快捷键新建幻灯片。通过快捷键 **Ctrl＋M**（或直接按 **Enter** 键）来新建幻灯片。

通过方法（2）和（3）新建幻灯片时无法指定版式，但建好后可修改版式，方法为：在浏览窗格中右击新建的幻灯片，从弹出菜单中单击"版式"下的某种版式。

4. 幻灯片复制

在制作演示文稿的过程中，常常会在多张幻灯片中使用相同的版式和类似的内容，为了提高工作效率，可以通过复制幻灯片的方式完成。

（1）将幻灯片复制到紧随其后的位置。在幻灯片浏览窗格中，选择需要复制的幻灯片缩略图，右击，从弹出菜单中单击"复制幻灯片"菜单项（或者使用快捷键 **Ctrl＋D**），就会在该幻灯片的后面新建一张与该幻灯片内容一样的幻灯片，只需继续对新建的幻灯片的内容进行修改即可。

（2）将幻灯片复制到指定位置。在幻灯片浏览窗格中，选择需要复制的幻灯片缩略图，右击，从弹出菜单中单击"复制"菜单项（或者使用快捷键 **Ctrl＋C**，或者单击"开始"选项卡的"剪贴板"功能区中的"复制"按钮），再将光标定位到需要放置幻灯片的目标位置，右击，从弹出菜单中单击"粘贴选项"下的"使用目标主题"命令（或者使用快捷键 **Ctrl＋V**，或者单击"开始"选项卡的"剪贴板"功能区中的"粘贴"按钮）即可。

5. 幻灯片移动

在幻灯片浏览窗格中，每张幻灯片左上角都有一个幻灯片的数字序号，该数字标明幻灯片在整个演示文稿中的位置，若要改变某一幻灯片的序号，则需要移动该幻灯片的位置。具体操作为：在幻灯片浏览窗格中，选择需要移动的幻灯片缩略图，按住鼠标左键不放，往上或者往下移动该幻灯片缩略图到希望放置的位置即可。在拖动的过程中，会有一根黑色横线标记表示将放置的位置。

6. 幻灯片删除

除了"幻灯片放映视图"之外的其他视图，都可以执行删除幻灯片操作。在幻灯片浏览窗格中，先选择需要删除的幻灯片，按 **Delete** 键或者 Backspace 键即可删除选择的幻灯片，或者右击，在弹出菜单中单击"删除幻灯片"菜单项。

7. 幻灯片隐藏

选择需要隐藏的幻灯片，单击"幻灯片放映"选项卡的"设置"功能区中的"隐藏幻灯片"按钮（或在幻灯片缩略图上右击，从弹出菜单中单击"隐藏幻灯片"菜单项），即可隐藏该幻灯片。幻灯片隐藏后，幻灯片的序号不变，但上面加上了斜线（如图），且缩略图以一幅虚像呈现，在播放幻灯片时将不会播放已隐藏的幻灯片。

可以通过选择隐藏的幻灯片，再使用"隐藏幻灯片"来取消对幻灯片的隐藏。

8. 利用节来管理幻灯片

在 PowerPoint 中,可以使用"节"来组织幻灯片,就像使用文件夹组织文件一样,明确且有条理。而且,可以将节分配给合作者,明确合作期间的所有权。单击"开始"选项卡的"幻灯片"功能区中的"节"按钮,可进行增加、删除、重命名节的操作,如图 6.7 所示。如果演示文稿的幻灯片数量较多,使用节来管理幻灯片是一个很好的组织管理方式。

6.2.2 文本编辑

在 PowerPoint 中,幻灯片中的所有文本都必须输入到文本框中。可以通过下面的方法输入文本。

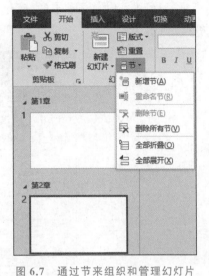

课堂练习

图 6.7 通过节来组织和管理幻灯片

1. 根据版式占位符输入文本

占位符是使用版式创建新的幻灯片时出现的虚线方框,每个占位符都有相关提示,如在什么位置输入内容。单击占位符即可输入文本或者粘贴复制好的文本。

【例 6-1】 制作"工作总结"演示文稿的封面。

(1) 在新建的演示文稿中,第一页即(封面)就会默认出现"单击此处添加标题"和"单击此处添加副标题"两个占位符,如图 6.8 所示。

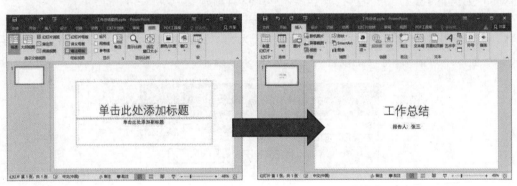

图 6.8 通过占位符输入文本

(2) 单击这两个占位符,分别输入"工作总结"和"报告人:张三"即可。

2. 插入文本框输入文本

文本框专门用来添加文字,有横排和竖排两种。使用文本框可将文本放置在幻灯片上的任何位置。可以通过功能区的"插入"选项卡的"文本"功能区中的"文本框"按钮或者其下拉菜单中的"横排文本框"或者"竖排文本框"命令,将鼠标移动到幻灯片窗格中需要插入文本的位置,单击左键即可插入相应的文本框,然后在文本框中输入需要的内容即可。

【例6-2】 制作"工作总结"演示文稿的目录。

(1)单击"开始"选项卡的"新建幻灯片"按钮,选择"空白"版式,新建一页幻灯片,如图6.9所示。

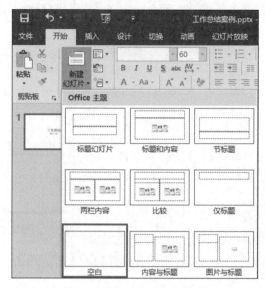

图6.9　添加一页空白幻灯片

(2)在新建的幻灯片中,使用"插入"选项卡的"文本框"按钮,插入一个横排文本框,并在其中输入"全年工作情况""存在的问题""改进措施"三行字。

(3)设置字体格式和行距。选择文本框,在"开始"选项卡的"字体"功能区中,设置字体、字号等,比如字体设置为"黑体",字号设置为"32"。通过"段落"功能区的"行距"按钮 后面的下拉箭头,将行距设置为1.5,如图6.10所示。

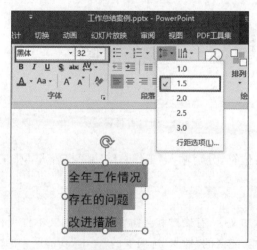

图6.10　设置文本格式和行距

（4）设置项目编号。选择文本框，通过"开始"选项卡的"段落"功能区中的"项目符号"按钮 ≣ ▾ 后面的下拉箭头，选择带填充效果的大圆形项目符号，设置文本框的项目符号，如图6.11所示。

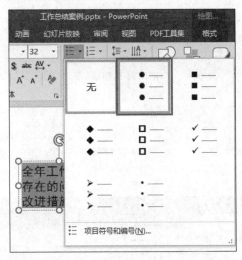

图6.11　设置文本项目符号

（5）调整文本框的位置和对齐方式。再插入一个文本框，输入"目录"字样。选择"目录"文本框后，通过拖动鼠标，将文本框移动到需要的位置。如果文本框需要居中，则可以选择文本框后，使用"格式"选项卡的"对齐"按钮，选择"水平居中"方式，将文本框调整到幻灯片的中间位置，如图6.12所示。

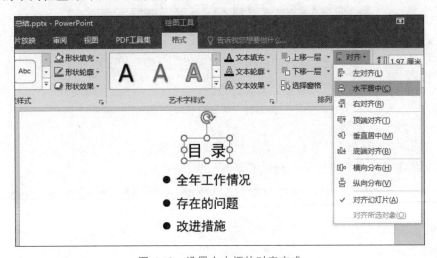

图6.12　设置文本框的对齐方式

3. 艺术字和文本美化

选择文本框后，可以通过"绘图工具-格式"选项卡中的形状样式、艺术字样式等工具，美化文本,如图 6.13 所示。

图 6.13　文本的形状样式、艺术字样式

【例 6-3】　通过艺术字样式和形状样式,美化目录页和首页的文本。

(1) 选择目录页中的列表文本框,并全部选中"全年工作情况"等三行文字。在"绘图工具-格式"选项卡的艺术字样式库中,通过下拉箭头选择"渐变填充-蓝色,着色 1,反射"样式,即图标A,如图 6.14 所示。

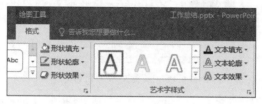

图 6.14　设置艺术字样式

(2) 选择"目录"文本框,并全部选中"目录"两个字,在"绘图工具-格式"选项卡形状样式库中选择"彩色轮廓-黑色,深色 1",如图 6.15 所示。

图 6.15　设置形状样式

(3) 将首页的标题"工作总结"设置为"渐变填充-蓝色,着色 1,反射"样式。

最终设置好的首页和目录页的效果如图 6.16 所示。

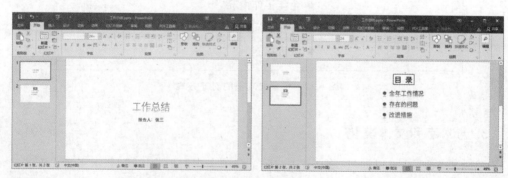

图 6.16　美化后的首页和目录页

　　大学计算机基础与计算思维

6.2.3 图片编辑

课堂练习

图片是幻灯片的重要组成元素,通过图片既可以表现幻灯片的美感,也可以充分表现演示文稿的内容。本节将通过美化"工作总结"演示文稿的首页来介绍如何使用图片。

1. 图片插入

单击"插入"选项卡的"图像"功能区中的"图片"按钮,可插入计算机中的图片,如图 6.17 所示。

图 6.17　插入图片按钮

2. 图片美化

调整图片颜色和效果,调整图片大小,裁剪图片等操作,其方法与 Word 一样,详见 4.5.2 节。

【例 6-4】　在首页添加一张文件名为"笔记本电脑.jpg"的图片,并进行美化。

(1) 通过幻灯片浏览窗格,选择首页。

(2) 单击"插入"选项卡的"图像"功能区中的"图片"按钮,插入计算机中指定位置的图片,比如一张名字为"笔记本电脑.jpg"的图片。

(3) 选择图片,调整图片位置和大小。当鼠标移动到图片上方,鼠标会变成一个十字箭头,按住鼠标左键,移动鼠标到需要的位置,然后放开鼠标左键即可移动图片。选择需要调整的图片后,在图片框线上会出现 8 个尺寸控制柄和旋转控制点,可以通过这些点来对图片进行缩放和旋转。另外还可以通过"图片工具-格式"选项卡的"大小"功能区按钮来设置图片大小,或者在图片上右击,从弹出菜单中单击"设置图片格式"菜单项,打开"设置图片格式"窗格来调整大小和位置,如图 6.18 所示。

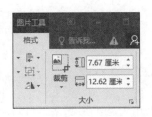

图 6.18　通过尺寸控制柄和"设置图片格式"窗格来调整图片大小、位置

（4）选择图片，通过"裁剪"按钮，将不需要的部分（灰色部分）裁剪掉，如图 6.19 所示。

图 6.19　裁剪图片

（5）选择图片，在图片样式中选择"圆形对角，白色"样式。

（6）若需要同时移动多个对象（比如文本框"工作总结"和"报告人：张三"），可以将多个对象组合在一起后作为一个整体进行移动。组合的方法为：按住 Shift 键，依次单击各个对象后，单击"开始"选项卡的"排列"按钮中的"组合"命令（或者右击，从弹出菜单中单击"组合"菜单项）即可。

在首页幻灯片中插入图片并美化后的效果如图 6.20 所示。

图 6.20　首页插入图片后的效果

课堂练习

6.2.4　表格

将大量数据用表格组织起来，可以高效而明确地传递信息，比简单罗列文字有更好的效果。可以根据实际需要在 PowerPoint 中绘制表格，也可以从其他应用程序（比如

Excel)复制表格后粘贴到幻灯片中,再进行编辑调整。

1. 表格插入

可以使用"插入"选项卡的"表格"功能区中的"表格"按钮,单击该按钮后,在展开的示意表格中拖动鼠标,选择需要的行数和列数,即可完成表格的插入,如图6.21所示。

图 6.21　插入一个 4×2 的表格

2. 表格调整和编辑

选择表格后,出现"表格工具-布局"选项卡,可以通过该选项卡的相关命令来编辑和调整表格,主要功能包括对行和列的插入/删除操作、合并和拆分单元格、设置单元格大小、设置单元格内文字的对齐方式、设置单元格间距、设置表格尺寸、设置表格排列组合方式等,如图6.22所示。

图 6.22　"表格工具-布局"选项卡的功能

3. 表格样式和效果设置

选择表格后,出现"表格工具-设计"选项卡,可以通过该选项卡的相关命令来设置表格样式和效果,主要功能包括设置表格样式、设置表格内文字的艺术字样式、绘制表格、擦除单元格等,如图6.23所示。

图 6.23　"表格工具-设计"选项卡的功能

【例6-5】　在"工作总结"演示文稿中,新建一个空白幻灯片,用表格的方式列举全年4个季度的营业额,并对表格进行美化。

(1) 单击"开始"选项卡的"新建幻灯片"按钮后的下拉菜单,选择"仅标题"版式。在新建的幻灯片中,输入本页的标题"全年营业额",并在"绘图工具-格式"选项卡中,将文本框的形状样式设置为"浅色 1 轮廓,彩色填充-蓝色,强调颜色 1",如图 6.24 所示。

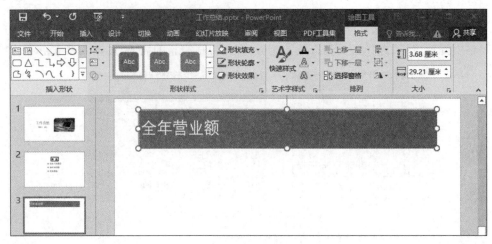

图 6.24 新建幻灯片并输入标题

(2) 单击"插入"选项卡的"表格"按钮,在展开的示意表格中拖动鼠标,插入一个 2×2 表格,如图 6.25 所示。

(3) 在表格内的第 1 行(标题行)分别输入"季度"和"营业额(万元)",在第 2 行分别输入"第 1 季度"和"55",如图 6.26 所示。

图 6.25 插入一个 2×2 的表格

图 6.26 输入第一行和第二行的文字

(4) 将光标定位到第 2 行的单元格,通过"表格工具-布局"选项卡的"在下方插入"按钮,插入一行单元格,即第 3 行。在表格的第 3 行分别输入"第 2 季度"和"49",如图 6.27 所示。

图 6.27 插入第 3 行数据

(5) 重复第(4)步操作,分别插入第 4 行和第 5 行,并分别输入第 3 季度和第 4 季度的数据,如图 6.28 所示。

(6) 选择表格,单击"表格工具-设计"选项卡,在"表格样式"中选择"中度样式 2-强调 2",将表格的颜色调整为橙色风格。

季度	营业额（万元）
第1季度	55
第2季度	49
第3季度	63
第4季度	66

图 6.28　分别输入第 4 行和第 5 行的数据

（7）调整幻灯片内的标题行和表格的位置、大小，使之协调美观，如图 6.29 所示。

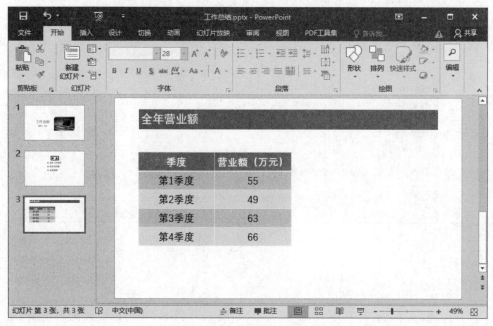

图 6.29　"全年营业额"幻灯片最终效果

6.2.5　图表

课堂练习

利用图表表达的数据信息更加直观清晰、便于理解。在制作幻灯片时，可以在幻灯片中添加图表，来增强演示文稿的说服力，同时美化演示文稿。

1. 图表插入

单击"插入"选项卡的"插图"功能区中的"图表"按钮，就会弹出"插入图表"对话框，如图 6.30 所示。PowerPoint 提供了柱形图、折线图、饼图、条形图、面积图、XY（散点图）、股价图、曲面图等多种类型的图表，选择自己需要的图表类型，单击"确定"按钮即可插入图表。插入图表后，一般需要根据实际情况修改图表的数据。在插入图表后，会自动弹出一个 Excel 窗口，根据实际情况，在 Excel 表中修改相关数据即可。

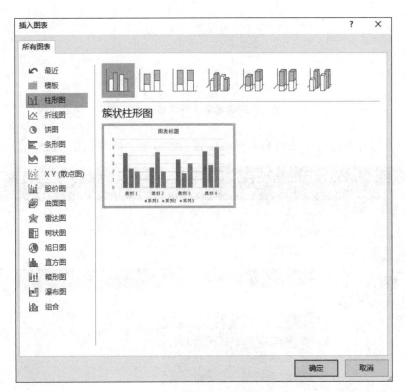

图 6.30 "插入图表"对话框

2. 图表美化

选择图表后,在"图表工具-设计"选项卡(如图 6.31 所示)中可以更改图表类型,对图表数据进行编辑,快速选择图表的布局方式和图表样式,也可以对图表的所有部分(包括背景、各类标签、坐标轴等)进行详细的设置。

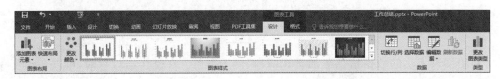

图 6.31 "图表工具-设计"选项卡的功能

【例 6-6】 新建一页幻灯片,通过图表的方式展示第 1 季度营业额。

(1) 单击"开始"选项卡的"新建幻灯片"的下拉菜单,选择"仅标题"版式。在新建的幻灯片中填入本页的标题"第 1 季度营业额",并在"绘图工具-格式"选项卡中将文本框的形状样式设置为"浅色 1 轮廓,彩色填充-蓝色,强调颜色 1"。

(2) 在新建的幻灯片中,单击"插入"选项卡的"图表",插入一个"簇状柱形图",如图 6.32 所示。

(3) 在弹出的 Excel 数据编辑窗口中删除"系列 1""系列 2"这两列,只保留"系列 1"(B 列),并将"系列 1"修改为"营业额(万元)"。同时在 A 列的第 2~4 行(删除第 5 行),

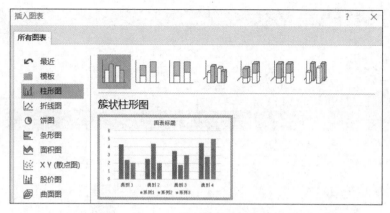

图 6.32 插入簇状柱形图

分别填入"1 月""2 月""3 月"字样,B 列的第 2～4 行分别填入每个月的营业额数据。填写完毕后关闭 Excel 数据编辑窗口,如图 6.33 所示。

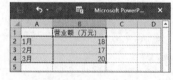

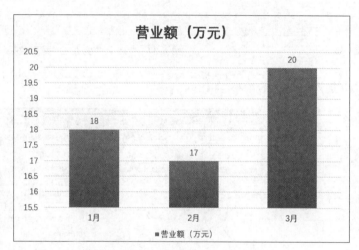

图 6.33 填入图表数据

(4) 根据实际情况调整标题行和图表的大小及其在幻灯片中的位置,使之美观协调。最终的页面效果如图 6.34 所示。

6.2.6 形状

课堂练习

形状包括线条、矩形、圆形、箭头、公式形状、流程图、标注等图形。这些图形通常用于连接有关系的对象或者内容。

1. 形状插入

单击"插入"选项卡的"插图"功能区中的"形状"按钮,在展开的形状库中选择需要插入的形状,使用鼠标在幻灯片中单击需要放置的位置即可,或者通过拖动一个范围来设置

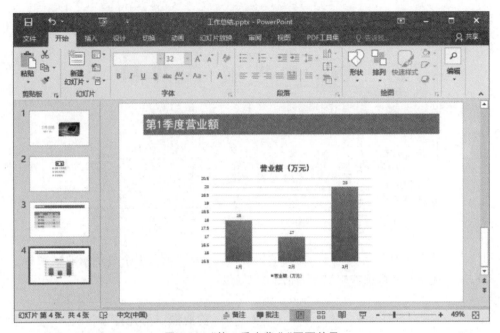

图 6.34 "第 1 季度营业"页面效果

新插入的形状的大小,如图 6.35 所示。

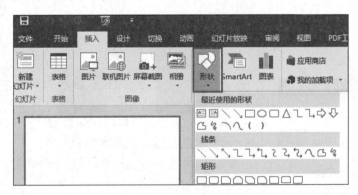

图 6.35 插入形状的功能

2. 形状调整

在选择需要设置的形状对象之后,功能区会新增一个"绘图工具-格式"选项卡,在该选项卡的"形状样式"功能区中,可以通过形状样式库中的某种样式来美化形状,如图 6.36 所示。

图 6.36 "绘图工具-格式"选项卡的功能

6.2.7　SmartArt

使用 SmartArt 制作出来的图形,可以直观地展现事物之间的各类关系(比如企业组织内部的层次关系、生产过程中的循环关系、会议报告的递进关系、各类活动事项的流程关系等),在视觉上更加美观,极大地提高了创作效率。

1. SmartArt 插入

单击"插入"选项卡的"插图"功能区中的 SmartArt 按钮,即可弹出"选择 SmartArt 图形"对话框。SmartArt 图形的类型主要包括列表、流程、循环、层次结构、关系、矩阵、棱锥图和图片。

根据表达内容的实际关系,选择合适的 SmartArt 图形,单击"确定"按钮,在幻灯片页面就会出现 SmartArt 编辑界面。在左侧编辑区相关的位置输入相关的文本,或者在右侧 SmartArt 的形状上输入文本即可,如图 6.37 所示。

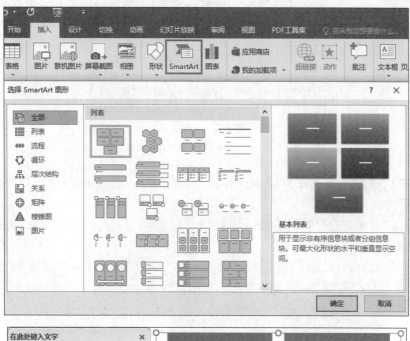

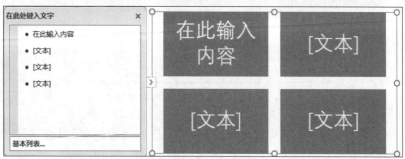

图 6.37　插入 SmartArt

2. SmartArt 美化

在选中 SmartArt 后,功能区会新增两个选项卡,分别是"**SmartArt 工具-设计**"和"**SmartArt 工具-格式**"选项卡。在"**SmartArt 工具-设计**"选项卡中,可以添加形状、对某个形状进行升级或降级操作、更改布局、更改颜色、设定 SmartArt 样式、将 SmartArt 转换成文本或者形状等。

3. 将其他文本转换成 SmartArt

选择需要转换的文本框之后,单击"开始"选项卡的"段落"功能区中的"转换为 SmartArt"按钮,再选择需要的 SmartArt 类型即可完成转换,如图 6.38 所示。

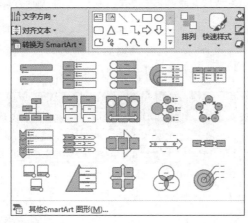

图 6.38　将文本框转换为 SmartArt

【例 6-7】　新建一页主题为"优化工作流程"的幻灯片,通过 SmartArt 和形状工具绘制工作流程图。

(1)单击"开始"选项卡的"新建幻灯片"的下拉菜单,选择"仅标题"版式,新建一页标题为"优化工作流程"的幻灯片。

(2)在新建的幻灯片中,单击"插入"选项卡的"SmartArt"按钮,弹出"选择 SmartArt 图形"对话框,选择"流程"类的"基本流程",如图 6.39 所示。

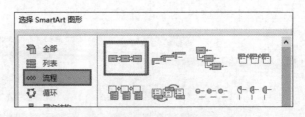

图 6.39　插入 SmartArt 图形对话框

(3)在弹出的 SmartArt 编辑窗口,分别填入工作流程的内容,例如"制订项目计划""项目实施""项目实施效果调查""项目验收"等字样,如图 6.40 所示。

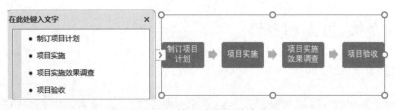

图 6.40　输入流程图的内容

（4）设置流程图颜色。选择流程图后，单击"SmartArt 工具-设计"选项卡的"更改颜色"按钮，在下拉面板中选择"彩色-个性色"，并根据实际情况调整 SmartArt 的大小和位置。

（5）添加一个形状，对"项目实施效果调查"进行说明。单击"插入"选项卡的"形状"，在下拉面板中选择标注类的"线性标注 2"（图标为  ），将标注框插入幻灯片中。

（6）在标注框中输入需要说明的文字，例如"今年新增了效果调查环节"。通过移动标注框的控制点，调整标准框形状和位置，如图 6.41 所示。

图 6.41　增加标注框

本页幻灯片的效果图如图 6.42 所示。

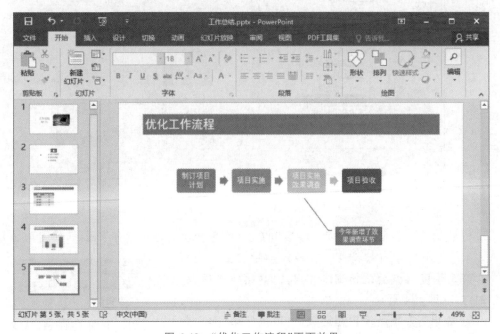

图 6.42　"优化工作流程"页面效果

课堂练习

6.2.8 超链接、页脚和页码

1. 超链接添加和调整

在 PowerPoint 中,超链接可以是从一张幻灯片到同一演示文稿中另一张幻灯片的链接(如指向自定义放映的超链接),也可以是从一张幻灯片到不同演示文稿中的另一张幻灯片,或是到电子邮件地址、网页或文件的链接。还可以为文本、艺术字、图片、形状、图表、SmartArt 图形等对象添加超链接。

选择需要添加超链接的对象,然后单击"插入"选项卡的"链接"功能区中的"超链接"按钮,就可以弹出"插入超链接"对话框。

【例 6-8】 在"全年营业额"幻灯片中,为"第 1 季度"添加超链接,跳转到"第 1 季度营业额"幻灯片。

(1) 通过主窗口左侧的幻灯片浏览窗格,选择"全年营业额"幻灯片(第 3 页)。

(2) 通过拖动鼠标,选择表格第 1 行的"第 1 季度"字样。

(3) 单击"插入"选项卡的"超链接"按钮(或者在"第 1 季度"文字上右击,从弹出菜单中单击"超链接"菜单项),弹出"插入超链接"对话框,如图 6.43 所示。在对话框的左侧栏选择"本文档中的位置",在"请选择文档中的位置"窗口选择"4.第 1 季度营业额",单击"确定"按钮。

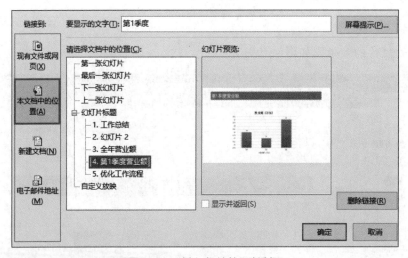

图 6.43 "插入超链接"对话框

(4) 在表格中,可以看到"第 1 季度"的文字颜色变化为蓝色且有下画线,如图 6.44 所示,表示这部分文字有超链接。在放映演示文稿的时候,单击"第 1 季度",就会跳转到刚才设置的"第 1 季度营业额"幻灯片(即第 4 页)。

(5) 如果需要重新编辑超链接,可以按照第(2)~(4)

季度	营业额（万元）
第1季度	55
第2季度	49

图 6.44 添加了超链接的效果

的步骤,重新选择超链接。

（6）如果需要删除超链接,可以按照第（2）～（3）的步骤,打开编辑窗口后,单击右下角的"删除链接"按钮即可,也可在超链接上右击,从弹出菜单中单击"删除超链接"菜单项。

（7）可以在页面中增加一个"返回"文本框,按照第（2）～（4）的步骤,为"返回"文本框添加一个超链接,跳转到"全年营业额"幻灯片。

2. 添加和调整页脚、页码

单击"插入"选项卡的"文本"功能区中的"页眉和页脚""日期和时间""幻灯片编号"三个按钮中的任何一个,就可以弹出"页眉和页脚"对话框,如图 6.45 所示。在这个对话框中,可以设置在幻灯片中是否显示日期和时间以及显示的格式（自动更新或者固定值）,是否显示幻灯片编号,是否显示页脚以及页脚的内容,以及是否在标题幻灯片中不显示上述信息。

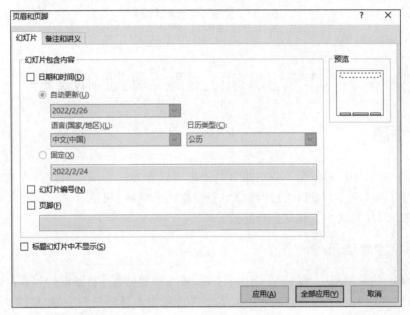

图 6.45 "页眉和页脚"对话框

【例 6-9】 为演示文稿添加页码。

（1）单击"插入"选项卡的"幻灯片编号"按钮,弹出"页眉和页脚"对话框。

（2）在"页眉和页脚"对话框中,勾选"幻灯片编号"按钮,即 ☑ 幻灯片编号(N),单击右上角的"全部应用"按钮,为所有幻灯片添加页码。回到演示文稿,可以看到,所有的幻灯片右下角都添加了页码。

6.2.9 音频和视频

1. 音频和视频插入

课堂练习

为了增加演示的效果,有时候需要加入音频或者视频素材。单击"插入"选项卡的"媒

图 6.46　插入音频、
　　　　视频

体"功能区中的"视频"或者"音频"按钮,根据提示加入需要的音频和视频即可,如图 6.46 所示。

2. 音频和视频编辑

在幻灯片中选择需要编辑的音频或者视频,会在 PowerPoint 的选项卡中新增音频或者视频工具的选项卡。在该选项卡中会有播放、编辑(剪裁、淡化等)、播放选项等设置,根据实际需要进行设置即可,如图 6.47 所示。

图 6.47　音频编辑功能区命令

6.3　演示文稿的主题、母版和版式

6.3.1　主题

课堂练习

主题是颜色、字体和效果三者的组合。主题可以作为一套独立的选择方案应用于文件中。在 PowerPoint 中,可以使用预设的主题样式来整体、快速地统一现有的演示文稿外观,也可以对现有的主题样式进行更改。

1. 预设主题使用

在新建的演示文稿中,默认是 Office 主题,没有颜色搭配、字体设计和效果设计。可以在"设计"选项卡的"主题"功能区中的主题样式库中选择需要的主题,如图 6.48 所示。例如选择名为"离子"的主题,PowerPoint 会为我们搭配背景和颜色、选择字体,对界面布局进行重新设计,使得幻灯片看起来非常简洁和精美。

图 6.48　主题样式库

2. 自定义主题

如果对内置的主题不太满意,还可以在内置主题的基础上,重新对颜色、字体和效果进行设计。可以通过"设计"选项卡的"变体"功能区中的"颜色""字体""效果"和"背景样式"按钮来选择不同的设计方案,如图 6.49 所示。

大学计算机基础与计算思维

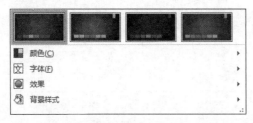

图 6.49　"变体"功能区

6.3.2　母版和版式

课堂练习

1. 什么是母版和版式

若要使某一演示文稿中的所有幻灯片的同一位置包含相同的文字或图像,或者设置所有幻灯片的默认字体、字号、文字颜色等,可在幻灯片母版中进行设置,这些设置将应用到当前演示文稿的所有幻灯片应用中。

在 PowerPoint 中,母版一共有 3 种:幻灯片母版、讲义母版和备注母版,可通过单击"视图"选项卡的"母版视图"功能区中的某个按钮打开相应的母版视图。

母版是幻灯片层次结构中的顶层幻灯片,用于存储有关演示文稿的主题和幻灯片版式的信息,包括背景、颜色、字体、效果、占位符大小和位置。幻灯片母版是最常用的母版,它包括 5 个占位符:标题、文本、日期、页脚和幻灯片编号。这些占位符中的文字并不会真正显示在幻灯片中,只起提示作用。它可以控制演示文稿中除了标题版式之外的其他幻灯片版式,从而保证整个演示文稿的所有幻灯片的风格是统一的,并且能够将每张幻灯片中固定出现的内容进行一次性编辑。

版式包含要在幻灯片上显示的全部内容的格式设置、位置和占位符。占位符是版式中的容器,可容纳如文本(包括正文文本、项目符号列表和标题)、表格、图表、SmartArt 图形、影片、声音、图片及剪贴画等内容。版式也包含幻灯片的主题(颜色、字体、效果和背景)。

通常情况下,一个演示文稿具有至少一个母版,一个母版由若干个版式组成。除了标题幻灯片版式(一般是第一个版式)外,其他版式都要继承母版的设定,比如背景、颜色、字体、占位符等,如图 6.50 所示。

2. 幻灯片母版和版式设置

单击"视图"选项卡的"母版视图"功能区中的"幻灯片母版"按钮,可以打开幻灯片母版视图,此时,功能区会自动增加"幻灯片母版"选项卡,如图 6.51 所示。在该选项卡的"编辑母版"功能区中可执行插入幻灯片母版、插入版式、重命名幻灯片母版的操作;在"编辑主题"功能区和"背景"中可设定母版的主题和背景;还可以调整幻灯片大小或者关闭母版视图。

在"幻灯片母版"视图下,在左侧缩略图窗格中选择第 1 页后,可单击"母版版式"按钮,在弹出的对话框中选择幻灯片母版中需要出现的占位符;在左侧缩略图窗格中选择某个幻灯片版式之后,可以执行删除(已经有幻灯片使用了该版式的则不能删除)与重命名、

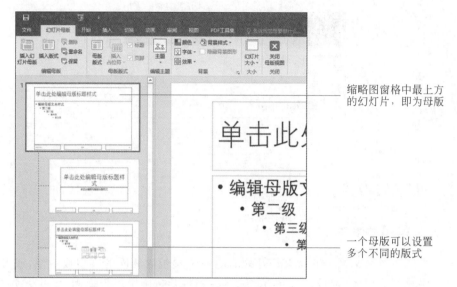

图 6.50　母版和版式

插入占位符、设置是否有标题和页脚区,还可以设置版式的主题和背景。另外,在左侧的缩略图窗格中,可以拖动幻灯片版式缩略图以改变版式的排序位置。

图 6.51　管理幻灯片母版和版式的命令

【例 6-10】　利用前面学过的关于文本框、图片、表格、形状等对象的操作方法,修改默认的母版和版式。

(1) 单击"视图"选项卡的"母版视图"功能区中的"幻灯片母版"按钮,进入"幻灯片母版"视图。在左侧缩略图窗格中,选择第 1 页(即母版)。

(2) 单击"背景"功能区中的"背景样式"按钮(背景样式)后,选择"设置背景格式"。在右侧打开的"设置背景格式"窗格中,选择纯色(白色)背景填充,如图 6.52 所示。

(3) 设计"仅标题"版式的内容,在左侧的缩略图窗格中,在母版下选择第 6 个版式(即"仅标题"版式)。

① 通过插入形状的方式,在页面偏上方的位置,分别添加 1 个蓝色和灰色的矩形,作为标题栏的背景,如图 6.53 所示。其中第一个矩形,用于放标题的编号(如数字 1、2、3 等),第二个矩形,用于放标题栏的内容。根据实际

图 6.52　设置母版的背景格式

大学计算机基础与计算思维

需要调整两个矩形的位置和大小。为了避免矩形框挡住标题栏,分别选择两个矩形框后,通过"开始"选项卡的"绘图"功能区中的"排列"按钮(或者右击后,从弹出菜单中单击"置于底层"菜单项),将其设置为"置于底层"。也可选择标题占位符后,将其设置为"置于顶层"。

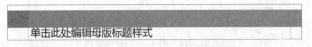

图 6.53　设计标题栏背景

② 选择标题占位符(即原版式中含有"单击此处编辑母版标题样式"的虚线框),调整其位置和大小,使之与灰色矩形框的位置和大小匹配。单击"开始"选项卡,在"字体"功能区中将占位符的字体设置为"微软雅黑",字号为"32",颜色为"白色",对齐方式为"左对齐",如图 6.54 所示。

图 6.54　调整标题占位符

③ 单击"幻灯片母板"选项卡的"插入占位符"按钮,然后在幻灯片编辑窗格中单击或按住鼠标左键拖动,插入一个占位符,将插入的占位符拖动到蓝色矩形框上方,并删除占位符内的所有内容。调整占位符的大小,使之与蓝色矩形框匹配。单击"开始"选项卡,在"字体"功能区将占位符的字体设置为"微软雅黑",字号为"32",颜色为"白色",对齐方式为"居中",如图 6.55 所示。

新增加的占位符
(用于放置编号)

图 6.55　添加并调整编号占位符

（4）单击"幻灯片母板"选项卡的"关闭母版视图"按钮，回到普通视图。在左侧的幻灯片浏览窗格中，选择第3页幻灯片，右击，从弹出菜单中单击"版式"菜单项中的"仅标题"命令，将本页幻灯片的版式改为刚才设计好的"仅标题"版式。在幻灯片编辑窗格（即主要工作界面）中，删除原有的标题"全年营业额"。单击灰色标题栏（即有"单击此处添加标题"的提示处），会出现一个虚线矩形框（即占位符），如图6.56所示。在该占位符中输入"全年营业额"字样。用鼠标单击蓝色标题栏区域，在占位符中输入数字"1"。

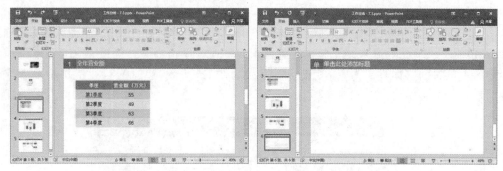

图 6.56　调整幻灯片版式和新建一个"仅标题"版式的幻灯片

（5）通过同样的操作，将第4～5页幻灯片的版式重新设置为"仅标题"，并调整标题的编号和内容。

（6）新建一个版式为"仅标题"的幻灯片，可以看到新建的幻灯片，使用了刚才设计的版式内容。

（7）为"仅标题"版式设置背景，使所有使用"仅标题"版式的幻灯片均设置成该背景。单击"视图"选项卡的"母版视图"功能区中的"幻灯片母版"按钮，在左侧的幻灯片母版浏览窗格中，选择"仅标题"版式，右击，从弹出菜单中单击"设置背景格式"菜单项。在右侧打开的"设置背景格式"窗格中，选择"渐变填充"，预设渐变设置为"顶部聚光灯-个性色1"。可以根据需要调整颜色，或者采用图案填充的方式设置背景，如图6.57所示。

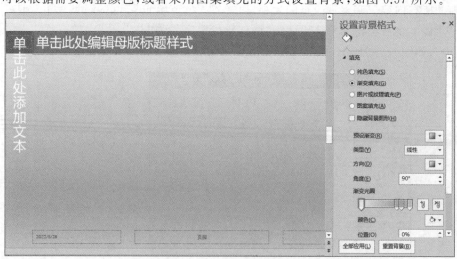

图 6.57　为"仅标题"版式填充背景颜色

大学计算机基础与计算思维

（8）关闭幻灯片母版，回到普通视图，查看"全年营业额"和"第1季度营业额"幻灯片，其背景和"仅标题"版式的背景是一致的，如图6.58所示。

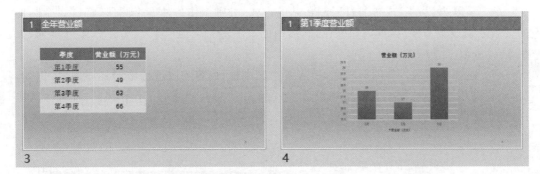

图 6.58　采用"仅标题"版式的幻灯片，其背景均与版式的背景一致

【例 6-11】　综合使用文本、SmartArt 和版式等知识，完成工作总结的"存在的问题"和"改进措施"幻灯片的内容。

（1）单击"插入"选项卡的"新建幻灯片"按钮，新增一个"仅标题"版式的幻灯片。在标题栏的占位符中分别输入"2"和"存在的问题"。

（2）编辑幻灯片内容。插入一个"水平层次结构"的 SmartArt，分别输入相关内容。第一层内容为"存在的问题"；第二层内容分别为"思想方面"和"业务方面"；"思想方面"对应的第三层内容分别为"创新意识不够"和"工作不够严谨"，"业务方面"对应的第三层内容分别为"团队协作不够"和"市场调研不充分"。

（3）调整 SmartArt 的位置和大小。按住 **Shift** 键，分别选中 SmartArt 第三层的 4 个对象，在"格式"选项卡中将其形状填充颜色设置为浅绿色。选择 SmartArt，将字体大小设置为 20，如图 6.59 所示。

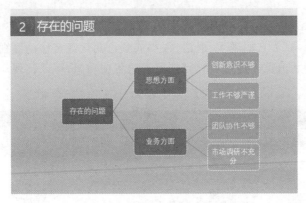

图 6.59　"存在的问题"幻灯片效果图

（4）单击"插入"选项卡的"新建幻灯片"按钮，新增一个"仅标题"版式的幻灯片。在标题栏的占位符中分别输入"3"和"改进措施"。

（5）在新增的幻灯片中，单击"插入"选项卡的"形状"按钮，按住 **Shift** 键，插入一个正圆形形状。选中刚刚插入的圆形，通过"格式"选项卡，将形状样式设置为蓝色，高度和宽度均为"1厘米"。双击圆形,或者在圆形上单击右键后在菜单中单击"编辑文字"菜单项,输入文字"1"。

(6) 重复第(5)步,或者通过复制粘贴的方式,分别制作另外3个圆形,将这3个圆形的背景分别设置为橙色、黄色和绿色,圆形内的文字分别为"2""3""4",并分4行排列,如图6.60所示。

(7) 在4个带编号的图形后面,插入4个文本框,内容为改进措施的具体内容,例如,"不断提高创新意识,探索新的市场渠道。""在工作中培养严谨的工作作风。""加强团队协作,提高团队战斗力。"和"每年开展2次以上的市场调研,充分了解行业需求。",如图6.61所示。

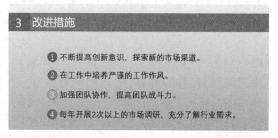

图6.60 制作4个带编号的图形　　　　图6.61 "改进措施"幻灯片效果图

6.4 动画和幻灯片切换

6.4.1 动画

在PowerPoint中,可以将演示文稿中的文本、图片、形状、表格、SmartArt图形和其他对象制作成动画,赋予它们进入、退出、大小或颜色变化甚至移动等视觉效果,使演示文稿更生动形象地展示信息。通过"动画"选项卡的各项功能,可以实现动画效果的设置,如图6.62所示。

图6.62 "动画"选项卡的命令

PowerPoint中有以下4种不同类型的内置动画效果,如图6.63所示。

(1) 进入效果:使对象逐渐淡入焦点、从边缘飞入幻灯片或者跳入视图中。

(2) 强调效果:使对象缩小或放大、更改颜色或沿着其中心旋转。

(3) 退出效果:使对象飞出幻灯片、从视图中消失或者从幻灯片旋出。

大学计算机基础与计算思维

（4）动作路径：指定对象或文本沿规定的路径移动。使用这些效果可以使对象上下移动、左右移动或者沿着星形或圆形图案移动（与其他效果一起）。

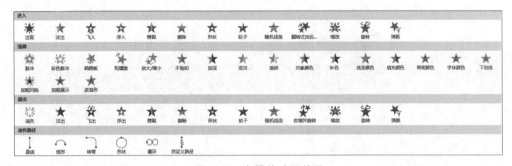

图 6.63　内置的动画效果

任何对象可以单独使用任何一种动画，也可以将多种动画效果组合在一起。例如，可以对一行文本应用"浮入"进入效果及"放大/缩小"强调效果，使它在从下侧浮入的同时逐渐放大。

在选择了需要设定动画的对象之后，可以在"动画"选项卡中进行设定动画、动画效果，还可以设置高级动画、计时和动画预览。

【例 6-12】　在"优化工作流程"幻灯片中，为流程图添加动画，并设置动画效果。

（1）选择"优化工作流程"幻灯片，并选择流程图。

（2）单击"动画"选项卡，在"动画"功能区中选择"浮入"效果。在"效果选项"中，将方向设置为"上浮"，序列设置为"逐个"。"计时"功能区中的"开始"设置为"单击时"（即使用鼠标单击一次，就播放一个动画效果）。单击"动画窗格"按钮，在右侧打开的"动画窗格"中可以看到，已经设置好了 4 个动画效果（流程图分为 4 个对象，每个对象都有一个"浮入"的动画），每一个动画前都显示其出现的序号，用户可以选择某个动画后，单击"动画窗格"右上方的 ▲▼ 按钮来调整动画出现的次序，如图 6.64 所示。

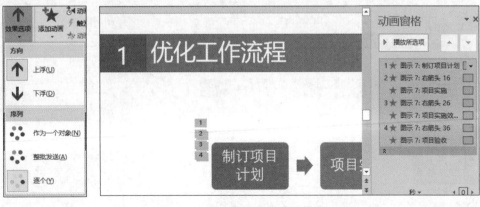

图 6.64　为流程图设置动画效果

（3）选择含有"今年新增了效果调查环节"字样的矩形框，为其设置"飞入"动画效果，将动画计时中的"开始"设置为"上一动画之后"，该动画自动排在前面设置的动画之后。

再通过"添加动画"按钮,为其添加"彩色脉冲"效果,设置该动画的"时间"为"上一动画之后",如图 6.65 所示。目前,矩形框有 2 个动画效果,首先是"飞入"动画效果,然后是"彩色脉冲"动画效果。

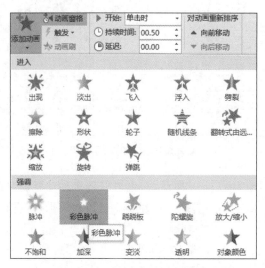

图 6.65　为矩形框设置动画效果

　　(4) 所有动画设置完成后的效果,如图 6.66 所示。单击"动画"选项卡的"预览"按钮,可以预览刚才设置的动画。在幻灯片放映中,对于将动画计时中的"开始"设置为"单击时"的动画,需要通过单击鼠标来执行动画效果。

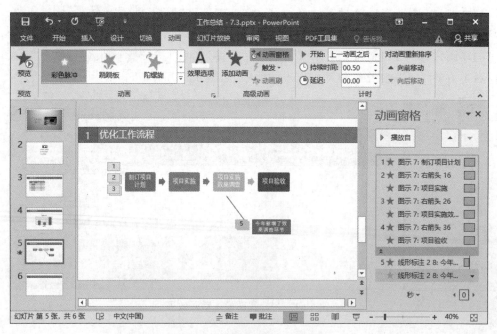

图 6.66　设置动画后的效果

大学计算机基础与计算思维

6.4.2　幻灯片切换

幻灯片切换效果是在播放幻灯片期间从一张幻灯片转换到下一张幻灯片时幻灯片呈现的动画效果。可以控制切换效果的速度,添加声音,甚至还可以对切换效果的属性进行自定义。

在"切换"选项卡中,可以对当前幻灯片的切换效果、声音、持续时间等进行设置,或者预览切换效果,如图 6.67 所示。

图 6.67　"切换"选项卡的命令

【例 6-13】　为所有的幻灯片添加"淡出"切换效果。

(1)在左侧幻灯片浏览窗格中,选中全部的幻灯片,或者按 Ctrl+A 快捷键全选。

(2)单击"切换"选项卡,在"切换到此幻灯片"功能区中,选择"淡出",持续时间设置为 2 秒,在换片方式设置中勾选"单击鼠标时"。

(3)单击"切换"选项卡的"预览"按钮,即可预览当前幻灯片的切换效果。

(4)如果需要对某个幻灯片设置不同的切换效果,可以选择该幻灯片后,按照第(2)步的方法设置切换效果即可。

6.5　幻灯片放映、打印和审阅

6.5.1　放映

选择"幻灯片放映"选项卡,在"开始放映幻灯片"功能区中,有 4 种放映方式:从头开始、从当前幻灯片开始、联机演示、自定义幻灯片放映。还可设置幻灯片放映、隐藏幻灯片、排练计时、录制幻灯片演示,设置监视器等,如图 6.68 所示。

图 6.68　"幻灯片放映"选项卡的命令

【例 6-14】　(1)分别从第 1 页和第 3 页幻灯片,放映整个演示文稿。(2)通过排练计时,录制一个可以自动播放的演示文稿。(3)通过联机演示,让观众在线播放幻灯片。

（1）单击"幻灯片放映"选项卡的"从头开始"按钮，即可从第1页幻灯片开始放映。也可以使用快捷方式 **F5** 开始从头放映。

（2）在幻灯片上任意位置右击，从弹出菜单中单击"结束放映"菜单项，或者直接按 **Esc** 键，退出放映模式。

（3）在左侧幻灯片浏览窗格，先选择第3页幻灯片，然后单击"幻灯片放映"选项卡的"从当前幻灯片开始"按钮，即可从第3页幻灯片开始放映。也可以使用快捷键 **Shift＋F5**，或者单击 PowerPoint 窗口最下方的状态栏附近的"幻灯片放映"按钮（ 图标），执行"从当前幻灯片开始"放映。

（4）在放映过程中，为了突出显示需要说明的内容，可以使用"笔"功能，例如使用激光笔进行提醒，或者使用笔、荧光笔等工具进行标记。在放映模式下，单击屏幕左下方笔按钮（ 标志），选择"激光笔"（或者在幻灯片上任意位置右击，从弹出菜单中单击"指针选项"菜单项的"激光笔"命令），光标会变成一个红色小圆点（模拟激光笔的效果），可以通过移动鼠标将小圆点移动到需要的地方，以吸引观众注意力。也可以在按下 **Ctrl** 键的同时，按住鼠标左键，实现激光笔功能，如图 6.69 所示。

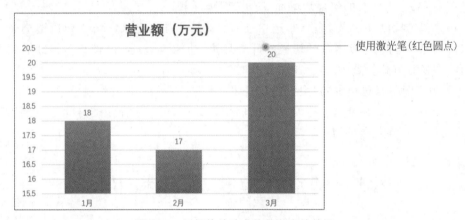

图 6.69　幻灯片放映中使用激光笔效果

（5）排练计时。退出放映模式后，单击"幻灯片放映"选项卡的"排练计时"按钮，即可进入排练计时模式。放映界面左上角会出现一个排练计时控制器，记录每一页幻灯片放映的时间和播放动作。按照正常顺序演示完毕后，系统会提示是否保存幻灯片计时，如图 6.70 所示。如果保存，则下次播放的时候，系统会按照之前录制好的播放时间和动作，自动放映整个演示文稿。

图 6.70　排练计时

（6）联机演示（在以前的版本中称为广播幻灯片）。单击"幻灯片放映"选项卡的"联机演示""Office 演示文稿服务"，可以让远程观众可以通过 Web 浏览器（例如 Microsoft Edge 浏览器、谷歌 Chrome 浏览器等）在线观看电子文稿演示效果。

6.5.2　打印

单击"文件"选项卡的"打印"按钮（快捷键 **Ctrl+P**），即可对演示文稿的打印方式进行设置，并进行打印。设置内容主要包括打印份数、打印机来源（需要至少 1 台联机的打印机）、打印幻灯片的范围（打印全部或者部分幻灯片）、打印版式（整页幻灯片、备注页或者大纲）、打印的排版方式（可将多页幻灯片打印在一张纸上以节省打印纸）、是否双面打印、多页打印的幻灯片排列顺序、颜色（是否彩色打印等）。

如图 6.71 所示的设置为：打印 1 份；只打印第 1～5 张幻灯片；每张打印纸上打印 4 张水平放置的幻灯片（按编号顺序，从左至右，从上至下）；单面打印；纸张方向为横向；黑白打印。

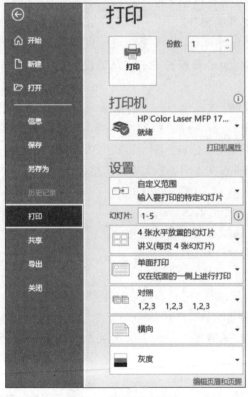

图 6.71　"打印"设置

6.5.3　审阅

当演示文稿制作完毕后，经常会发给其他人进行审阅、修改。单击"审阅"选项卡，可以进行以下操作：校对(拼写检查、同义词库)、翻译、中文简繁体转换、批注、比较(例如比较同一个文件的不同版本之间的区别)、添加墨迹等，如图 6.72 所示。

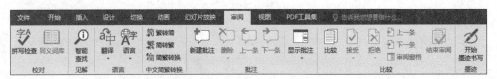

图 6.72 "审阅"选项卡的命令

练习题答案
与解析

6.6 练 习 题

一、单项选择题

1. 在 PowerPoint 中，按快捷键 Ctrl+O 可以进行(　　)。
   A. 播放幻灯片文件的操作　　　　　　B. 打开演示文稿文件的操作
   C. 删除幻灯片的操作　　　　　　　　D. 保存并退出幻灯片文件的操作

2. 在 PowerPoint 中，编辑和查看演示文稿的视图是(　　)。
   A. 普通视图　　　　　　　　　　　　B. 大纲视图
   C. 幻灯片浏览视图　　　　　　　　　D. 备注页视图

3. 在 PowerPoint 中，可以新建一张幻灯片的快捷键是(　　)。
   A. Ctrl+A　　　　B. Ctrl+N　　　　C. Ctrl+M　　　　D. Ctrl+P

4. 若要在幻灯片中插入文本，应选择的操作是(　　)。
   A. "开始"选项卡的"文本框"按钮　　　B. "审阅"选项卡的"文本框"按钮
   C. "格式"选项卡的"文本框"按钮　　　D. "插入"选项卡的"文本框"按钮

5. 需要在幻灯片中同时移动多个对象时，(　　)。
   A. 只能以英寸为单位移动这些对象
   B. 一次只能移动一个对象
   C. 可以将这些对象编组，把它们视为一个整体
   D. 修改演示文稿中各个幻灯片的布局

6. 在使用 PowerPoint 来描述一个具有层次关系的多级部门列表时，最好采用(　　)对象。
   A. 艺术字　　　　　　　　　　　　　B. 表格
   C. 图片　　　　　　　　　　　　　　D. SmartArt 图形

7. 在 PowerPoint 中，当向幻灯片中添加数据表时，首先从电子表格复制数据，然后用"开始"选项卡中的(　　)命令。
   A. 全选　　　　　　B. 清除　　　　　C. 粘贴　　　　　D. 替换

8. 编辑幻灯片母版时，在标题区或文本区添加各幻灯片都共有文本的方法是(　　)。
   A. 使用文本框输入　　　　　　　　　B. 单击直接输入

C. 选择带有文本占位符的幻灯片版式　　　D. 使用模板

9. 在 PowerPoint 中为对象设置动画效果时,要实现动画在幻灯片出现之后自动播放,应该将动画播放的条件设置为(　　)。

　　A. 单击时　　　　　B. 与上一动画同时　　C. 上一动画后　　　　D. 结束前

10. 如果要从一张幻灯片"溶解"到下一张幻灯片,应使用(　　)选项卡进行设置。

　　A. 动作设置　　　　B. 自定义动画　　　　C. 幻灯片切换　　　　D. 切换

11. PowerPoint 要编辑并控制幻灯片播放的任意次序(如 1 4 5 8…),可以设置(　　)。

　　A. 幻灯片间切换的速度　　　　　　　B. 幻灯片的动画效果

　　C. 幻灯片设计模板　　　　　　　　　D. 自定义幻灯片的放映

12. 放映幻灯片时,要从当前页开始播放的快捷键是(　　)。

　　A. F5　　　　　　　B. Shift+F5　　　　　C. F1　　　　　　　　D. Shift+F1

13. 在 PowerPoint 中,需要幻灯片按照预定的时间进行自动连续播放,应该采用(　　)。

　　A. 动画设置　　　　B. 排练计时　　　　　C. 自定义放映　　　　D. 联机演示

14. 幻灯片放映时使光标变成"激光笔"效果的操作是(　　)。

　　A. 按 Ctrl+F5

　　B. 按 Shift+F5

　　C. 按住 Ctrl 键的同时,按住鼠标的左键

　　D. 单击"幻灯片放映"选项卡的"自定义幻灯片放映"按钮

15. 打印幻灯片的快捷键是(　　)。

　　A. Ctrl+P　　　　　B. Ctrl+S　　　　　　C. Ctrl+A　　　　　　D. Ctrl+V

二、操作题

1. 选择"离子"主题,制作一个新能源乘用车市场分析报告 PPT,包括封面、目录,要求使用文本框和文字列表,如图 6.73 所示。

 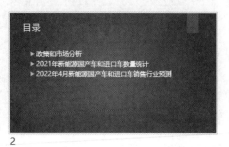

图 6.73　封面和目录幻灯片效果图

2. 在第 1 题的基础上,使用图片、SmartArt(水平图片列表)制作一张"政策和市场分析"幻灯片,如图 6.74 所示,并使用动画效果;使用图表制作一张"2021 年新能源国产车和进口车数量统计"的幻灯片,使用表格制作一张"2022 年 4 月新能源国产车和进口车销售行业预测";对所有的幻灯片使用"推进"切换效果。

3. 在第 2 题的基础上,进行以下操作:

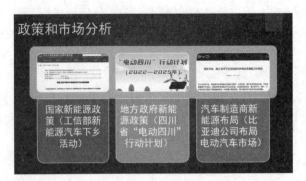
图 6.74 "政策分析"幻灯片效果图

（1）分别使用快捷键从头开始播放、从第 3 页开始播放；

（2）使用联机演示方式向远程用户进行演示；

（3）进行打印设置，将"2 张幻灯片"打印在一张纸上；

（4）将演示文稿另存为 PDF 格式，并通过电子邮箱发送给其他人。

答辩 PPT 制作（版式设计）微课视频

答辩 PPT 制作（文字与图片）微课视频

答辩 PPT 制作（表格与图形）
微课视频

答辩 PPT 制作（动画切换与放映）
微课视频

演示文稿常用操作技巧
微课视频

第 **7** 章 计算机网络基础

计算机网络是计算机技术和通信技术相结合的产物。随着计算机技术和通信技术的发展，计算机网络已经成为信息存储、传播和共享的核心，是实现信息化、发展数字经济的重要基础。计算机网络对社会生活和经济的发展已经产生了巨大的影响，从某种意义上讲，计算机网络的发展水平已经成为衡量一个国家国力及现代化发展水平的重要标志之一。

7.1 计算机网络概述

7.1.1 计算机网络的定义

课堂练习

计算机网络是指将地理位置不同、功能独立的多台计算机及其外部设备，通过通信设备和线路连接起来，以功能完善的网络管理软件在网络通信协议的管理和协调下，实现网络的硬件、软件及资源共享和信息传递的系统。

从上述定义可以看出，建立计算机网络的目的在于实现资源共享和信息传递，其中资源共享，包括硬件、软件、数据等方面的共享。

一个典型的计算机网络通常由以下几个部分组成。

（1）多台功能独立的计算机（包括外部设备）。

（2）通信设备和线路组成的通信子网。

（3）网络管理软件（包括网络操作系统）。

7.1.2 计算机网络的发展与起源

课堂练习

在计算机发展早期，计算机主要用于科学计算。随着计算机应用的不断发展，其应用规模和用户需求不断增大，单机处理完全无法满足用户使用需求，人们希望将位于不同地理位置的计算机连接起来，以实现资源共享，于是计算机网络应运而生。

计算机网络的发展经历了以下 4 个阶段。

1. 以单个主机为中心的远程联机系统

20 世纪 50 年代初期，美国军方建立了半自动地面防空系统（Semi-Automatic

Ground Environment,SAGE),SAGE 系统的研发是计算机技术和通信技术相结合的尝试。SAGE 系统将每个防区内的雷达观测站和其他外部设备的信息,通过通信线路连接汇集到指挥中心的 IBM 计算机上,由计算机程序辅助指挥员做出相应决策。

SAGE 系统第一次实现了计算机远程集中控制和人机交互,这就是计算机网络的雏形。这个时期的计算机网络,只有一台主机和若干个终端。终端是指处于不同地理位置、通过网络连接到主机的外部设备,包括显示器、键盘等。由于终端设备不具备独立的数据处理能力,因此并不是真正意义上的计算机网络,只是计算机网络的萌芽阶段,通常将这个阶段的计算机网络称为"面向终端的计算机网络",其结构如图 7.1 所示。

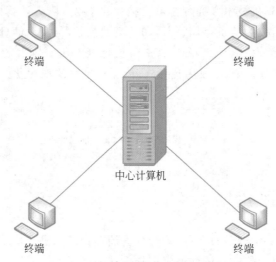

图 7.1　面向终端的计算机网络

除了 SAGE 系统,20 世纪 60 年代初美国航空公司与 IBM 联合开发的飞机订票系统(Semi-Automatic Business Research Environment,SABRA),同样是由一台主机和全美范围内 2000 多个终端组成,这些终端只包括监视器和键盘,没有 CPU 和内存等。此外,美国通用电气公司的信息服务网也是这阶段的典型代表。

2. 多台主机互联的通信系统

20 世纪 60 年代后期,美国国防部高级研究计划局(DARPA)提出了将大学、企业和科学研究所的多台计算机互联,实现数据共享。1969 年,DARPA 成功开发并建设了 **ARPANET**。ARPANET 最初只有 4 台节点主机,通过电话线路互联,构成了早期的计算机网络,其结构如图 7.2 所示。到 1973 年,已经有 40 台节点主机与 ARPANET 互联。1983 年,ARPANET 已经横跨美国东西部,连接了美国主要的政府机构、科研院所、教育及财政金融机构和大学,将 100 多台不同型号的大型计算机互联,并且通过卫星通信与其他国家实现了网际互联。

ARPANET 具有资源共享、分散控制、分组交换、专门的通信控制处理机、分层的网络协议等特点,它的成功标志着计算机网络的发展进入了一个新纪元,使计算机网络的概念发生了根本性的变化。ARPANET 被认为是 Internet 的前身,其特点也就成为了现代

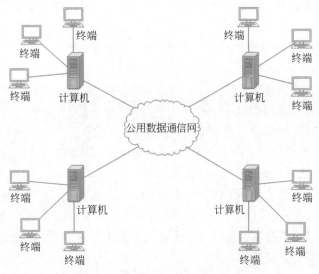

图 7.2 ARPANET 结构

计算机网络的基本特点。

到 20 世纪 70 年代,各发达国家的政府部门、科研机构以及大型计算机公司开始研发分组交换网络,通过分组交换技术,在发送端把要发送的数据划分为长度固定的数据段,每一个数据段前面加上头部信息组成一个完整的"分组",每个分组独立进行路径选择和数据传输,利用存储-转发方式,将各个分组传输到目的地。于是出现了多种不同类型的网络,如英国的 EPSS 公用分组交换网络、法国的 Cyclades 分布式数据处理网络、加拿大的 Datapac 公用分组交换网络等。

这个阶段出现的网络都实现了计算机之间的远程数据传输与资源共享两项功能。实现网络通信功能的设备及其软件的集合称为网络的通信子网,设备主要包括集线器、网桥、路由器、网关等硬件设备;实现资源共享功能的设备及其软件的集合称为资源子网,主要由服务器、工作站、共享打印机等及相关软件所组成。用户能够共享资源子网内的所有软硬件资源,故这个阶段的网络又称为"面向资源子网的计算机网络"。

3. 国际标准化的计算机网络

计算机网络发展的第二阶段,各国政府、计算机公司和相关研究部门都投入了大量的人力、物力和财力进行计算机网络系统结构的研究,并提出了各种不同体系结构的网络系统,但没有形成统一的标准,于是各网络体系内部的互联非常容易,而不同网络体系之间根本无法互联。

在这种情况下,为了使不同的网络体系结构能够互联,国际标准化组织(ISO)于 1977年成立了专门的机构来研究和制定网络通信的标准,并于 1983 年正式颁布了"开放式系统互联参考模型"(Open System Interconnection/Reference Model,OSI/RM)。OSI/RM是一种概念上的网络模型,该模型为研究、设计、改造和实现新一代计算机网络系统提供了功能上和概念上的指导性框架标准。它作为全球网络体系的工业标准,规定了网络体系结构的框架,保证了不同网络设备间的兼容性和互操作性,极大地促进了计算机网络技术的发展。

20 世纪 80 年代,为使多台计算机的资源能在一定范围内共享,或能与外部计算机共同完成科学研究项目,一些大学和科学研究所开始了局域网的研究。其中美国加州大学的 Newhall 环网、英国剑桥大学的 Cambridge Ring 环网和美国 XEROR 公司的 Ethernet 网都是这一时期典型的局域网。

同时,这个阶段解决了计算机网络间互联标准化问题,各个网络使用统一的网络体系结构并遵循国际开放式标准,实现了"网与网相连,异构网相连"。但随着计算机技术、网络互联技术和通信技术的高速发展,OSI/RM 并未得到广泛应用,出现了传输控制协议/网际协议(Transmission Control Protocol/Internet Protocol,TCP/IP)支持的全球互联网。它是为 Internet 开发的第一套工业标准协议集,1983 年正式用于 ARPANET 网络,解决了不同类型不同规模的计算机网络相互通信的问题,在世界范围内获得广泛应用,并朝着更高速、更智能的方向发展。

4. 以下一代互联网络为中心的新一代网络

经过 3 个阶段的发展,计算机网络已凸显出它的使用价值和良好的发展前景。特别是 1993 年美国宣布进行国家信息基础设施(National Information Infrastructure,NII)即信息高速公路的建设,极大地推动了计算机网络技术的发展。

下一代网络是全球信息基础设施(GII)的具体实现。它规范了网络的部署,通过采用分层、分面和开放接口的方式,为网络运营商和业务提供商提供了一个平台。计算机网络正朝着高速化、智能化、个性化和业务综合化的方向不断发展。目前基于 IPv6(Internet Protocol version 6,IPv6)技术的发展,使人们坚信发展 IPv6 技术将成为构建高性能、可扩展、可运营、可管理、更安全的下一代网络的基础性工作。

计算机网络诞生于美国,我国虽然起步较晚,但发展却十分迅速且成果斐然。当前我国已经成为名副其实的网络大国,并朝着网络强国迈进。可以预见,未来,网络仍是构建智慧社会的核心基础设施,同时也是一个国家战略新兴产业的重要方向,将会用于支撑更多、更智能的服务和应用。

课堂练习

7.1.3　计算机网络的分类

计算机网络的分类标准很多,本书从网络覆盖范围和网络拓扑结构对计算机网络进行分类。

1. 根据网络覆盖范围分类

（1）局域网

局域网(Local Area Network,LAN)覆盖范围比较小,一般是几十米到几百米,用于连接一个房间、一幢大楼、一个工厂、一所学校或一个社区等。在局域网中,数据的传输速率高,传输可靠性好,各种传输介质可同时使用,建设成本较低。

（2）城域网

城域网（Metropolitan Area Network，MAN）是在一个城市或一个地区范围内所建立的计算机通信网。其覆盖范围介于局域网和广域网之间，从几十千米到上百千米，通常由若干个彼此互联的局域网组成，多用于一个城市内部。所采用的技术与局域网类似，既可以是专用网，也可以是公用网。

（3）广域网

广域网（Wide Area Network，WAN）也称远程网（Long Haul Network）。通常跨越很大的物理范围，所覆盖的范围比局域网和城域网都广，从几十千米到几千千米，能够连接多个城市或国家，提供远距离通信，形成国际性的远程网络。

（4）因特网

因特网（Internet）是全球最大的计算机网络，但实际上并不是一种具体的网络。Internet将全世界各地的广域网、城域网和局域网互联起来，形成一个整体，实现全球范围内的数据通信和资源共享。

2. 根据网络拓扑结构分类

（1）总线型网络

总线型网络是基于多点连接的拓扑结构，将网络中的所有节点设备通过相应的硬件接口直接连接到一条传输线路上，这条传输线路称为总线，其拓扑结构如图7.3所示。

图7.3　总线型网络拓扑结构

总线型拓扑结构的数据传输采用广播式，任何一个节点的数据都能够沿着总线的两个方向传输，数据发送到总线上的所有节点，能被任何一个节点接收。因此，在总线型拓扑结构中，在同一时刻只能允许一对节点占用总线通信，通常采用分布式访问控制策略来协调网络上节点间的数据发送。

总线型拓扑结构简单灵活，容易实现和维护，非常便于扩充，可靠性高，网络响应速度快，同时还具备所需设备量少、价格低、安装使用方便、共享资源能力强等优点，其缺点是一旦发生故障，故障检测与诊断比较困难。

（2）星型网络

星型网络以中央节点为中心，通过通信线路将外围节点连接起来，是一种呈辐射状排列的互联结构，其拓扑结构如图7.4所示。

在星型拓扑结构中，中央节点通常是集线器或交换机等专用计算机设备，中央节点可

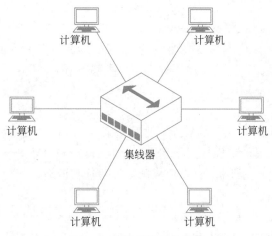

图 7.4　星型网络拓扑结构

与其他节点直接通信,任意两个节点通信都需要通过中央节点,所以中央节点采用集中式通信控制策略。星型拓扑的这种结构非常适用于局域网,特别是近年来组建的局域网大都采用这种连接方式。

星型拓扑具有结构简单、易于故障的诊断与隔离、易于网络的扩展、便于管理等优点,普通节点的故障不会影响到网络的其他节点,但中央节点一旦发生故障就会导致整个网络瘫痪,对中央节点的依赖和要求很高。

(3) 环型网络

环型网络是各节点通过通信线路首尾相连形成一个闭合环状结构。环型网络中的各节点通过环路接口相互连接,数据沿着环路依次通过每个节点计算机直接到达接收数据的计算机,其拓扑结构如图 7.5 所示。

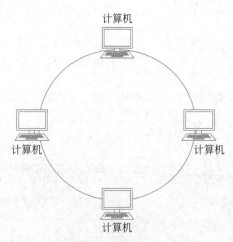

图 7.5　环型网络拓扑结构

环路上任何节点均可以请求发送信息,网络中的信息传输方向是固定的。因此环型拓扑结构特别适合实时控制的局域网系统。在环型结构中,每个节点都与另外两个节点

大学计算机基础与计算思维

相连，每个节点的接口适配器必须接收到数据后再发往下一个节点。因为任意两个节点之间都有电缆，所以能够获得好的数据传输性能。

环型网络信息传输路径选择和控制软件都很简单，但是由于环路中的信息是沿着一个方向绕环路逐站传输，导致它不易扩充、节点越多响应时间也越长。此外环型拓扑的抗故障性能也较差，网络中的任意一个节点或一条传输介质出现故障都将导致整个网络的瘫痪。

（4）树型网络

树型网络是星型拓扑结构的发展和扩充，其拓扑结构像一棵倒挂的树，顶端叫根节点，根节点带有分支，每个分支都可以再带有分支，其拓扑结构如图 7.6 所示。

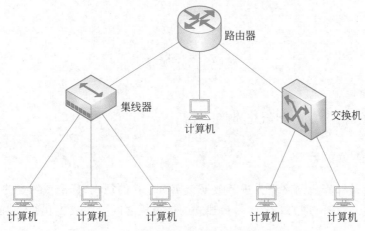

图 7.6　树型网络拓扑结构

树型拓扑的传输介质可有多条分支，不形成闭合回路，它是一种分层网络结构，各节点之间按层级进行连接，数据主要在上下级节点之间进行交换，同层和相邻节点不进行数据交换。一般一个分支或节点的故障不会影响其他分支或节点的工作，同时，任何一个节点的信息都可以通过根节点向全树广播，它也属于广播式网络。

树型网络具有扩充方便灵活、成本低、易推广、易维护等优点，但是在资源共享能力、可靠性、传输时间上明显不如其他拓扑结构，并且它对根节点的依赖过大。

（5）网状拓扑结构

网状拓扑结构是一种无规则的拓扑结构，节点之间的连接是任意的，没有规律，其拓扑结构如图 7.7 所示。

网状拓扑的主要优点是系统可靠性高。一般通信子网中任意两个节点之间都存在至少两条及以上通信线路，当一条线路发生故障时，可以通过另外的线路将信息发送至目的节点。网络可组建成各种形状，采用多种通信信道、不同的传输速率。网内节点之间资源共享十分容易，并且可以改善线路的信息流量分配，通过调度算法可选择最佳路径，数据传输延迟小，目前的广域网基本上都采用网状拓扑结构。但是，网状拓扑结构的控制算法很复杂，不易扩充且线路费用较高。

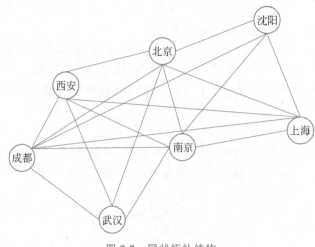

图 7.7　网状拓扑结构

7.1.4　网络协议及体系结构

1. 网络协议的定义

网络协议是计算机网络中为进行数据交换而建立的规则、标准或约定的集合,即计算机网络中传递、管理信息的规范。每台独立的计算机之间要完成相互通信,必须要遵守网络协议。

2. 网络协议的组成要素

(1) 语义。语义是解释控制信息每个部分的意义,规定了需要发出何种控制信息,以及完成什么动作与做出什么样的响应。

(2) 语法。语法是用户数据与控制信息的结构与格式,以及数据出现的顺序。

(3) 时序。时序是对事件发生顺序的详细说明。

可以形象地把这三个要素描述为:语义表示要做什么,语法表示要怎么做,时序表示按什么顺序来做。

3. OSI/RM 参考模型

OSI/RM 共分为七层,由下至上分别是物理层、数据链路层、网络层、传输层、会话层、表示层和应用层,如图 7.8 所示。

(1) 物理层

物理层位于七层中的最底层,在物理信道上传输原始的数据比特(bit)流,提供为建立、维护和拆除物理链路连接所需的各种传输介质、通信接口特性等。因此,数据链路层

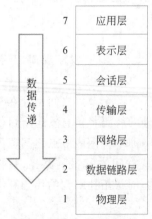

7	应用层	
6	表示层	
5	会话层	
4	传输层	
3	网络层	
2	数据链路层	
1	物理层	

数据传递

图 7.8　OSI/RM 参考模型

大学计算机基础与计算思维

及以上各层都不需要关注传输媒体的选择,任何传输媒体都将被看作是一个比特流管道。

(2)数据链路层

在物理层提供比特流服务的基础上,数据链路层负责建立相邻节点之间的数据链路,通过差错控制保证数据帧在信道上无差错地传输,并进行数据流量控制。因此,网络层及以上各层不再需要考虑传输中的出错问题,而认为下面是一条不会出错的数据传输信道。

(3)网络层

网络层为传输层的数据传输提供建立、维护和终止网络连接的手段,把来自传输层的数据,组织成分组或数据包(Packet)在节点之间进行交换传送,并且负责路由控制和拥塞控制。由此,传输层以上各层设计时不再需要考虑传输路由。

(4)传输层

传输层为上层提供端到端(最终用户到最终用户)的透明的、可靠的数据传输服务。所谓透明的传输是指在通信过程中传输层对上层屏蔽了通信传输系统的具体细节,保证了发送端和接收端之间的无差错传输,解决数据包的丢失、错序、重复等问题。

(5)会话层

会话层建立在两个互相通信的应用进程之间,为表示层提供建立、维护和结束会话连接的功能,并提供会话管理服务。

(6)表示层

表示层为应用层提供信息表示方式的服务,解决用户信息的语法表示问题,如数据格式的变换、文本压缩和加密技术等。

(7)应用层

应用层是 OSI/RM 的最高层,确定进程之间的通信性质满足用户的需要,负责信息的语义表示,并在两个进程间进行语义匹配。也就是说,应用层用于为网络用户或应用程序提供各种服务,如文件传输、电子邮件(E-mail)、分布式数据库以及网络管理等。

4. TCP/IP 参考模型

由于 OSI 模型和协议比较复杂,所以并没有得到广泛的应用。而 TCP/IP 模型因其开放性和易用性在实践中得到了广泛的应用,TCP/IP 协议也成为了互联网的主流协议。

TCP/IP 模型分为四层,由下至上分别是链路层、网络层、传输层和应用层,如图 7.9 所示。

| 应用层(Telnet、FTP、SMTP 等) |
| 传输层(TCP 或 UDP) |
| 网络层(IP) |
| 链路层 |

图 7.9　TCP/IP 参考模型

OSI/RM 七层模型与 TCP/IP 四层模型的对应关系如表 7.1 所示。

表 7.1 OSI/RM 七层模型与 TCP/IP 四层模型的对应关系

OSI/RM 七层模型	TCP/IP 四层模型
应用层	应用层
表示层	
会话层	
传输层	传输层
网络层	网络层
数据链路层	链路层
物理层	

5. TCP/IP 协议簇

TCP/IP 是一个协议簇,包括很多个协议,TCP 和 IP 是最为重要的两个协议,其中 TCP 是传输控制协议,而 IP 是网际协议,这个协议簇常见的协议包括以下几种。

(1) HTTP

HTTP 是一种在 Internet 中从 WWW 服务器把超文本传输到本地浏览器的传输协议。HTTP 通常运行在 TCP 之上,采用请求/响应模型,使浏览器更加高效,同时减少网络传输。

任何 WWW 服务器除了包括 HTML 文件以外,都有一个 HTTP 驻留程序,用于响应用户请求。当浏览器作为 HTTP 客户,输入了一个地址或单击了一个超级链接时,浏览器会向服务器发送 HTTP 请求,请求被送往由 IP 地址指定的统一资源定位器(Uniform Resource Locator,URL)。驻留程序接收到请求并进行必要的处理后,回送所要求的文件。

(2) HTTPS

HTTPS 是在 HTTP 的基础上和 SSL/TLS 证书结合起来的一种协议,保证了传输过程中的安全性,减少了被恶意劫持的可能,很好地解决了 HTTP 的 3 个缺点(即被监听、被篡改、被伪装)。HTTPS 存在不同于 HTTP 的默认端口及一个加密/身份验证层,被广泛用于万维网上安全敏感的通信,例如交易支付等方面。

(3) TCP

TCP 协议提供了一种可靠的数据流服务。TCP 采用"带重传的肯定确认"机制来实现传输的可靠性,并使用"滑动窗口"的流量控制机制来提高网络吞吐量。TCP 通信建立实现了一种"虚电路"的概念,双方通信前,先建立一条链接,双方可以在链接上发送数据流,这种数据交换方式能够有效提高数据传输效率。

(4) IP

IP 协议将多个网络连成一个互联网,把高层的数据以多个数据包的形式通过互联网分发出去。IP 协议的基本任务是通过互联网传输数据包,各个 IP 数据包之间是相互独立的。

（5）UDP

UDP 协议是对 IP 协议组的扩充，在该协议中，发送方可以区分一台计算机上的多个接收者。每个 UDP 报文除了包含数据外还有报文目的端口和源端口编号，从而实现把报文传输给正确的接收者，同时接收者给出应答。由于 UDP 的这种扩充，使得在两个用户进程之间传输数据包成为可能。

（6）FTP

FTP 协议是用于在网络上进行文件传输的一套标准协议，使用 TCP 协议进行传输，客户在和服务器建立连接前要经过一个"三次握手"的过程，保证客户与服务器之间的连接是可靠的，而且是面向连接的，为数据传输提供可靠保证。

（7）SMTP

SMTP 是一组用于从源地址到目的地址传送邮件的规则，对信件的中转方式进行控制。它是用来发送电子邮件的协议，帮助每台计算机在发送或中转信件时找到下一个目的地。

（8）POP3

POP3 主要用于支持使用客户端远程管理在服务器上的电子邮件，它是因特网电子邮件的第一个离线协议标准，POP3 协议允许用户从服务器上把邮件存储到本地主机上，并根据客户端的操作来删除或保存在邮件服务器上的邮件。

（9）DNS

DNS 协议即域名服务协议，它提供从域名到 IP 地址的转换，允许对域名资源进行分散管理。DNS 最初设计的目的是使邮件发送方知道邮件接收主机及邮件发送主机的 IP 地址，后来发展成可服务于其他许多目标的协议。

7.2 局 域 网

7.2.1 局域网简介

课堂练习

局域网是在一个有限的地理范围内将各种计算机、外部设备以及数据库等互相连接起来而组成的封闭型计算机通信网。

局域网一般为一个部门或单位组建，建网、维护以及扩展等都比较容易，系统灵活性高。局域网的主要功能是实现局域网内的网络通信和资源共享，局域网内的用户可以通过局域网实现资源共享，包括硬件、软件及数据等资源的共享。在局域网内的用户可以共享硬件资源，如外部存储器、绘图仪、激光打印机、扫描仪等外部设备，也可以共享局域网内的系统软件和应用软件，还可以共享局域网内的数据库，避免重复投资或劳动。用户还可以通过一台主机或专用计算机上网，共享 Internet 资源。

两台及以上的计算机都可以通过传输介质组建局域网，其主要特点如下。

（1）覆盖的地理范围有限，用于在有限范围内的计算机及其他联网设备的联网需求。

（2）可以支持多种传输介质。

（3）局域网内的数据传输速率高,通信延迟时间短,误码率低,数据传输质量高。

（4）组建、维护和扩展都比较容易,且具有较高的可靠性和安全性。

7.2.2　局域网基本组成

局域网由硬件和软件两部分组成,典型的局域网组成如图 7.10 所示。

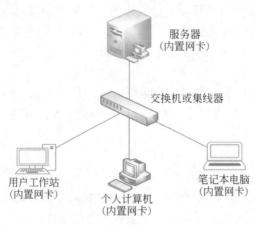

图 7.10　常见的局域网组成

其中软件主要有网络操作系统、控制信息传输的网络协议及相应的协议软件、大量的网络应用软件等,硬件包括服务器、工作站、传输介质、网卡、网络交换机或集线器、网关等。

1. 服务器

在服务器上一般运行网络操作系统并且可以提供硬盘、文件数据及打印机共享等基础服务功能,是局域网的控制核心。

服务器可分为文件服务器、打印服务器、通信服务器、数据库服务器、Web 服务器、FTP 服务器和 E-mail 服务器等。文件服务器是局域网上最基本的服务器,用来管理局域网内的文件资源;打印服务器则为用户提供网络共享打印服务;通信服务器主要负责本地局域网与其他局域网、主机系统或远程工作站的通信;而数据库服务器则是为用户提供数据库检索、更新等服务;Web 服务器、FTP 服务器和 E-mail 服务器主要提供网页访问、文件传输和电子邮件等服务。

2. 工作站

工作站也称为客户机(Client),可以是个人计算机,也可以是图形工作站等专用计算机。工作站通过相应的网络软件,访问服务器提供的共享资源,常见有 Windows 工作站、Linux 工作站等。

3. 网卡

网卡是将服务器和工作站连接到网络的接口部件,局域网内的通信一般都由网卡来完成。它主要实现局域网内数模转换(将离散的数字信号转换为连续变化的模拟信号)、资源共享与通信、数据转换与电信号匹配等功能,图7.11是常见的PCI插槽网卡。

图 7.11　PCI 插槽网卡

4. 传输介质

常用的传输介质有双绞线、同轴电缆、光纤等有线传输介质,以及在无线网络中使用的无线传输介质。图7.12为常见的双绞线和同轴电缆,我们通常使用的网线就是双绞线。双绞线由两根绝缘导线互相绞合为一组,一根网线中有4组双绞线。双绞线可分为无屏蔽双绞线和屏蔽双绞线,其中屏蔽双绞线在无屏蔽双绞线基础上增加了一层金属屏蔽护套,从而抗干扰性得到了增强,可以在一定程度上提高带宽。

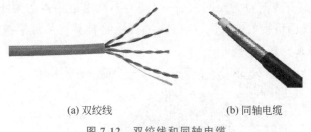

(a) 双绞线　　　　　　　　　(b) 同轴电缆

图 7.12　双绞线和同轴电缆

5. 交换机或集线器

集线器又叫 Hub,能够将多条线路的端点集中连接在一起。集线器可分为无源和有源两种。无源集线器只负责将多条线路连接在一起,不对信号作任何处理。有源集线器具有信号处理和信号放大功能。交换机采用交换方式进行工作,能够将多条线路的端点集中连接在一起,并支持端口工作站之间的多个并发连接,实现多个工作站之间数据的并发传输,可以提高局域网带宽,改善局域网的性能和服务质量。

集线器多采用广播方式工作,因此同一时候集线器只能工作在半双工模式下,而交换机每一个端口都独占一条带宽,当两个端口工作时并不影响其他端口,所以交换机不但能够工作在半双工模式下,也能够工作在全双工模式下。

连接到同一集线器的所有工作站共享集线器的传输速率,连接到同一交换机的所有工作站都具有与交换机相同的传输速率。

6. 网关

网关(Gateway)又称网间连接器、协议转换器,是两个网络连接的关口。

网关是负责数据转换的计算机系统或设备,在使用不同的通信协议、数据格式或语言,甚至体系结构完全不同的两种网络之间,网关将收到的信息重新打包,翻译成适应目的系统的信息。因此使用 TCP/IP 时需要设置好网关的 IP 地址,才能实现不同网络之间的相互通信。

网关一般是路由器、启用了路由协议的服务器或者代理服务器,这些设备实现不同网段之间的数据包路由和转发,通过这些路由设备将多个网络连接成互联网,而这些路由设备的 IP 地址就是网关地址。

课堂练习

7.2.3 无线局域网

无线局域网是指应用无线通信技术将计算机设备相互连接起来,构成可以互相通信和实现资源共享的网络体系。无线局域网不使用任何导线或传输电缆连接,而使用无线方式作为数据传送的媒介,传送距离一般只有几十米。

无线局域网一般由无线路由器或无线访问接入点(Access Point,AP)和无线网卡组成。如果把无线网卡看作有线网络中的以太网卡,那么 AP 就是有线网络中的集线器或路由器。AP 是连接有线网和无线网的桥梁,其主要作用是将各个无线网络客户端连接到一起,然后将无线网络接入以太网(Ethernet,是一种计算机局域网技术),图 7.13 所示为一个典型的家庭无线局域网。

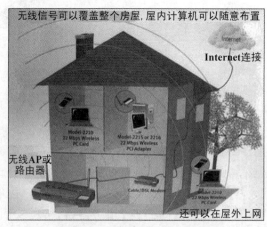

图 7.13 家庭无线局域网

7.2.4　局域网的组建

1. 准备设备和材料

组建小型局域网需要的主要设备和材料包括计算机(含网卡)、网线(含水晶头)、交换机(或带有网络交换功能的路由器)、共享设备(如打印机、扫描仪)等。

(1) 网卡

网卡主要有 100M 和 100M/1000M 自适应两种,大多数计算机的主板自带网卡,一般不需要另外购买安装。

(2) 网线

市面上网线种类繁多,在购买时应注意辨别,劣质的网线可能造成网络故障频繁发生。组建小型局域网时建议采购正规厂家的成品网线,如图 7.14 所示,成品网线自带机器压制的水晶头,节省了购买专用网线钳的费用,同时也降低了手工制作水晶头导致网络故障发生的风险。

(3) 交换机

小型局域网的交换设备可以使用交换机,建议选择 8 口或 8 口以上的 1000M 交换机。如果接入的有线设备很少(少于 4 台),同时又需要通过无线方式接入,也可以考虑使用带有网络交换功能的无线路由器替代交换机。

小型局域网通常选用星型结构,星型结构的局域网大多使用双绞线。由于屏蔽双绞线成本较高,安装比较复杂,而小型局域网结构简单、设备少,可以使用非屏蔽双绞线。

2. 进行设备连接

在计算机、设备和材料全部就位后,需要合理部署交换机的位置,部署原则是尽量使每台联网设备距离交换机不要太远,根据场地实际情况合理布线,并用网线将若干台联网设备连到交换机上,如图 7.15 所示的是将网线连入交换机。

图 7.14　自带水晶头的成品网线

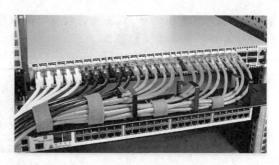

图 7.15　将网线连入交换机

随后再将网线的另一端插入联网设备,正常情况下,连接好网线,网卡提示灯开始闪烁。

3. 参数设置

设备连接好以后,需要进行相关参数设置,一般可以通过自动获取 IP 地址或者手动设置 IP 地址来完成。这两种方式都需要完成 IP 地址、子网掩码、网关地址和 DNS 服务器地址的设置,且各有利弊。

自动获取 IP 地址是通过动态主机配置协议(Dynamic Host Configuration Protocol,DHCP)实现,服务器或代理服务器软件自动为接入网络的计算机分配 IP 地址、子网掩码和默认网关。计算机的 IP 地址由 DHCP 服务器或代理服务器动态分配,可以快速完成大量计算机网络的设置。

右击计算机右下角的"Internet 访问",进入"打开'网络和 Internet 设置'",找到"IP 设置",打开设置页面,如图 7.16 所示。在"编辑 IP 设置"中可选择"手动"并输入分配的 IP 地址和子网掩码,或者选择"自动(DHCP)"方式。

手动设置需要人为分配 IP 地址、子网掩码和默认网关,并对计算机进行操作和配置。计算机的 IP 地址人为指定,可以对计算机进行固定管理,具体操作界面如图 7.16 所示。

图 7.16　网络参数设置

静态地址的 IP 地址的范围值是 192.168.80.1~192.168.80.254,必须保证每台接入设备的 IP 地址不相同,子网掩码统一设置为"255.255.255.0"。

4. 测试设备连通性

按 Win+R 快捷键打开"运行"窗口,在窗口中输入"cmd"命令,打开"命令提示符"窗口,在命令行输入"ping *.*.*.*",其中"*.*.*.*"为设备对应的网关地址,如果能够得到如图 7.17 的返回信息,则说明该设备已经成功连入局域网;如果返回结果为"请求超时",则说明该设备未连入局域网。

图 7.17　设备接入局域网测试的返回信息

7.3　Internet

7.3.1　Internet 概述

课堂练习

Internet 实际上是一个应用平台,它的诞生改变了人们工作、学习和生活的方式,其主要作用是实现通信和资源共享,包括获取与发布信息、电子邮件、网上交际、电子商务、网络电话、网上事务处理等。

Internet 在我国的发展可以分为以下 5 个阶段。

(1) 研究试验阶段(1987—1993 年):也称为初始 Internet 阶段,在这个阶段,我国的科技工作者开始接触 Internet 资源,网站建设应用还仅限于小范围内的电子邮件服务。

(2) 教育科研应用阶段(1994—1995 年):Internet 建设全面展开,我国通过 TCP/IP 连接实现了 Internet 全部功能。但此阶段的应用主要是面向教育和科研服务。

(3) 商业应用阶段(1995—1997 年):四大骨干网络(中国公用计算机互联网(CHINANET)、中国教育与科研网(CERNET)、中国科学技术网(CSTNET)和中国金桥信息网(CHINAGBN))全面开通并提供 Internet 服务,全国各地的 Internet 服务提供商(Internet Service Provider,ISP)蓬勃兴起,我国的 Internet 也步入有序发展进程。

(4) 快速发展阶段(1998—2000 年):Internet 沿着两个方向迅速推进,一是商业网络迅速发展;二是政府上网工程和企业上网工程开始启动。到 2001 年,这种迅猛增长的速度开始回落,Internet 进入一个减速增长发展时期。

(5) 信息高速公路(2000 年至今):Internet 已成为中国社会大众生活的一个重要组成部分,从科研、教育到其他各个行业、各个领域,我国的 Internet 开始向信息高速公路迈进。

7.3.2　Internet 地址

微课视频

课堂练习

接入 Internet 的设备(例如计算机)数以千万计,那么应该如何标识和辨别每一台设备呢? 在以 TCP/IP 为通信协议的 Internet 中,每一台与网络连接的设备都拥有一个唯一且确定的地址,即 IP 地址(IP Address)。

1. IP 地址

IP 地址是互联网协议地址(Internet Protocol Address,又译为网际协议地址)的简称。对于主机或路由器,IP 地址是 32 位的二进制代码,如 11001010 01110011 01000000 00100001。这显然不利于人的阅读和记忆,为了提高可读性,通常将 **32** 位 IP 地址中的每 **8** 位分成一组,用相等的十进制数表示,并且在这些数字之间加上一个点,称为点分十进制表示法。按这种表示方法,则上述 IP 地址可表示为 202.115.64.33,如图 7.18 所示。

IP 地址具有一定的结构,共分为五类不同的地址,其地址格式如图 7.19 所示。五类

二进制	11001010	01110011	01000000	00100001
十进制	202 ·	115 ·	64 ·	33

图 7.18　IP 地址的点分十进制表示法

IP 地址的区别主要在于网络号和主机号的位数不同。

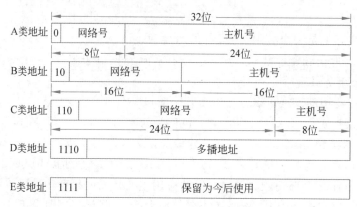

图 7.19　五类 IP 地址的格式

A 类 IP 地址，地址范围为 1.0.0.1～127.255.255.254，二进制表示为：00000001.00000000.00000000.00000001～01111111.11111111.11111111.11111110。A 类 IP 地址适用于大型网络，A 类网络的数量较少，实际可指派的网络号范围是 1～126(全 0 和全 1 的地址用作特殊用途，全 0 表示子网的网络号，而主机号全 1 表示子网广播地址，即该网络上的所有主机)，总共有 126 个网络，每个网络支持的最大主机数为 $2^{24}-2=16777214$ 台(这里减 2 的原因也是全 0 和全 1 的地址不可分配，作为保留地址)。

B 类 IP 地址，地址范围为 128.0.0.1～191.255.255.254，二进制表示为 10000000.00000000.00000000.00000001～10111111.11111111.11111111.11111110。B 类 IP 地址适用于中型网络，B 类网络的数量适中，有 $2^{14}=16384$ 个网络，每个网络支持的最大主机数为 $2^{16}-2=65534$ 台。

C 类 IP 地址，地址范围为 192.0.0.1～223.255.255.254，二进制表示为：11000000.00000000.00000000.00000001～11011111.11111111.11111111.11111110。C 类 IP 地址适用于小型网络，C 类网络的数量较多，有 209 万余个网络，每个网络支持的最大主机数为 $2^8-2=254$ 台。

上述的 IP 地址实际上称为 IPv4(IP 协议的第 4 个版本)，采用 32 位二进制表示，大约可提供 43 亿个 IP 地址。随着 Internet 的发展，IPv4 的地址空间已经无法满足使用需求。于是，IPv6 应运而生，IPv6 由 128 位二进制组成，能够提供足够的地址，能满足全球所有接入 Internet 的设备使用。

IPv6 的 **128** 位地址通常写成 8 组，用冒号隔开，每组为四位的十六进制数，且通常会省略无意义的 0。例如 2c02:f00d:5:0:0:0:e4:10b，其中第 3 部分本来是 0005，省略了无意义的 0 后直接写成 5。

通常情况下，IPv6 地址会包含连续的 0，为避免 IPv6 地址表示的复杂性，通常采用零压缩(Zero Compression)法将连续的 0 缩写为两个冒号表示(::),例如,上面的 IPv6 地址可写成 2c02:f00d:5::e4:10b。需要注意的是,两个冒号(::)只能在 IPv6 地址中出现一次,代表最长的连续 0。

无论使用 IPv4 还是 IPv6,一台计算机可以有一个或多个 IP 地址,但是一个 IP 地址不能分配给多台计算机,否则,设置了相同 IP 地址的多台计算机均无法与其他计算机进行通信。

2. 子网掩码

子网掩码又称网络掩码、地址掩码、子网络遮罩,是一种用来指明一个 IP 地址的哪些位标识的是主机所在的子网(网络号),以及哪些位标识的是主机编号。因此,子网掩码不能单独存在,必须和 IP 地址一起使用。

子网掩码是一个 32 位的二进制数,其中,左半部分的二进制数字"1"表示网络号,1 的数目等于网络号的长度;右半部分的二进制数字"0"表示主机号,0 的数目等于主机号的长度。子网掩码用于屏蔽 IP 地址的一部分,从而将 IP 地址划分成网络号和主机号两个部分。

A 类 IP 地址的默认子网掩码为 255.0.0.0。

B 类 IP 地址的默认子网掩码为 255.255.0.0。

C 类 IP 地址的默认子网掩码为 255.255.255.0。

判断两个 IP 地址是不是在同一个子网中,主要看 IP 地址的网络号是否相同,只需将 IP 地址与子网掩码按二进制位进行"与运算"("与运算"是计算机中一种基本的逻辑运算方式,符号表示为"&",按二进制位进行与运算,运算规则为,0&0=0;0&1=0;1&0=0;1&1=1,即两位同时为"1",结果才为"1",否则为"0"),如果得出的结果一样,则这两个 IP 地址在同一个子网中。

以两个 IP 地址 192.168.1.100 和 192.168.1.200 为例,判断它们是否在同一个子网的过程如表 7.2 所示。

表 7.2　判断两个 IP 是否在同一个子网

		十进制 IP 及掩码	二进制 IP 及掩码
求 IP1 的网络号	IP1	192.168.1.100	11000000.10101000.00000001.01100100
	掩码	255.255.255.0	11111111.11111111.11111111.00000000
	"按位与"的结果		11000000.10101000.00000001.00000000
	转换成十进制		192.168.1.0
		十进制 IP 及掩码	二进制 IP 及掩码
求 IP2 的网络号	IP2	192.168.1.200	11000000.10101000.00000001.11001000
	掩码	255.255.255.0	11111111.11111111.11111111.00000000
	"按位与"的结果		11000000.10101000.00000001.00000000
	转换成十进制		192.168.1.0

从表 7.2 可以看出，两个 IP 地址与子网掩码"按位与"运算后，转换成十进制均为 192.168.1.0，所以 IP1 和 IP2 位于同一个子网。

3. 域名系统

域名系统是 Internet 的一项核心服务，它是一种用于 TCP/IP 应用程序的分布式数据库，用于提供主机名和 IP 地址之间的相互转换以及有关 E-mail 的选路信息。

虽然通过点分十进制记法可以将 32 位二进制的 IP 地址转换为较为容易记忆的十进制地址，但这些没有实际意义的数字仍然不利于人们记忆。域名系统可以将这些 IP 地址映射为有实际意义的域名。例如，清华大学门户网站的 IP 地址是 166.111.4.100，域名是 www.tsinghua.edu.cn，显然通过 IP 地址人们并不知道这是什么网站，但从域名上却可以很直观地看出这是清华大学的门户网站。

域名地址和 IP 地址是相互映射的，这些域名地址和 IP 地址相互映射的信息存放在 ISP(Internet 服务提供商)的域名服务器中。

域名是具有层次结构的，如清华大学门户的域名 www.tsinghua.edu.cn，其中 cn 代表中国(China)，edu 代表教育网(education)，tsinghua 代表清华大学，www 代表提供 WWW 服务的主机名，合起来就是中国教育网上的清华大学站点。域名系统的这种层次结构，是按照地理区域或者机构区域进行分层的，各层次之间使用"."分开，域名从右至左层次逐渐降低，最左的一个字段是主机名。例如，清华大学研究生招生网 yz.tsinghua.edu.cn 中，最高域名是 cn，次高域名是 edu，域名是 tsinghua，主机名为 yz，域名层次结构如图 7.20 所示。

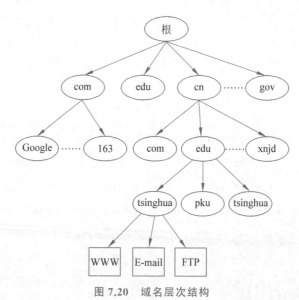

图 7.20 域名层次结构

域名可分为不同级别，包括顶级域名、二级域名、三级域名、注册域名。顶级域名又分为国家顶级域名(200 多个国家或地区都按照 ISO3166 国家或地区代码分配了顶级域名，例如中国是 cn，美国是 us，日本是 jp 等)和国际顶级域名(商业机构是 com，教育机构是

edu,网络服务提供者是 net,政府机构是 gov,非盈利组织是 org,军事机构是 mil,国际机构是 int)。

根域名服务器是域名服务的中枢神经系统,因此对 Internet 最致命的攻击就是攻击根域名服务器。在 IPv4 网络中,全球只有 13 台根域名服务器,分布于美国(10 台)、英国(1 台)、瑞典(1 台)和日本(1 台)。2016 年中国主导了雪人计划(IPv6 根服务器测试和运营实验项目),在全球 16 个国家完成了 25 台 IPv6 根服务器的架设,中国部署了其中的 4台,打破了中国过去没有根服务器的困境。

4. MAC 地址

MAC 地址(Media Access Control Address,MAC),直译为媒体存取控制地址,也称为物理地址、硬件地址,由网络设备制造商生产时烧录在网卡的 EPROM(一种闪存芯片,通常可以通过程序擦写)中。

MAC 地址在计算机里也是以二进制形式表示,其长度为 6 字节(即 48 位),在书写时通常分为 6 组,用短横线隔开,每组用两位十六进制数表示,如 00-50-56-8A-78-29 就是一个 MAC 地址,其中前 3 个字节(00-50-56)代表网络硬件制造商的编号,它由 IEEE 分配,而后 3 个字节(8A-78-29)代表该制造商所制造的某个网卡的序列号。只要不自行更改 MAC 地址,MAC 地址在全世界是唯一的。形象地说,MAC 地址就如同是网卡的身份证号码,具有唯一性。

5. 查询 IP 及 MAC 地址

微课视频

(1) 打开 Windows 设置中的"网络和 Internet(WLAN、飞行模式、VPN)"窗口。
(2) 鼠标单击"以太网"(如果使用无线网络请单击"WLAN"),打开"网络(已连接)"对话框,如图 7.21 所示。

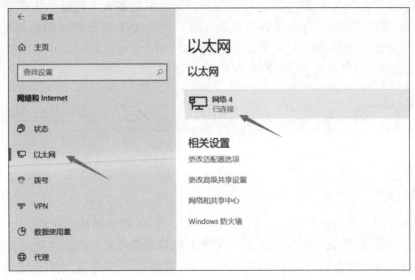

图 7.21　打开网络对话框

（3）查询结果，如图 7.22 所示。

属性	值
连接特定的 DNS 后缀	
描述	Intel(R) Ethernet Connection (5) I219-LM
物理地址	E4-54-E8-8F-09-20
已启用 DHCP	否
IPv4 地址	192.168.80.184
IPv4 子网掩码	255.255.255.0
IPv4 默认网关	192.168.80.8
IPv4 DNS 服务器	192.168.80.8
IPv4 WINS 服务器	
已启用 NetBIOS over Tcpip	是
连接-本地 IPv6 地址	fe80::a07f:483e:473e:863b%8
IPv6 默认网关	
IPv6 DNS 服务器	

图 7.22　IP 及 MAC 地址查询结果

课堂练习

7.3.3　Internet 应用

Internet 资源非常丰富，功能也非常多，大多功能都是免费的，常见的 Internet 服务主要有以下几种。

1. 万维网

万维网（World Wide Web，WWW）服务是目前应用最广的一种基本互联网应用，它是一种建立在超文本（Hyper Text）基础上的浏览、查询 Internet 信息的方式，以交互方式查询并且访问存放于远程计算机（服务器）的信息。

WWW 服务使用 HTTP 协议实现客户端（通常是浏览器）与服务器之间的通信。在服务器中存储了大量的文档，这些文档称为 Web 页面（网页），是一种超文本（Hyper Text）信息，可以包含文本、图片、视频、音频等。通过浏览器即可使用 WWW 服务，也就是浏览网页，具体方法为：打开计算机中的任何一种浏览器，单击浏览器的地址栏，地址栏中的字符呈选中状态，输入想要访问的网站地址，如 www.tsinghua.edu.cn，按 Enter 键或单击地址栏右边的"转至"按钮即可，如图 7.23 所示。

图 7.23　浏览网页

2. 电子邮件

电子邮件用于传递和存储电子信函、文件、数字传真、图像和数字化语音等各种类型的信息，是互联网应用最广的服务之一，可以将信息以很低成本且迅速地发送至世界上任何一个用户。电子邮件主要使用 SMTP 和 POP3 协议，电子邮件地址的典型格式是 aaa@bbb.cc，这里@字符之前是用户自己定义的字符组合或代码，@字符之后是为用户提供电子邮件服务的服务商名称，如 user@tsinghua.edu.cn 和 user@163.com。

3. 文件传输

文件传输协议是 Internet 最常用的协议之一，基于 FTP 可以制作 FTP 程序，在计算机和远端服务器之间进行文件传输。FTP 客户端可以给服务器发出指令，实现文件目录查询，文件上传、下载，创建或者改变服务器上的目录。FTP 可以使用匿名或实名账户。

4. 搜索引擎

搜索引擎(Search Engines)是从互联网上搜集信息，并对信息进行组织和处理后，向用户提供并展示检索结果的网站服务系统。搜索包括全文索引、目录索引、元搜索引擎、垂直搜索引擎、集合式搜索引擎、门户搜索引擎与免费链接列表等。

常用的搜索引擎如下。

(1) **Google**(http://www.google.com)，是全球最大的搜索引擎，各种语言都可以在 Google 上进行检索，Google 搜索引擎主要的搜索服务有网页、图片、音乐、视频、地图、新闻、问答。

(2) 百度(http://www.baidu.com)，是全球最大的中文搜索引擎，也是我国最早的商业化全文搜索引擎，百度搜索引擎的搜索服务有网页、视频、音乐、地图、新闻、图片、词典、常用搜索。

(3) 雅虎搜索(http://search.yahoo.com/)、新浪搜索(http://search.sina.com.cn/)、搜狗搜索(http://www.sogou.com/)都是典型的分类目录搜索引擎，现在都可以进行关键字和全网站搜索。

5. 即时通信

即时通信(Instant Messenger，IM)是一个终端服务，允许两人或多人使用网络即时地传递文字、图像、语音或视频等信息。比如微信、QQ 就是我们广泛使用的即时通信工具。

6. 电子公告板

电子公告板(Bulletin Board System，BBS)是 Internet 上的一种电子信息服务系统，允许用户使用终端程序与 Internet 进行连接，执行数据或程序的上传下载、阅读新闻以及与其他用户交换消息等功能。有时，BBS 也泛指网络论坛或网络社群。

7. 自媒体

自媒体(weblog，缩写为 blog，博客；video log，缩写为 vlog，短视频；网络直播的统称)是继 E-mail、BBS、IM 之后出现的第四种网络交流方式，是个人通过网络途径向外发布他们本身的事实和新闻的传播方式。通常是由私人化、平民化、普泛化、自主化的传播者，以网络手段向不特定的大多数或者特定的小群体传递规范性及非规范性信息的新媒体。

自媒体的发展让普通人成为了记者，可以在平台上发表自己的看法，为人们的沟通交流架起了桥梁,但只有能够守住道德底线、弘扬真善美、充满正能量的自媒体,才能得到大众长久的认可。

8. 代理服务器

代理服务器(Proxy Server)是网络信息的中转站,是个人网络和 Internet 服务提供商之间的中间代理机构,负责转发合法的网络信息,并对转发进行控制和登记。有了它之后,浏览器不直接到 Web 服务器去取回网页而是向代理服务器发出请求,请求信号会先送到代理服务器,由代理服务器来取回浏览器所需要的信息并传送给浏览器。

代理服务器具有许多功能。对于个人用户而言,通过代理上网,能让我们访问一些直接访问会比较慢的网站。对于单位而言,内部使用代理可以预先过滤掉一些病毒,保障上网的安全,还能有效地进行访问控制、网速限制、上网监控等。

随着计算机网络技术的发展,除了以上服务以外,Internet 也提供了大量的网络音乐和影视娱乐、电子商务和远程教育等服务。

7.3.4　Internet 接入方式

课堂练习

Internet 是人类的信息宝库,拥有大量的资源并提供了诸多方便快捷的服务。要使用这些资源和服务,首先需要接入 Internet。Internet 服务提供商(Internet Service Provider,ISP)是向用户提供互联网接入业务的电信运营商,用户通过底层的 ISP 就可以接入 Internet。

Internet 内容提供商(Internet Content Provider,ICP)是提供互联网信息业务和增值业务的电信运营商,它们也需要接入 ISP 才能提供这些服务。

网络接入的种类较多,目前大致可以分为以下 3 种类型。

(1) 住宅接入:将家庭个人联网设备与网络互联。

(2) 企业接入:政府机构、公司或校园网中的联网设备与网络互联。

(3) 移动接入:可移动设备通过 4G 或 5G 网卡与网络互联。

目前,个人接入 Internet 的主要方式有电话拨号、ADSL、LAN 和无线接入 4 种方式。

1. 电话拨号接入

电话拨号上网是 Internet 最早的接入方式,计算机使用有效的拨号账号和密码,通过电话线和调制解调器(Modem)接入 Internet,就可以使用 Internet 提供的各种服务。

2. ADSL 接入

ADSL 采用频分复用技术把普通的电话线分成了电话、上行和下行三条相对独立的信道,从而避免了相互之间的干扰。因为上行和下行带宽不对称,因此称为非对称数字用户线环路。ADSL 有虚拟拨号和专线接入两种方式,虚拟拨号和电话拨号的使用方法基本一致,专线接入可以不进行拨号直接上网。ADSL 比电话拨号具有更高的带宽及安全性,因此电信供应商称它为宽带,但实际上与 LAN 相比还有很大差距。

3. LAN 接入

在局域网出口租用一条专线与 ISP 相连接，就可以实现局域网内的计算机上网，即使用 LAN 接入方式接入 Internet。用户使用双绞线（带水晶头的网线）将计算机网卡与局域网预留的网络接口连接，就可以通过局域网接入 Internet，当然如果局域网没有和 Internet 相连，是无法使用这种方式接入 Internet 的。学校的机房大多使用 LAN 方式接入 Internet。

4. 无线接入

无线接入 Internet 可分为 Wi-Fi 和移动接入两种方式。

Wi-Fi 是将个人计算机、手持设备等终端以无线方式互相连接的技术，事实上它是一个高频无线电信号。它通过无线路由器或 AP 将计算机等设备连接到有线网络，再通过有线网络接入 Internet。一般架设 Wi-Fi 的基本配备就是无线网卡和一台 AP（或路由器），如此便能以无线模式配合既有的有线架构来分享网络资源，架设费用和复杂程度远远低于传统的有线网络。Wi-Fi 的最主要优势是无需布线。

移动接入是指采用无线上网卡接入 Internet。无线上网卡相当于调制解调器，可以在有无线手机信号的任何地方，利用 USIM 或 SIM 卡来接入 Internet。笔记本或其他设备可以通过插入无线上网卡连接到移动运营商的无线 GPRS、CDMA、3G 或 4G 来接入 Internet。

无线网卡和无线上网卡是两种不同的产品。无线网卡是指具有无线连接功能的局域网网卡，其作用是通过无线信号将计算机设备连接到局域网。无线上网卡是指在拥有无线手机信号覆盖的地方，利用手机 USIM 或 SIM 卡接入 Internet 来实现上网的设备，其功能相当于调制解调器。

常用的接入方式的特点比较如表 7.3 所示。

表 7.3　Internet 常用接入方式的特点

接入方式	传输速率	特　　点	成本	适用对象
电话拨号	56Kb/s	方便、速度慢	低	个人用户、临时用户上网
ADSL	512Kb/s～8Mb/s	速度较快	较低	个人用户、小企业
LAN	10Mb/s～100Mb/s	附近有 ISP、速度快	较低	个人用户、小企业
光纤	≥100Mb/s	速度快、稳定	高	大中型企业、小区
Wi-Fi	11Mb/s～108Mb/s	方便、速度快	较高	移动终端
无线 GPRS	53.6Kb/s～171.2Kb/s	速度较慢	低	智能手机和上网卡
3G	3.6Mb/s	方便、速度快	较高	智能手机和上网卡
4G	≥100Mb/s	方便、速度快	较高	智能手机和上网卡
5G	≥1000Mb/s	方便、速度快	较高	智能手机和上网卡

7.4 练 习 题

一、单项选择题

1. ( )协议是提供可靠传输的传输层协议。

A. IP   B. UDP   C. TCP   D. FTP

2. 关于 Internet,以下说法正确的是( )。

A. Internet 属于个人   B. Internet 属于某国

C. Internet 属于联合国   D. Internet 属于全人类

3. 1983 年,ARPANET 将其网络核心协议改变为( )协议,这标志着 Internet 的正式诞生。

A. NCP   B. TCP/IP   C. HTTP   D. UDP

4. 星型拓扑结构的缺点是( )。

A. 对根结点的依赖性大

B. 中心结点的故障导致整个网络的瘫痪

C. 任意结点的故障或一条传输介质的故障能导致整个网络的故障

D. 结构复杂

5. 目前 Internet 主要使用( )结构。

A. 客户机/服务器   B. 客户机/客户机

C. 服务器/服务器   D. 客户机/数据库

6. IP 地址共可分为( )类。

A. 5   B. 4   C. 3   D. 2

7. 下一代互联网技术将采用的 IP 协议版本是( )。

A. IPv3   B. IPv4   C. IPv5   D. IPv6

8. 在 Internet 中,关于 IP 地址说法错误的是( )。

A. 多台计算机可以共用一个 IP 地址

B. 每台计算机的 IP 地址都不同

C. 一台计算机可以拥有多个 IP 地址

D. Internet 通过 IP 地址唯一识别接入设备

9. 不属于无线接入 Internet 方式的是( )。

A. ADSL   B. GPRS   C. Wi-Fi   D. 5G

10. 同一办公室组成相互共享打印机的网络是( )。

A. 局域网   B. 城域网   C. 广域网   D. 互联网

11. 关于域名 www.tsinghua.edu.cn,以下说法不正确的是( )。

A. 属于中国教育网   B. 提供 www 服务

C. 只能使用一个 IP 地址   D. 是门户网站

12. 目前个人计算机可以使用(　　)接入 Internet。

    A. ADSL　　　　　　B. LAN　　　　　　C. 电话拨号　　　　D. 以上都是

13. 关于电子邮件的优点,以下说法不正确的是(　　)。

    A. 传输速度快　　　　　　　　　　B. 方便快捷

    C. 价高且不可靠　　　　　　　　　D. 一信多发,内容丰富

14. 电子邮件使用(　　)协议传输邮件。

    A. TCP　　　　　　　B. HTTP　　　　　　C. FTP　　　　　　　D. SMTP

15. IPv6 中,通常用两个冒号表示连续的零,这称为(　　)。

    A. 压缩　　　　　　　B. 零压缩　　　　　　C. 解压缩　　　　　　D. 无压缩

二、简答题

1. 什么是计算机网络?

2. 常见的网络拓扑结构有哪些?

3. 自媒体作为一种新兴的 Internet 应用,受到越来越多的追捧。请简要回答,什么样的自媒体才能长久地得到大众的认可?

第 **8** 章 信息安全基础

现代通信技术与计算机技术的迅速发展推动了互联网的普及。计算机的应用已深入社会的各个领域,信息技术已经成为影响一个国家的社会、政治、军事、经济和文化等发展的重要因素。而信息系统、信息网络的资源通常会受到各种干扰、威胁和破坏,信息安全问题已经成为阻碍信息化发展的障碍,因此,信息安全已成为全人类关心的科学问题。本章将从信息安全概述、常见信息安全技术、信息安全实用操作和网络道德等几个方面,介绍信息安全基础知识。

8.1 信息安全概述

8.1.1 信息安全概念

微课视频

课堂练习

信息是应用文字、数据或信号等形式,通过一定的传递和处理,来表现各种相互联系的客观事物在运动变化中所具有特征性内容的总称。国际电工委员会关于信息的定义:信息是通过在数据上施加某些约定而赋予这些数据的特殊含义。

信息安全的本质是保护信息资源免受各种类型的危险,防止信息资源被故意或者偶然泄露、更改、破坏,或者防止信息被非法识别、控制与否认。信息安全包括软件安全和数据安全,具有如下 7 个属性。

(1) 可用性:是指获得授权的实体在需要时能访问资源和获得服务。

(2) 可靠性:是指系统在规定条件下和规定时间内完成规定的功能。

(3) 完整性:是指信息不被偶然或蓄意地删除、修改、伪造、乱序、重放、插入等破坏。

(4) 保密性:是指确保信息不暴露给未授权的实体。

(5) 不可否认性:是指通信双方对其收、发过的信息均不可抵赖与否认。

(6) 可控性:是指对信息的传播及内容具有控制能力。

(7) 可审查性:是指系统内所发生的与安全有关的操作均有说明性记录可查。

8.1.2 信息安全主要威胁

课堂练习

信息安全面临的威胁主要包括以下几类。

1. 计算机病毒

计算机病毒是指恶意编写的能破坏计算机功能或数据,影响计算机正常使用,并能自我复制的一组计算机程序代码。其危害性可大可小,轻则消耗硬件系统资源、导致计算机速度变慢,重则会破坏目标计算机的系统和数据,甚至会损坏硬件、造成网络瘫痪、感染其他计算机或者设备。关于计算机病毒的详细介绍见 8.2.2 节。

2. 泄密

泄密是指计算机网络中的信息,被未授权用户通过侦收、截获、窃取或分析破译等方法非法获得,造成信息泄露的事件。泄密发生后,计算机网络一般能继续正常工作,且泄密事故往往不易被察觉,但是泄密所造成的危害有时可能很严重。

3. 数据破坏

数据破坏是指计算机网络中的数据由于偶然事故或人为破坏,被恶意修改、添加、伪造、删除或丢失,例如对硬件或程序进行破坏、删除重要敏感数据文件等。

4. 网络入侵

网络入侵是指计算机网络被黑客或其他未授权访问的人员,采用各种非法手段入侵的行为。其往往会对计算机网络进行攻击,并对网络中的信息进行窃取、篡改、删除,甚至使系统部分或全部崩溃。

5. 后门

后门是指在计算机网络中人为地设定的一些"陷阱",通过绕过信息安全监管而获取对程序或系统的访问权限,以达到干扰和破坏计算机网络正常运行的目的。后门一般分为硬件后门和软件后门两种。

8.2　常见信息安全技术

微课视频

面对信息安全的各种威胁,如何采取恰当的措施,以最大程度地防止、减少和消除计算机网络面临的诸多信息安全威胁,显得至关重要。本节将介绍常见的信息安全技术。

8.2.1　物理安全技术

课堂练习

计算机网络都是以物理设施和设备为基础的,物理设施和设备的安全非常关键。物理安全是指为了保证计算机系统安全、可靠运行,不会受到自然或者人为因素的影响而使信息泄露、破坏或者丢失,对计算机系统设备、通信设备、存储设备等采取的安全防范措施。物理安全是整个计算机系统安全的基础和前提。

物理安全主要包括环境安全、设备安全和媒体安全三个部分。环境安全是指计算机系统所在环境的安全，包括受灾防护、区域防护，主要是场地与机房；设备安全主要指设备的防盗、防毁、防电磁信息泄漏、防止线路截获、抗电磁干扰及电源保护等；媒体安全包括媒体数据的安全及媒体本身的安全。

在环境安全方面，主要是要提高灾害防护能力和内部防护能力，主要措施有：计算机机房应避免建立在易发生火灾、潮湿、雷电或者地震频发的地方，避免周围有强电磁环境或者强振动源。计算机机房内部装修应使用阻燃、抗静电材料，应尽量保证机房的温度和湿度适宜，加强除尘措施等。

在设备安全方面，主要是从设备防盗防毁、电源保护等方面考虑，主要措施有：计算机机房应按照使用需求，设置安全措施，如门禁系统、监控系统等；强弱电系统应按照国家规范设置，如使用接地保护装置等；要保障计算机系统持续可靠运转，应安装 UPS（不间断电源）等设备。

在媒体安全方面，主要是加强媒体数据的备份，如考虑采用冗余磁盘、数据的异地备份、加强对硬盘等关键设备的维护保养等措施。

课堂练习

8.2.2　计算机病毒与防治技术

1. 计算机病毒的概念

计算机病毒的名称来源于医学上的病毒，它们都具有传染性、潜伏性等相似的特征，但计算机病毒不是天然存在的，是人为编写的具有特殊功能的程序。它以各种各样的方式潜伏在计算机存储介质中，当达到预设条件时即被激活运行，通过植入其他程序后进行自我复制并感染其他程序。我国于 1994 年 2 月 18 日正式颁布实施了《中华人民共和国计算机信息系统安全保护条例》（国务院令第 147 号），在该条例第二十八条中明确指出："计算机病毒，是指编制或者在计算机程序中插入的破坏计算机功能或者毁坏数据，影响计算机使用，并能自我复制的一组计算机指令或者程序代码。"随着计算机网络的发展，计算机病毒从早期单机的感染已发展到利用计算机网络进行传播，其蔓延的速度更加迅速，破坏性更大。

2. 计算机病毒的特征

计算机病毒一般具备以下特征。

（1）可执行性。计算机病毒是一段可执行的程序代码，但它不是一个完整的程序，而是寄生在其他可执行程序上，享有一切程序所能得到的权利。在病毒运行时，与合法程序争夺系统的控制权。计算机病毒在计算机内得以运行时，才具有传染性和破坏性等活性。

（2）传染性。计算机病毒的传染性是指病毒具有把自身复制到其他程序中的特性。计算机病毒是一段人为编写的计算机程序代码，这段程序代码一旦进入计算机并得以执行，它会搜寻其他符合其传染条件的程序或存储介质，确定目标后再将自身代码插入其中，达到自我繁殖的目的。一台计算机染毒，如不及时处理，会在这台计算机上迅速扩散。

（3）隐蔽性。计算机病毒一般是通过很高的编程技巧编写的短小精悍的程序，常附着在正常程序中或磁盘较隐蔽的地方，或以隐藏文件形式出现，通过常规的文件搜索方法很难发现它的存在。不经过代码分析，病毒程序与正常程序是不容易区别开来的。正常的应用程序是由用户调用，由系统分配资源，可见且透明地完成用户交给的指定任务。而病毒隐蔽在正常程序中，当用户调用正常程序时窃取系统的控制权，先于正常程序执行，病毒的动作、目的对用户是未知的、未经允许的。

（4）潜伏性。大部分的病毒感染系统之后一般不会马上发作，而是有一定的激发条件，当条件不满足时，其潜伏在计算机的外存中并不执行，只有在满足特定条件时（如特定的日期）才启动发作，这样更有利于计算机病毒广泛地传播。

（5）破坏性。计算机病毒或多或少地都对计算机有一定的破坏作用。轻者会降低计算机工作效率，占用系统资源，使计算机响应速度变慢，重者可导致系统崩溃，文件损坏甚至硬件损坏。

（6）可触发性。病毒具有预设的触发条件，例如时间、日期、文件类型或者其他特定的数据等。病毒运行时，触发机制检测预定条件是否满足，若满足，则启动感染或者执行攻击、破坏行为；若不满足，则病毒继续潜伏。

3. 计算机病毒的分类

根据病毒依附的媒体分类，计算机病毒可分为文件病毒、网络病毒和引导型病毒。

（1）文件病毒。文件病毒一般会感染或者伪装成可执行文件，例如 COM、EXE、BAT等，在用户双击执行文件的时候，能够产生传染或者破坏作用。

（2）网络病毒。网络病毒主要是通过网络传播并对网络中的计算机进行感染和攻击。例如一些网络病毒，可以作为电子邮件发送，被用户打开执行后又自动向网络用户发送恶意电子邮件。一些黑客程序的控制端也是通过电子邮件等方式，被安装到本地计算机，黑客通过远程控制的方式获得计算机权限。

（3）引导型病毒。引导型病毒主要依附在系统的启动扇区或硬盘的系统引导扇区中，对系统或硬件进行破坏，会造成系统无法正常启动或硬盘数据损坏等。这一类的病毒查杀起来比较容易，多数杀毒软件都能有效应对和清除引导性病毒。

4. 计算机病毒的防治技术

应对计算机病毒入侵，应坚持以预防为主，堵塞病毒的传播渠道。常用的预防方法如下。

（1）打开 Windows 操作系统的自动更新，及时给系统安装安全补丁程序。

（2）安装杀毒软件，并及时更新最新版本以升级病毒库。

（3）使用带写保护开关的 U 盘，特别是在公共场合的计算机（例如网吧），建议打开U 盘的写保护开关，防止计算机病毒感染 U 盘。

（4）对外来程序和文件要养成杀毒的习惯，使用新进软件或外来文件时，先用杀毒软件的扫描功能进行检查，以降低病毒感染风险。

（5）规范上网行为，不要使用盗版或来历不明的软件，不要访问不安全的网站，不要单击即时通信软件中的推广链接,不要轻易打开电子邮件中的附件等。

(6) 对重要文件做好备份,以防重要资料因病毒感染而丢失。

对于感染了病毒的计算机系统,可以采用以下方法进行处理。

(1) 使用最新版的正版杀毒软件进行查杀。

(2) 对于感染了网络病毒的计算机,应立即断开网络,防止病毒扩散到网络上的其他计算机。

(3) 对于感染了引导性病毒或操作系统遭到严重破坏的计算机,如杀毒软件无法清除病毒或操作系统无法正常使用,可先采用干净的系统救援盘启动计算机,对重要资料进行备份,然后在系统救援盘环境中尝试查杀病毒或重新安装操作系统。

(4) 如果现有杀毒软件不能杀除病毒,可以找专业的查杀病毒网站,下载专用查杀工具进行查杀。也可将染毒文件上报杀病毒网站,让专业的杀毒软件公司帮你解决。

课堂练习

8.2.3 信息加密技术

信息加密技术是对信息进行加密、分析、识别和确认以及对密钥(用于加解密数据的工具)进行管理的技术。通过对文件加密,实现信息隐蔽,从而保护文件和数据安全。加密是以某种特定的算法将原有的信息数据(明文)转换成不易识别的信息数据(密文),使得未授权的用户即使获得了已加密的信息数据,但因不知解密的方法,仍然无法了解信息数据的内容,从而保障数据安全。加密的逆过程就是解密,通过解密钥匙和解密算法将密文转换成明文。

密码技术按照加解密使用的密钥是否相同,分为对称加密体系和非对称加密体系。

1. 对称加密体系

对称加密采用了对称密码编码技术,加密和解密时使用同一个密钥,或者加密密钥和解密密钥之间存在转换关系。对称加密体系又称为私钥密码体系。

根据不同的加密方式,对称密码可分为分组密码和序列密码。常见的分组密码算法有 DES(数据加密标准)、IDEA(国际数据加密标准)等。

2. 非对称加密体系

非对称加密需要两个密钥:公钥和私钥。公钥与私钥是一对,如果用公钥对数据进行加密,只有用对应的私钥才能解密;如果用私钥对数据进行加密,那么只有用对应的公钥才能解密。公钥主要用于签名验证和加密,可以公开给所有人;私钥主要用于签名和解密,需要用户自己保密。非对称加密体系又称为公钥密码体系。

RSA 是最常用的、公开的非对称加密算法。RSA 算法的原理是:根据数论,寻求两个大质数比较简单,而将它们的乘积进行因式分解却极其困难,因此可以将乘积公开作为加密密钥。

8.2.4 身份认证和数字签名技术

身份认证是指验证对象是否真实有效的过程,该认证可以通过密码(口令)、数字签名、指纹、声音、虹膜、人脸识别等生物特征,或者带有身份信息的硬件设备(如 IC 卡)等来完成。

数字签名(又称公钥数字签名)是通过密码运算生成一串符号,组成电子密码进行签名,以替代手写签名。只有信息的发送者才能产生别人无法伪造的一段数字串,这段数字串同时也是对信息的发送者身份真实性的有效证明,防止其他人伪造。基于公钥密码体制和私钥密码体制都可以获得数字签名,目前常用的是基于公钥密码体制的数字签名。普通数字签名算法有 RSA、ElGamal、Fiat-Shamir、Des/DSA,还有椭圆曲线数字签名算法和有限自动机数字签名算法等。

身份认证和数字签名技术已广泛用于各类信息化系统和电子商务领域。例如,单位的进销存管理系统会使用用户密码来验证使用者身份,电子商务网站使用密码、指纹作为身份验证的手段,金融行业的信息化系统则广泛使用数字签名来进行安全验证。

8.2.5 防火墙技术

防火墙技术是通过把各类用于安全管理与筛选的软件和硬件设备有机结合起来,帮助计算机网络在其内外网之间构建一道相对隔绝的保护屏障,以保护用户资料与信息安全性的一种技术。

1. 防火墙的用途

防火墙是在网络基础设施中用于保护网络安全的设备,是用于网络安全的第一道防线。防火墙可以是硬件组成,也可以是软件组成,也可以是硬件和软件共同构成。防火墙是一个或一组设在两个不同安全等级的网络之间执行访问控制策略的系统,通常处于内网和 Internet 之间,目的是保护内网不被 Internet 上的非法用户访问,以及管理内部用户访问广域网的权限。

防火墙的用途如下。

(1)提高内网的安全性。由于只有经过精心选择的应用协议才能通过防火墙,所以防火墙可以有效过滤不安全服务,防止地域外部的安全威胁和攻击,以提高内网的安全性。

(2)强化网络安全策略。通过以防火墙为中心的安全方案配置,将所有安全软件(如口令、加密、身份认证等)配置在防火墙上,以提高网络安全管理的便利性和经济性。

(3)监控网络存取和访问。防火墙能够对所有来自 Internet 的信息或从内网发出信息和网络流量进行监控,并形成日志,对可疑行为、网络攻击、网络流量需求等进行记录与分析。

(4)防止内部信息外泄。利用防火墙对内网的划分,可实现内部重点网段的隔离,从而有效地控制某个网段出现问题后信息在整个网络传播。

2. 防火墙的类型

根据防火墙的技术类型,可分为包过滤型防火墙和应用代理型防火墙。

(1)包过滤型防火墙。包过滤型防火墙设置在网络层,可以在路由器上实现对信息包(数据包 IP 地址、目的 IP 地址、传输协议类型、协议源端口号、协议目的地端口号、连接方式、报文类型等)的过滤,阻止不合法用户或被禁止的服务类型通过防火墙,从而实现对非法信息的过滤。

(2)应用代理型防火墙。应用代理型防火墙由过滤路由器和代理服务器组成。过滤路由器负责网络连接,并对数据进行筛选,将筛选后的数据传输给代理服务器。代理服务器根据外网申请的网络服务,来判断是否接受以及如何向内网转发这些请求,同时将内网处理结果转发给外网。应用代理型防火墙是目前较为流行的一种防火墙类型。

课堂练习

8.2.6　黑客攻击与防护技术

1. 黑客的含义

黑客是英文 Hacker 的中文翻译词语。最初的黑客,一般是指热心于计算机技术、水平高超的计算机高手,尤其是程序设计人员,他们热衷于挑战,崇尚自由和信息共享。随着时代的发展,很多计算机高手通过自己掌握的计算机技术,出现了攻击和破坏网站与计算机设备,窃取个人资料等行为。随着一些黑客程序的传播,有一些普通人也能利用黑客程序攻击和破坏计算机网络。我国公安部颁布的《计算机信息系统安全专用产品分类原则》中将黑客定义为"对计算机信息系统未授权访问的人员"。

由于互联网的普及,黑客技术和黑客程序很容易被非法使用者获取和使用。我们要坚决反对黑客技术和黑客程序的随意传播和发布,坚决反对将黑客技术用于网络攻击、盗取网络信息等非法行为。

2. 黑客攻击常用方式

黑客攻击的常用工具和方式如下。

(1)扫描工具。通过扫描程序,可以自动检测网络或本地计算机的安全漏洞,例如 TCP 端口的分配漏洞、Web 服务器网站的配置漏洞、操作系统安全漏洞等,为实施攻击提供基础信息。

(2)嗅探工具。网络管理员会使用嗅探程序来监控网络流量和状态,黑客则可以使用嗅探程序来分析、截取网络信息(包括口令等敏感信息)。

(3)网站攻击工具。黑客通常利用网站的操作系统漏洞、Web 服务器和程序漏洞、数据库漏洞等,通过网站攻击命令(例如 SQL 注入、分布式拒绝服务攻击 DDoS)或非法植入程序(例如木马等)来获取服务器网站的管理权限,甚至导致网站瘫痪。

3. 黑客防护技术

防止黑客攻击的常见防护技术主要如下。

（1）采用更加安全的口令（密码）。黑客会通过穷举等方式来不断测试用户口令的正确性，因此口令的复杂性和强度非常重要。一般不建议使用简单的数字（例如生日）、常见的英文单词或低于 6 位的字符串作为口令。设置口令应该遵循以下原则：长度不低于 8 位；应包括大小写字母和数字，最好含有特殊字符；应不定期更换口令；口令不能以明文传送。

（2）及时更新操作系统和各类服务器程序。及时获取和安装操作系统（包括但不限于 Windows 和 Linux）的安全补丁，最大程度减少系统级安全漏洞；及时升级个人计算机的应用程序（例如 Office）或者服务器应用程序（包括 Web 服务器应用程序、数据库应用程序等）到最新状态。

（3）使用防火墙。正确使用防火墙能够有效屏蔽黑客的攻击和非法行为，将个人计算机和内部服务器网络置于安全保护状态。

（4）定期使用安全软件进行检查。目前我国的个人用安全软件多数都是免费的，例如 360 安全卫士和杀毒软件、金山毒霸等。安全软件能够定期对计算机进行扫描、查杀病毒，同时实时监控网络威胁，有效保护计算机安全。

（5）养成良好的上网习惯。不轻易下载未经验证的程序，包括电子邮件中的附件；在网上浏览信息时，仔细鉴别网站地址，不轻易访问不知名的网站，尤其一些冒名的钓鱼网站；尽量减少不必要的网络连接，例如在不需要的情况下应该关闭个人计算机的 Web 服务、远程桌面等功能。

（6）定期进行数据备份。为防止计算机遭到黑客攻击后导致数据丢失，应经常对重要数据进行备份，备份的主要方式包括 U 盘、移动硬盘、网盘等。

8.3　信息安全实用操作

微课视频

课堂练习

8.3.1　Windows 安全策略

1. 保持系统更新

Windows 操作系统是当前最常用的计算机操作系统。任何操作系统都可能存在缺陷或漏洞，可能引发信息安全问题。Windows 操作系统会定期进行更新，包括安全性更新，以不断提高系统安全性，抵御可能面临的各类信息安全威胁。为保证 Windows 操作系统能够及时更新安全补丁，应打开 Windows 更新功能。

以 Windows 10 为例，单击左下角"开始"按钮→"设置"，打开"Windows 设置"界面，再单击"更新和安全"按钮，进入"更新和安全"面板，在面板左侧菜单中选择"Windows 更新"即可打开 Windows 更新界面。单击"检查更新"按钮，即可通过网络检查更新项目并下载更新,如图 8.1 所示。在计算机开机并联网的状态下,Windows 10 会自动下载和安装必须的项目,尤其是安全性补丁。

图 8.1　Windows 更新界面

有一些更新需要等待系统重启后才能完成,这时系统会提醒用户是否需要立即重启,用户需要注意如果有重要工作没有完成、暂时无法重启计算机,则选择暂时不要重启。为了避免计算机自动重启,可以在"Windows 更新"界面中,单击"高级选项",将"当需要重启以安装更新时,设备将自动重启"的选项按钮设置为"关"。

2. 启用 Windows 安全中心

为了抵御各种攻击平台上的已知安全威胁和新兴安全威胁,Windows 10 提供了"Windows 安全中心"的功能。Windows 10 执行的安全性工作有 3 大类:身份标识和访问控制功能、信息保护、防恶意软件(包括可以使关键的系统和安全组件免遭威胁的体系结构更改)。

以 Windows 10 为例,单击左下角"开始"按钮→"设置",打开"Windows 设置"界面,再单击"更新和安全"按钮,进入"更新和安全"面板,在面板左侧菜单中选择"Windows 安全中心"即可打开 Windows 安全中心界面,如图 8.2 所示。

Windows 安全中心实时运行,为用户提供多种选项,包括病毒和威胁防护、账户保护、防火墙和网络保护、应用和浏览器控制以及设备安全性等。

(1)病毒和威胁防护。该功能包含了 Microsoft Defender 防病毒和第三方 Anti-Virus 产品防病毒的信息保护和设置;控制文件夹访问设置,以防止未知应用更改受保护文件夹中的文件;Microsoft OneDrive 配置,以帮助用户从勒索软件攻击中恢复数据。用户还可以单击"快速扫描"手动启动对病毒和其他威胁的扫描程序,如图 8.3 所示。

(2)账户保护。有关账户保护和登录的信息和设置,例如使用 Microsoft 账户登录以增强安全性。

(3)防火墙和网络保护。计算机使用的防火墙和网络连接有关的信息保护,包括 Windows Defender 防火墙和任何其他第三方防火墙的状态,例如局域网、专用网和公用网的防火墙状态信息。

————————大学计算机基础与计算思维

图 8.2　Windows 安全中心界面

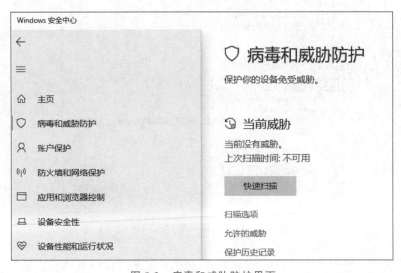

图 8.3　病毒和威胁防护界面

（4）应用和浏览器控制。Windows Defender SmartScreen 的信息和设置，以保护设备免受恶意或潜在有害应用程序、文件和网站的威胁。

（5）设备安全性。内置设备安全的信息和设置，例如内核隔离功能可以基于虚拟化的安全性保护设备的核心部分(如 TPM 模块)。

3. 账户和密码的安全使用

为了更加安全地使用计算机,应对操作系统账户和密码进行安全性设置,主要如下。

(1) 不要启用系统内置的 Administrator 账户。可根据实际情况另外启用一个新账户,例如用户名字的缩写。

(2) 尽量提高密码强度,并定期更换密码。密码最好符合 Windows 操作系统设定的密码复杂性要求,具体有:不能包含用户的账户名,不能包含用户姓名中超过两个连续字符的部分;至少有 6 个字符;应包含英文大写字母(A~Z)、英文小写字母(a~z)、10 个数字(0~9)、非字母字符(例如!、$、#、%)这四类字符中的至少三类。

(3) 使用其他验证方式。有些笔记本电脑支持指纹、人脸识别等登录方式,可以单击"开始"菜单,在"设置"→"账户"→"登录选项"中启用新的登录选项或修改密码,如图 8.4 所示。

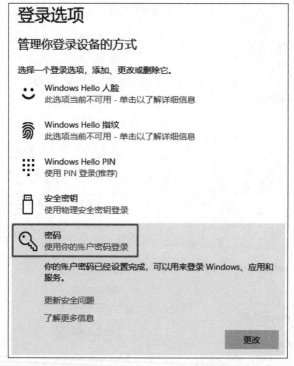

图 8.4 登录选项和更改密码界面

(4) 控制当前账户权限。Windows 10 专业版和企业版允许管理用户组(家庭版一般不提供用户组管理功能)。一般情况下,为防止账户权限过大而出现信息安全隐患,将当前用户设置为普通用户(Users 用户组),不设置为管理员(Administrator 用户组)。在 Windows 专业版或企业版中打开资源管理器,选择"此电脑",并右击,从弹出菜单中单击"管理"菜单项,打开"计算机管理"窗口,分别选择"计算机管理(本地)"→"系统工具"→

"本地用户和组"→"用户",在右侧的窗口中双击需要设置用户组的账户(例如 User 账户),如图 8.5 所示,打开账户属性窗口,在"隶属于"选项卡中,删除其他用户组,单击"添加"按钮,在打开的窗口中查找并选择 Users 组,依次单击"确定"按钮,将该账户设置为Users 用户组,如图 8.6 所示。

图 8.5 "计算机管理"的用户管理界面

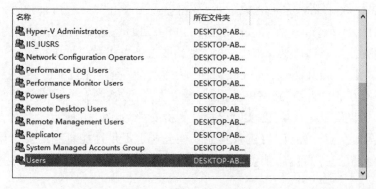

图 8.6 选择用户组界面

4. 关闭不常用功能

对于个人用户来说,一般不需要开启更多的网络服务功能,以降低网络安全风险,比如远程桌面服务、Telnet 终端服务、数据库服务和 Web 服务器等功能。

远程桌面服务是常见的个人网络服务,正常情况下是关闭的。如已经打开,可通过以下方式进行管理,单击"开始"菜单→"设置"→"系统"→"远程桌面",将"启用远程桌面"的开关设置为"关"即可,如图 8.7 所示。

Telnet 终端服务、数据库服务和 Web 服务器属于专业软件,可查询相关用户指导和说明。

5. 安装安全防护软件

2022 年,西北工业大学遭遇境外网络攻击,也凸显了当前信息安全和网络安全的严峻形势,提醒我们必须加强信息安全与网络防护。近些年来,我国的信息产业迅猛发展,

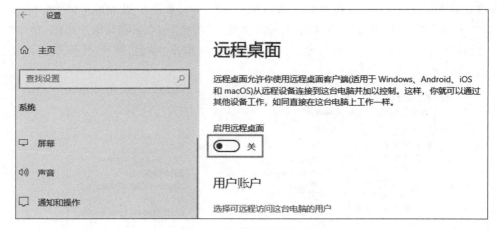

图 8.7　关闭远程桌面功能

计算机安全防护软件水平也处于世界前列,面向个人计算机使用比较广泛的产品有 360 安全卫士、金山毒霸等。下面以 360 安全卫士为例介绍安全防护软件的使用。

360 安全卫士由 360 公司开发。360 公司创立于 2005 年,先后推出 360 安全卫士、360 手机卫士、360 安全浏览器等安全产品。360 公司的信息安全技术在国内和国际上处于先进行列,荣获工业和信息化部"2020 年网络安全信息报送先进单位"。

登录 360 官方网站(www.360.cn),即可下载 360 安全卫士。360 安全卫士集众多实用工具于一体,如病毒查杀、断网急救箱、文档卫士等,能够查杀病毒、解决计算机故障、保护数据安全,还提供云查杀功能,实时保护计算机安全,如图 8.8 所示。

除了 360 安全卫士外,国内还有其他一些公司也提供性能卓越的安全防护软件,例如金山公司出品的金山毒霸,能够提供智能查杀病毒、文档保护、安全雷达智能预警等功能。

图 8.8　360 安全卫士运行界面

大学计算机基础与计算思维

图 8.8（续）

8.3.2 文件加密和解密

课堂练习

目前常见的、对计算机文件进行加密和解密的软件有很多，例如 WinRAR、WinZip 等。WinRAR 主要提供对文档（包括文件夹）的压缩、打包，加密和解密功能。下面以 WinRAR 为例演示文件的加密和解密。

1. WinRAR 加密压缩

WinRAR 通过对文件或文件夹进行打包的方式，实现加密。具体操作步骤如下。

（1）选择需要加密的文件或者文件夹，右击，从弹出菜单中单击"添加到压缩文件"菜单项。

（2）在打开的"压缩文件名和参数"窗口中，单击"设置密码"按钮，在打开的"输入密码"窗口中，输入并确认加密所需的密码，单击"确定"按钮，如图 8.9 所示。

（3）回到"压缩文件名和参数"窗口，再单击"确定"按钮，即可对文件或文件夹进行打包并加密，形成一个新的 rar 格式文件。

2. WinRAR 解密解压缩

经过 WinRAR 加密过的压缩包文件，则需要使用 WinRAR 进行解密解压后才能使用。选择需要解密的 rar 格式文件，右击，从弹出菜单中单击"解压文件"菜单项，在弹出的"解压路径和选项"窗口中单击"确定"按钮，则会弹出"输入密码"窗口，如图 8.10 所示。在该窗口中输入加密密码，单击"确定"按钮，如果密码正确即可完成解压。

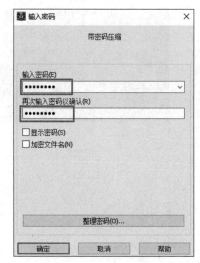

图 8.9　WinRAR 的加密

图 8.10　WinRAR 的解密

8.3.3　Office 文档加密

课堂练习

　　Office 办公软件的 Word、Excel 文档是最常见的文档格式。有一些文档内容属于保密信息，为了防止信息泄密，对 Word 和 Excel 文档进行加密保护。

1. Word 文档加密

　　打开需要进行加密的 Word 文档，单击"文件"菜单→"信息"，再单击"保护文档"按钮，在下拉菜单中选择"用密码进行加密"。在弹出的"加密文档"窗口中，输入密码并单击"确定"按钮后，即可完成对 Word 文档的加密，如图 8.11 所示。

————————大学计算机基础与计算思维

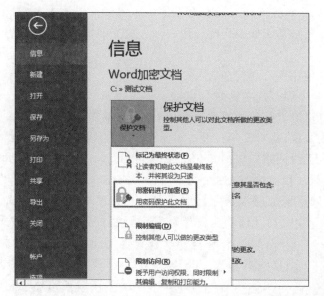

图 8.11　对 Word 文档进行加密

2. Word 文档解密

双击 Word 文档,若该文档已经被加密,则需要输入正确的密码后才能打开文档以便进行阅读或编辑。

Excel 文档的加密、解密与 Word 类似,这里不再赘述。

8.3.4　Wi-Fi 和网上银行安全

课堂练习

1. Wi-Fi 安全

（1）Wi-Fi 概述

Wi-Fi 是一个创建于 IEEE 802.11 标准的无线局域网技术,目前绝大多数电子产品（例如笔记本电脑、手机、平板电脑、智能电视等）都支持无线网络。Wi-Fi 具有移动性好、安装灵活性高、拓展能力强、应用范围广等特点,在个人、家庭、工作、商业和工业场景上得到了广泛应用,是当今使用最广的一种无线网络传输技术。

（2）Wi-Fi 的安全威胁

Wi-Fi 提供了安全便捷、使用灵活、便于扩展的无线网络服务,其信道开放的特性使 Wi-Fi 容易受到恶意攻击、被盗取网络数据等。Wi-Fi 面临的信息安全威胁主要包括如下。

① 未授权使用网络服务。无线网络的访问方式是开放式的,非法用户可以未授权使用网络资源,占用无线网络带宽。

② 非法搜集信息并进行攻击。在无线网络中,非法用户可以更加方便地采用嗅探、扫描等工具,扫描网络漏洞、拦截网络信息、窃取敏感内容,尤其是对未经加密的信息。

③ AP伪装和欺诈。由于IEEE 802.11标准没有对无线AP(无线网络接入点)身份进行认证,非法使用者可以自行安装一个无线AP诱导用户加入这个非法AP,从而达到获取信息和欺诈的目的。

(3) Wi-Fi的安全技术和安全使用

常用的Wi-Fi安全技术和安全使用方式主要如下。

① 启用无线网络加密。目前较为流行的无线路由器,绝大部分都支持WEP(Wired Equivalent Privacy,有线等效保密协议,是对在两台设备间无线传输的数据进行加密的方式,用以防止非法用户窃听或侵入无线网络)、WPA(Wi-Fi Protected Access,是一种保护无线网络安全的系统)等安全协议。以TP-LINK公司的TL-WDR7600无线路由器为例,登录网络管理端后台(默认的网络地址通常是192.168.1.1),在管理端的"无线设置"

图8.12 启用无线功能并进行安全设置

中,将无线功能设置为"开",设置好无线名称和密码即可,如图8.12所示。设置了无线密码后,路由器则自动使用WPA2-PSK/WPA-PSK加密方式、AES(Advanced Encryption Standard,高级加密标准)加密算法,有效提高了无线网络的安全性。个人用户在接入无线网络的时候,尽量选择启用了无线加密且设置了密码的无线网络。没有加密的无线网络,可能是非法设置的无线网络陷阱,应谨慎使用。

② 启用物理地址过滤。每个无线网卡都有一个固定物理地址(MAC)标识,网络管理员(包括家庭用户的管理员)可以在无线路由器或AP中,把允许访问网络设备的物理地址,添加到允许接入设备列表中,不在这个列表中的物理地址不允许接入该无线网络。以TP-LINK公司的TL-WDR7600无线路由器为例,在管理端的"允许接入设备列表"中,可以管理允许接入的设备,如图8.13所示。

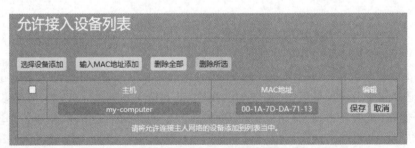

图8.13 管理允许接入的设备

2. 网上银行安全

随着电子商务和网络购物的普及,网上银行的使用越来越广泛,银行的信息安全已成为信息安全领域的重要部分。随着科技的发展,金融网络犯罪手法越来越多,尽管银行采取了各种措施保障了交易系统的安全,但是作为个人用户,如何正确、安全地使用网上银行,确保资金安全,也是至关重要的。目前,我国大多数银行都建立了网上银行,可以通过浏览器安全地访问网上银行,并通过银行网站查询余额、转账、购买理财产品等。中国工商银行的网银界面如图 8.14 所示。

图 8.14　登录中国工商银行网上银行并安装网银控件

个人用户要想正确使用网上银行,应注意防范安全风险,主要如下。

(1) 不要在网吧、公用计算机等公共场所使用网上银行,防止计算机中安装的黑客程序窃取账号、密码等关键信息。

(2) 不要向他人透露个人的用户名、密码或任何个人身份识别资料。

(3) 使用安全浏览器(例如谷歌 Chrome、微软 Edge、360 安全浏览器等)登录网上银行,并安装网上银行安全控件,确保信息安全。

(4) 认真鉴别网址,确认登录的是官方网站,避免虚假的钓鱼网站。

(5) 登录网上银行后,留意欢迎页面上的上次登录时间与实际登录情况是否相符,以便及时发现异常情况。

(6) 提高网上银行密码强度,应使用至少 8 位,且含有大小写英文字母、数字和特殊符号混合的密码,以提高被破解的难度。

(7) 提高支付安全性,支付密码应区别于登录密码;支付方式可以采用 U 盾、手机短信验证等方式;手机网上银行可使用指纹、3D 面部识别等生物识别技术进行验证。

(8) 使用完网上银行服务后,使用"注销"或"退出服务"按钮离开网页,以确保用户是在安全的情况下退出网上银行,不要通过关闭浏览器窗口来退出服务。

8.4　网 络 道 德

课堂练习

网络道德,是指以善恶为准绳,通过社会舆论、内心信念和传统习惯来评价人们的上网行为,调节网络时空中人与人之间以及个人与社会之间关系的行为规范。网络道德是人与人、人与人群关系的行为法则,是一定社会背景下人们的行为规范,赋予人们在动机或行为上的是非善恶判断标准。网络空间不是法外之地,除了要遵守国家的法律法规之外,也要加强自我约束,提升网络道德。

网络道德的基本原则是诚信、安全、公开、公平、公正、互助,基本规范如下。

(1) 不干扰他人的计算机正常工作。不能以炫耀技术或者报复的心态,对其他人正常使用计算机造成影响。

(2) 不破坏计算机资产。破坏计算机资产(包括软件和硬件)造成严重后果的,会涉嫌违法。

(3) 不使用盗版软件。软件也是一种商品,付费购买商品天经地义,使用盗版软件是不尊重软件作者的行为,也不符合 IT 行业的道德准则。

(4) 约束自己的网上行为。不要在网上发布和传播不健康的内容,更不要恶意攻击他人,不发布未经证实的虚假信息。

练习题答案
与解析

8.5 练 习 题

一、单项选择题

1. 下面不属于计算机信息安全的基本属性的是(　　)。
   A. 可用性和可靠性　　　　　　　　　B. 完整性和保密性
   C. 不可否认性和可控性　　　　　　　D. 正确性和可预见性

2. 影响计算机安全的因素不包括(　　)。
   A. 灰尘　　　　　　B. 系统漏洞　　　　　C. 系统更新　　　　D. 黑客攻击

3. 下面不属于信息安全技术的是(　　)。
   A. 分发加速技术　　　　　　　　　　B. 信息加密技术
   C. 防火墙技术　　　　　　　　　　　D. 身份认证技术

4. 关于计算机物理安全技术,不包括的一项是(　　)。
   A. 环境安全　　　　　B. 设备安全　　　　C. 媒体安全　　　　D. 人身安全

5. 计算机病毒是一种(　　)。
   A. 幻觉　　　　　　　　　　　　　　B. 化学感染
   C. 微生物感染　　　　　　　　　　　D. 特制的具有破坏性的程序

6. 下面关于计算机病毒的说法正确的是(　　)。
   A. 计算机病毒是在程序设计时,变成疏忽导致的软件错误
   B. 感染计算机病毒后,不能使用计算机,否则导致灾难性后果
   C. 计算机病毒是人为设计的一种程序
   D. 计算机病毒是通过系统漏洞传播的,没有漏洞的计算机不会感染计算机病毒

7. 将计算机病毒按照存在的媒体分类,下面说法不正确的是(　　)。
   A. 文件病毒　　　　　B. 网络病毒　　　　C. 引导型病毒　　　　D. 恶性病毒

8. 下面操作中,可能使计算机感染病毒的是(　　)。

　　A. 安装盗版软件　　　　　　　　　　B. 直接按电源按钮关闭计算机

　　C. 强行拔掉 U 盘　　　　　　　　　　D. 通过系统更新修补漏洞

9. 如果计算机感染了病毒,下面说法不正确的是(　　)。

　　A. 计算机无法启动　　　　　　　　　B. 操作员感染病毒

　　C. 某些数据丢失　　　　　　　　　　D. U 盘可能无法打开

10. 下面算法中为最常用的非对称加密算法是(　　)。

　　A. RSA　　　　　　B. RC4　　　　　　C. DES　　　　　　D. IDEA

11. 下面不属于身份认证手段的是(　　)。

　　A. 口令　　　　　　B. 性别　　　　　　C. 指纹　　　　　　D. 人脸识别

12. 下面关于防火墙的说法,错误的是(　　)。

　　A. 防火墙能保护计算机不受病毒感染

　　B. 防火墙能阻止来自内网的非法访问

　　C. 防火墙可以阻断攻击,但不能消灭攻击源

　　D. 防火墙可以不要专门的硬件来实现

13. 关于黑客防护技术,下面说法错误的是(　　)。

　　A. 采用更加安全的口令(密码),并定期更换

　　B. 定期使用安全软件进行检查

　　C. 将计算机安装一把防盗锁

　　D. 使用防火墙

14. 关于系统更新的说法,正确的是(　　)。

　　A. 系统更新需要付费　　　　　　　　B. 系统更新之后,就不会有漏洞

　　C. 系统更新可以自动运行　　　　　　D. 系统更新会清除用户数据

15. 以下符合网络道德规范的是(　　)。

　　A. 利用互联网进行“人肉搜索”

　　B. 发布自己编造的虚假消息

　　C. 搭建网络环境,进行网络实验

　　D. 破解他人密码,但不破坏他人数据

二、简答题

1. 计算机病毒的防治技术主要包括哪些?

2. 对于个人用户,常用的 Windows 安全策略主要包括哪些?

3. 网络道德的基本规范包括哪些?

第 9 章 计算思维与算法基础

9.1 计 算 思 维

9.1.1 计算思维的概念

思维是人类所具有的高级认知活动。按照信息论的观点,思维是对新输入信息与脑内储存知识经验进行一系列复杂的心智操作过程。

计算思维(Computational Thinking)是美国卡内基-梅隆大学的周以真(Jeannette M. Wing)教授于 2006 年 3 月在美国计算机权威期刊 *Communications of the ACM* 上首次提出的一种理论。周教授认为:计算思维是运用计算机科学的基础概念进行问题求解、系统设计以及人类行为理解等涵盖计算机科学之广度的一系列思维活动。

后来,国际教育技术协会和计算机科学教师协会于 2011 年给计算思维做了一个可操作性的定义,即计算思维是一个问题解决的过程,该过程包括以下特点:

(1) 制定问题,并能够利用计算机和其他工具来帮助解决该问题。

(2) 要符合逻辑地组织和分析数据。

(3) 通过抽象,如模型、仿真等,再现数据。

(4) 通过算法思想(一系列有序的步骤),支持自动化的解决方案。

(5) 分析可能的解决方案,找到最有效的方案,并且有效结合这些步骤和资源。

(6) 将该问题的求解过程进行推广并移植到更广泛的问题中。

计算思维到底是计算机的思维还是人的思维呢?周以真教授在其名为《计算思维》的论文中提到:计算思维是人的、不是计算机的思维方式。计算思维是人类求解问题的思维方法,而不是要使人类像计算机那样思考。

计算思维的定义在学术界存在一定的共识,但也有不少争议。在取得共识的层面,多数研究者都认可:

(1) 计算思维是一种思维过程,可以脱离计算机、互联网,人工智能等技术独立存在。

(2) 这种思维是人的思维而不是计算机的思维,是人用计算思维来控制计算设备,更高效、快速地完成单纯依靠人力无法完成的任务,解决计算时代之前无法想象的问题。

(3) 这种思维是未来世界认知、思考的常态思维方式,它教会人们理解并驾驭未来世界。

随着计算机的发展,计算思维已经成为求解问题的主要思维,它也是当今所有编程方法的基石。程序设计方法属于计算思维的范畴,掌握一门程序设计语言,有助于使用计算思维求解各种各样的问题。

9.1.2　计算思维的本质

计算思维的本质是抽象和自动化,它反映了计算的根本问题,即什么能被有效地自动执行。从操作层面上看,计算就是如何寻找一台计算机去求解问题,即是要确定合适的抽象,选择合适的计算机去解释执行该抽象(即自动化)。

1. 抽象

抽象是计算思维中的一个重要概念。具有计算思维能力的人可以把复杂的问题抽象化,忽略那些不重要的细节,最终控制系统的复杂性。然后利用严谨的数学符号或式子来构建问题对应的模型。

2. 自动化

计算思维中的抽象最终是要能够机械地一步一步自动执行。为了确保自动化,就需要在抽象过程中进行精确和严格的符号标记和建模,同时也要求计算机系统或软件系统生产厂家能够向公众提供各种不同抽象层次之间的翻译工具,也就是利用计算机的高速性和精确性,去解决各种实际问题。

9.2　算 法 基 础

9.2.1　算法的概念及特征

课堂练习

计算机算法是利用计算机按照一定的方法和步骤解决问题的过程,简称为算法。算法具有以下 5 个重要特征:

(1) 有效性。算法的每一个步骤都能够被计算机理解和执行,而不是抽象和模糊的概念。

(2) 有穷性。一个算法必须在执行有限步骤后结束。

(3) 确定性。算法的每一个步骤都必须有确切的含义,不能有任何歧义。

(4) 输入。一个算法有 0 个、1 个或多个输入。

(5) 输出。一个算法至少有 1 个输出,也可以有多个输出。

所以,算法能够对一定规范的输入,在有限时间内获得所要求的输出。

一个算法的优劣度可以用空间复杂度(运行时占用内存空间的多少)与时间复杂度(运行时间的长短)来衡量。同一个问题,往往可以采用不同的算法来解决,但某些算法的效率更高。

9.2.2 算法的表示

表示算法的方法有很多,常见的有自然语言、传统流程图、N-S流程图、伪代码等。在本书中将重点介绍传统流程图和N-S流程图。

1. 自然语言

自然语言就是人们日常使用的语言。使用自然语言描述算法,优点是通俗易懂,缺点是文字冗长,不够严谨,容易出现歧义。因此,除了特别简单的问题外,一般不会用自然语言表示算法。

2. 传统流程图

传统流程图是以特定的图形符号加上说明,用以表示算法的图,有时也简称为流程图。美国国家标准协会(ANSI)规定了一些常用的流程图符号,为世界各国程序工作者普遍采用,如图9.1所示。

起止框　　　输入输出框　　　判断框　　　　处理框　　　　流程线　　　连接点　　　注释框

图9.1　流程图符号

【例9-1】　用传统流程图表示"将百分制成绩转换成二级制成绩"的算法,转换规则为:若成绩大于或等于60分,则输出"合格",否则输出"不合格"。

问题分析:可以设置一个名为score的变量,用于存放用户输入的成绩,然后根据score的值做出判断,输出相应的信息。流程图如图9.2所示。为简化问题,本流程图未考虑用户输入非法数据(即负数或者大于100的数)的情况。

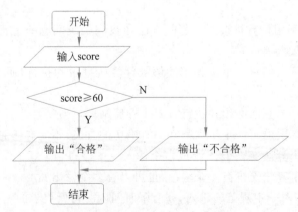

图9.2　百分制成绩转换成二级制成绩的流程图

【例9-2】　用传统流程图表示求解n!的算法。

问题分析:n!=1×2×3×4×…×(n-1)×n,可以先算出1×2的结果,然后将该结果乘以 3,再将结果乘以 4,……,乘以(n−1)、乘以 n,得到最终结果。这一过程可以用自然语言描述如下：

Step 1：先求 1×2,得到结果 2。

Step 2：将上一步的结果 2 乘以 3,得到结果 6。

Step 3：将上一步的结果 6 乘以 4,得 24。

Step 4：将上一步的结果 24 乘以 5,得 120。

Step 5：……

通过分析上面的 Step 1～Step 4,可以发现：每一步都是在重复地做一件事"将上一步的计算结果乘以一个数",而且"这个数"每经过一步就会增加 1,可以用一个变量 i 来表示；再用另一个变量 t 来表示上一步的计算结果。当条件 i≤n 不成立时,结束以上重复操作,然后输出计算结果(变量 t 的值)。由此,可以画出求 n! 的流程图,如图 9.3(a)所示。

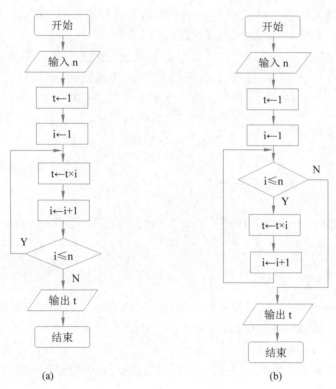

图 9.3 求 n! 的流程图

对图 9.3(a)稍加修改,即改成：先判断条件 i≤n 是否成立,再决定是否执行重复的操作"t←t×i,i←i+1",可得到求 n! 的另一种流程图,如图 9.3(b)所示。这两个流程图正是循环结构的两种形式,详见 9.2.3 节。

传统流程图的优点是直观形象,易于理解。但它有一个明显的缺点：对流程线的使用没有严格限制,使用者可以使流程随意地转来转去,使流程图变得毫无规律,阅读者要花很大精力去追踪流程,使人难以理解算法的逻辑。

3. N-S 流程图

N-S 流程图是美国学者 I. Nassi 和 B. Shneiderman 于 1973 年提出了一种新的流程图形式。N-S 流程图完全去掉了带箭头的流程线,全部算法写在一个矩形框内,在该框内还可以包含其他从属于它的框,即可由一些基本的框组成一个大的框。N-S 流程图的基本结构如图 9.4 所示。

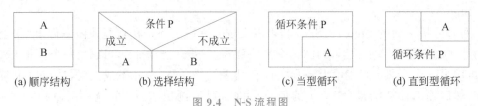

(a) 顺序结构　　　　(b) 选择结构　　　　(c) 当型循环　　　　(d) 直到型循环

图 9.4　N-S 流程图

图 9.5　求 n! 的 N-S 流程图

【例 9-3】　用 N-S 流程图表示求解 n! 的算法。

其流程图如图 9.5 所示。

N-S 流程图的优点:比文字描述更直观形象,容易理解;比传统流程图紧凑,容易绘制,它废除了流程线,整个算法结构是由各个基本结构按顺序组成的。N-S 流程图中的上下顺序就是执行时的顺序,也就是图中位置在上面的先执行,位置在下面的后执行。

课堂练习

9.2.3　算法的三种基本结构

计算机科学家们为结构化的程序定义了三种基本结构:顺序结构、选择结构(分支结构)和循环结构。

1. 顺序结构

顺序结构是一种最简单、最基本的结构,如图 9.6 所示。其中 a 点表示入口,b 点表示出口,A 和 B 代表算法的步骤(可以是程序的一条语句或多条语句),顺序结构按照顺序从上到下依次执行 A 和 B。

例如,要计算某同学的两门课程的平均分,只需要依次执行"输入课程 1 的成绩,输入课程 2 的成绩,求平均值,输出平均值"就可以实现。

2. 选择结构

有些问题只用顺序结构是无法解决的。例如,例 9-1 的成绩转换问题,需要根据成绩来决定应该输出"合格"还是"不合格",这就需要用到选择结构,也称为分支结构,如图 9.7 所示。从 a 点进入选择结构后,首先对条件 P 进行判断,若 P 成立,则执行 A;若 P 不成立,则执行 B(称为两路分支,见图 9.7(a))或不执行任何操作(称为一路分支,见图 9.7(b)),最后,从 b 点脱离该结构。图 9.2 的流程图就是两路分支的选择结构。

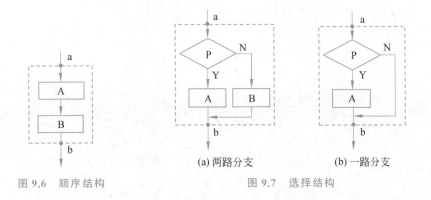

（a）两路分支 　　　　（b）一路分支

图 9.6　顺序结构　　　　　　　　图 9.7　选择结构

【例 9-4】　从键盘输入一个数，求它的绝对值并输出。画出该问题的流程图。

问题分析：假设输入的数据存在变量 x 中，然后根据 x 是否大于 0 来决定该执行什么样的操作。该问题可以用两路分支来解决，如图 9.8(a)所示；也可以用一路分支来解决，如图 9.8(b)所示。相比较而言，一路分支更简洁，用到的变量也较少。

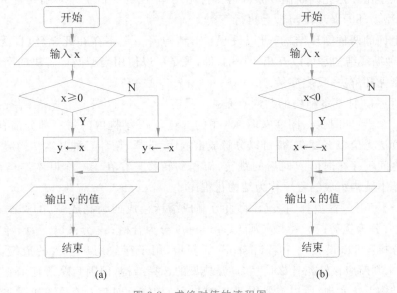

（a）　　　　　　　　　　　（b）

图 9.8　求绝对值的流程图

3. 循环结构

当需要反复执行某一操作时，则要用到循环结构。循环结构的特点是：在给定条件成立时，反复执行某些步骤，直到条件不成立为止。给定的条件称为循环条件，反复执行的步骤称为循环体。有两类循环结构：当型循环和直到型循环，如图 9.9 所示。

当型循环：进入循环结构后，先判断循环条件 P 是否成立，当 P 成立时执行循环体 A，执行完 A 再判断 P 是否成立，若仍然成立则继续执行 A，如此反复，当 P 不成立时循环结束。

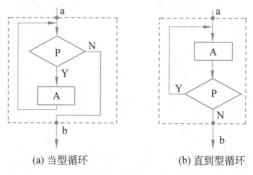

(a) 当型循环   (b) 直到型循环

图 9.9　循环结构

直到型循环：进入循环结构后，先执行循环体 A，再判断循环条件 P 是否成立，若成立则继续执行 A，如此反复，直到条件不成立时才结束循环。

图 9.3 所展示的两种求 n! 的流程图，其中图 9.3(a) 是直到型循环，图 9.3(b) 是当型循环。

因为当型循环是先判断循环条件再执行循环体，因此它的循环体有可能一次都不执行；而直到型循环的循环体至少会执行一次。

分析上面的两种循环结构，可以发现：①结构内一定不存在死循环（即无限制地循环）；②两种循环结构是可以互相转换的，即，凡是可以使用当型循环解决的问题，也可以使用直到型循环解决，反之亦然。

综上所述，3 种基本结构的共同点是：①只有一个入口（图 9.6、图 9.7、图 9.9 中的 a 点），只有一个出口（图 9.6、图 9.7、图 9.9 中的 b 点）；②结构内的每一部分都有机会被执行。一个算法无论多么复杂，都可以分解成由顺序、选择、循环三种基本结构组合而成，在基本结构之间不存在向前或向后的跳转，流程的转移只存在于一个基本结构范围之内。由这 3 种基本结构组成的程序称为结构化程序。

【例 9-5】　用 N-S 流程图表示"将百分制成绩转换成四级制成绩"的算法，转换规则为：85～100 分为优秀；70～84 分为良好；60～69 分为合格；59 分及以下为不合格。

问题分析：可以设置一个名为 score 的变量，用于存放用户输入的成绩，然后根据 score 的值来判断应该输出什么信息，这是典型的选择结构，但因为总共有 4 个分支，只用一个选择结构无法实现，所以需要用到多个选择结构进行嵌套。流程图如图 9.10 所示。

需要特别说明的是，当最外层选择结构的判断条件 score≥85 不成立时才会进入第二个选择结构，此时 score 一定是小于 85 的，所以第二个选择结构的条件没必要写成"score≥70 且 score<85"，写成 score≥70 更简洁。第三个选择结构的条件也是类似的道理。

拓展学习：如果考虑用户输入非法数据（负数或者大于 100 的数）的情况，应该如何修改流程图呢？

除了选择结构可以嵌套外，循环结构也可以嵌套，选择与循环结构也可以互相嵌套，即在选择结构的某个分支下嵌入循环结构，或在循环结构的循环体中包含选择结构。

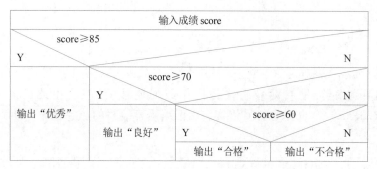

图 9.10　百分制成绩转换成四级制成绩的 N-S 流程图

课堂练习

9.3　程序设计语言

人与人之间通过语言进行交流,而人与计算机的交流是通过程序设计语言(Programming Language)来实现的。在编写程序时,首先要考虑用什么形式来表达程序,即用什么"语言"来编写程序,编写程序的"语言"称为程序设计语言。

从计算机问世至今,程序设计语言经历了从机器语言、汇编语言到高级语言的发展过程。

9.3.1　机器语言

机器语言(Machine Language)是用二进制代码表示的、计算机能直接识别和执行的一种机器指令的集合,被称为第一代程序设计语言。它是计算机的设计者通过计算机的硬件结构赋予计算机的操作功能。

机器语言指令由操作码和操作数两部分组成。操作码规定了指令的操作,是指令中的关键字,不能缺省,每一个操作码在计算机内部都由相应的电路来实现。操作数表示该指令的操作对象。例如,图 9.11 表示了用机器语言编写的 A＝12＋9 的程序。

10110000　00001100	将 12 放入累加器 A 中
00101100　00001001	将 9 与累加器 A 中的值相加,得到的结果仍然存入 A 中
11110100	结束

图 9.11　用机器语言编写的程序

机器语言的优点是:能直接被计算机识别和执行,执行速度快。但它也有非常明显的缺点:①可移植性差。不同型号的计算机,其机器语言是不相通的,按照一种计算机的机器指令编制的程序,不能在另一种计算机上执行。②用机器语言编写程序,程序员需要记住大量用二进制形式表示的指令代码及其含义,这不仅难记、难书写、难阅读,而且很容易出错。

9.3.2　汇编语言

为了克服机器语言难理解、难记忆等缺点,一位数学家发明了用助记符来代替机器指令的操作码,用地址符号或标号来代替操作数的地址的方法,由此诞生了汇编语言(Assembly Language),也称为符号语言。用汇编语言编写的 A＝12＋9 的程序如图 9.12 所示。

MOV　A, 12	将 12 放入累加器 A 中
ADD　A, 9	将 9 与累加器 A 中的值相加,得到的结果仍然存入 A 中
HLT	结束

图 9.12　用汇编语言编写的程序

用汇编语言编写的程序不能直接被计算机识别和执行,必须通过汇编程序的翻译,才能生成可以被计算机识别和执行的二进制代码。

汇编语言被称为第二代程序设计语言,它在一定程度上克服了机器语言难理解、难记忆的缺点,并且保持了执行速度快的优点。但是,程序员仍然需要记住大量的助记符,而且特定的汇编语言和特定的机器语言指令集是一一对应的,不同平台之间不可直接移植。

机器语言和汇编语言都是面向机器的语言,要求编程者熟悉计算机的硬件结构及其原理,并按照机器的方式去思考问题,这就导致对于非计算机专业人员来说,编程是一件非常困难的事情。在这种情况下,人们希望有一种独立于机器、又接近自然语言的编程语言,这就是后来出现的高级语言。

9.3.3　高级语言

高级语言是一种独立于机器,比较接近于英语和数学公式的编程语言,被称为第三代程序设计语言。例如,要将变量 a 和 b 的值相加,其和存放于变量 c 中,用高级语言表示为 c＝a＋b,与数学公式一致,用户更易理解。

高级语言并不是特指某一种具体的语言,而是包括很多种编程语言,如流行的 Python、Java、C、C＋＋、C♯等,这些语言的语法、命令格式都不相同。

高级语言与计算机的硬件结构及指令系统无关,它具有更强的表达能力,能更好地描述各种算法,而且容易学习掌握。使用高级语言编写的程序具有较强的通用性和可移植性,从而提高了编程的效率。但高级语言编译生成的程序代码一般比用汇编语言编写的程序代码更长,执行的速度也更慢。所以汇编语言适合编写一些对速度和代码长度要求高的程序以及需要直接控制硬件的程序。

用高级语言编写的程序称为源代码或源程序,它不能直接被计算机识别和运行,必须将其翻译成机器能识别的二进制代码才能执行。这种"翻译"通常有两种方式:编译方式和解释方式,分别通过编译程序和解释程序完成。例如,C、C＋＋采用编译方式;Python、BASIC 采用解释方式。

高级语言经历了从面向过程到面向对象的发展历程。

1. 面向过程的程序设计语言

在面向过程的程序设计语言中,程序设计的重点在于如何高效地完成任务,需要详细描述"怎么做",即必须明确指示计算机从任务开始到结束的每一步,程序员决定和控制计算机处理指令的顺序。常见的面向过程的高级语言有 C、Fortran、BASIC、Pascal 等。

2. 面向对象的程序设计语言

面向对象的程序设计语言是一类以对象为基本程序结构单位的程序设计语言,而对象是程序运行时的基本成分。语言中提供了类、对象等成分,有抽象性(将具有一致的数据结构和行为的对象抽象成类)、封装性(对外只提供最小完整可用的接口,隐藏内部实现细节)、继承性(子类可继承父类数据结构和方法,提高代码的可重用性)和多态性(相同的操作或函数、过程可作用于多种类型的对象上并获得不同的结果)4 个主要特点。常见的面向对象的高级语言有 Python、Java、C++ 等。

9.4　Python 语言基础

9.4.1　Python 语言简介

Python 是一种解释型、面向对象的程序设计语言,由荷兰人吉多·范罗苏姆(Guido van Rossum)于 1989 年底发明。自其诞生至今,已被逐渐广泛应用于系统管理任务的处理和 Web 编程。

在 TIOBE 编程语言排行榜(该排行榜反映了各门编程语言的热门程度)上,Python 分别于 2007 年、2010 年、2018 年、2020 年、2021 年获得年度编程语言奖。在 2023 年 2 月公布的 TIOBE 编程语言排行榜中,Python 以 15.49% 的占有率排名第一。

Python 目前包含两个主要的版本,即 Python 2 和 Python 3。Python 2 于 2000 年 10 月发布,目前的最新版本是 Python 2.7,Python 官方已于 2020 年 4 月停止了对 Python 2 的维护。Python 3 于 2008 年 12 月发布,目前的最新版本是 2022 年 10 月发布的 Python 3.11。Python 3 在设计时,为了不带入过多的累赘,没有考虑向下兼容。因此,许多用 Python 2 开发的程序无法在 Python 3 上正常运行;使用 Python 3,一般也不能直接调用 Python 2 开发的库,而必须使用 Python 3 版本的库。本书以 Python 3 为例。

9.4.2　Python 开发环境配置

微课视频

Python 支持 Windows、Linux/UNIX、macOS 等多种平台,本书基于 Windows 10 和 Python 3.10.2 搭建 Python 开发平台。

1. 下载 Python 安装程序

可以在 Python 官网上进行下载,网址为 https://www.python.org/downloads/,打开网页后如图 9.13 所示。可以直接单击按钮"Download Python 3.11.2"下载最新版本,也可以将该网页翻到"Looking for a specific release?"部分,从列表中选择一个指定版本(例如 3.10.2 版)后,单击该行后面的"Download",在新打开的网页中找到"Windows installer(64-bit)"并单击它,即可开始下载。下载的安装程序文件名为 python-3.10.2-amd64.exe。

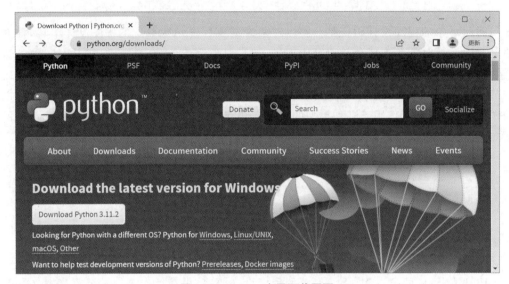

图 9.13　Python 官网下载页面

2. 安装 Python 应用程序

在计算机中找到已经下载的安装程序 python-3.10.2-amd64.exe,双击,打开安装程序向导,如图 9.14 所示。注意需要选中"Add Python 3.10 to PATH"复选框,然后单击"Install Now"开始安装,Python 将被安装到默认路径下,其默认路径为用户本地应用程序文件夹下的 Python 目录(图中为 C:\Users\liuji\AppData\Local\Programs\Python \Python310),若想改变安装路径,可单击"Customize installation",设置安装路径后再开始安装。安装过程与其他的 Windows 程序类似,不再赘述。

在安装完 Python 后,会自动安装 IDLE(Integrated Development and Learning Environment,集成开发和学习环境),它是 Python 的集成开发环境,提供语法加亮、段落缩进、基本文本编辑、Tab 键控制、调试程序等基本功能,是非商业 Python 开发的不错的选择。

9.4.3　开发和运行 Python 程序

微课视频

开发和运行 Python 程序一般包含以下两种方式。

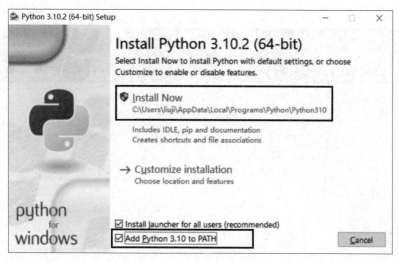

图 9.14　Python 安装向导

（1）交互式，在 Python 解释器的命令行窗口中，输入一行代码并回车，会立刻执行，立即看到结果，一般用于调试少量代码。

（2）文件式，编写 Python 程序并保存在一个或多个源代码文件中，然后通过 Python 解释器来执行，适用于较复杂的应用程序的开发。

1. 以交互式方式运行 Python 程序

方法一：使用 Python 解释器命令行窗口。

单击 Windows"开始"菜单，在"所有应用"中找到"Python 3.10"下的"Python 3.10 (64-bit)"（如图 9.15）并单击它，将会打开 Python 解释器命令行窗口，如图 9.16 所示。

Python 解释器的提示符默认为＞＞＞，在提示符后输入代码后按回车键，Python 解释器将解释执行该代码，并输出结果（没有＞＞＞的行表示是运行结果）。例如，输入 print（'Hello World!'），则 Python 解释器将调用 print（）函数，输出字符串 "Hello World!"，如图 9.16 所示。注意：圆括号和单引号都应该是英文状态的标点符号，否则会产生语法错误；字符串的内容可随意修改。

方法二：使用 IDLE 集成开发环境。

在图 9.15 中，单击"IDLE（Python 3.10 64-bit）"，打开 IDLE，在提示符＞＞＞后面输入代码后，按回

图 9.15　开始菜单中的 Python

车键，即可查看运行结果。图 9.17 是在 IDLE 中输入代码 print('Hello World!')后的运行结果。

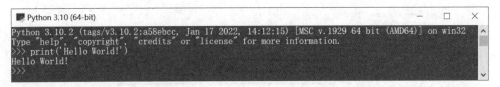

图 9.16　Python 解释器命令行窗口

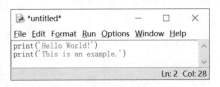

图 9.17　IDLE 集成开发环境

2. 以文件方式运行 Python 程序

用户可以将 Python 程序编写成一个源文件,其扩展名为.py,然后通过 Python 解释器执行。具体方法如下。

在图 9.17 的 IDLE 窗口中,单击 File 菜单下的 New File 子菜单,此时会打开一个新窗口,在其中输入代码,如图 9.18 所示。单击 File 菜单下的 Save 子菜单,弹出图 9.19 所示的窗口,在此窗口中选择文件的保存位置(图中为 D:\Myprogram),然后输入文件名(例如 mytest),注意"保存类型"应为"Python files",以便让系统为该文件自动添加扩展名.py,然后单击"保存"按钮,会返回到代码编辑窗口,如图 9.20 所示。与图 9.18 对比,会发现窗口的标题栏变成了"mytest.py",表明该源文件已保存好。

图 9.18　使用 IDLE 编写 Python 程序

然后在图 9.20 所示的窗口中单击 Run 菜单下的 Run Module 子菜单(或者直接按快捷键 F5)运行程序,将会打开图 9.21 所示的窗口,其中显示了程序的运行结果。注意:没有>>>提示符的行就是运行结果。

9.4.4　Python 语言基础

课堂练习

1. Python 程序的构成

Python 程序由模块组成。一个模块对应一个 Python 源文件,其扩展名是 .py。

模块由语句组成。运行 Python 程序时,按照模块中的语句的顺序依次执行。

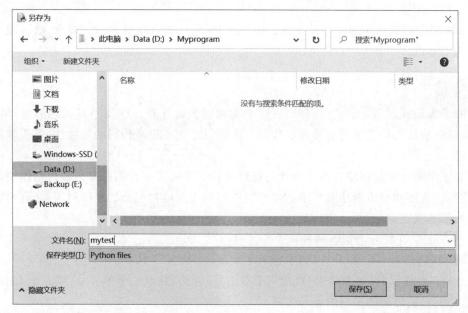

图 9.19　保存 Python 源文件

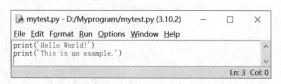

图 9.20　已保存的 Python 源文件 mytest.py

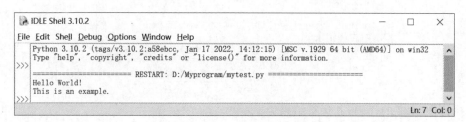

图 9.21　Python 程序的运行结果

语句是 Python 程序的基本构成元素,用于创建对象、变量赋值、调用函数、控制分支、创建循环等。

Python 语句分为简单语句和复合语句。简单语句包括表达式语句、赋值语句等。复合语句详见 9.4.5 节。

Python 语句的书写规则如下。

(1) 一般情况下一行写一条语句。如果语句太长,需要写成多行,可以使用续行符(\)。如果需要在一行写多条语句,用分号隔开。

(2) 从第一列开始书写,前面不能有任何空格,否则会产生语法错误。注释语句可以从任意位置开始。

（3）复合语句的构造体必须缩进。缩进是 Python 语言的强制语法规范，通常用 4 个空格表示缩进。

2. 注释

除了实现程序功能的代码以外，程序中通常还包含注释。注释是对代码的解释和说明，其目的是让人们能够更容易理解代码。注释只是为了提高代码的可读性，不会被计算机执行。

程序注释一般包括序言性注释和功能性注释。序言性注释的主要内容包括模块的接口、数据的描述和模块的功能介绍。功能性注释的主要内容包括程序段的功能、语句的功能和数据的状态。

Python 的注释分为如下两种。

（1）单行注释，以 # 开头，到本行末尾结束。

（2）多行注释，以三个单引号（或三个双引号）开头，并以三个单引号（或三个双引号）结束，位于它们之间的多行内容为注释。

图 9.22 显示了 Python 的注释。

图 9.22　Python 程序的注释

执行图 9.22 的代码，其运行结果为：

```
Hello World!
Python program.
```

3. Python 对象

计算机程序通常用于处理各种类型的数据（即对象），不同的数据属于不同的数据类型，支持不同的运算操作。

在 Python 中，一切皆为对象。为了引用对象，必须通过赋值语句，把对象赋值给变量。语法格式如下：

> 变量名=字面量或表达式

其中的＝是赋值运算符,用于将＝右侧的表达式的计算结果赋值给左边的变量。

特别注意：Python 中的变量不需要声明。每个变量在使用前都必须赋值,给变量赋值以后该变量才会被创建。

例如：

```
>>> a=2      #将字面量 2 赋值给变量 a
>>> b=5
>>> c=a+b    #将表达式 a+b 的计算结果(即 7)赋值给变量 c
>>> c        #显示变量 c 的值,也可用 print(c)
      7      #没有>>>提示符的行表示运行结果
```

4. 标识符及命名规则

标识符是变量、函数、类、模块和其他对象的名称,其命名规则如下。

(1) 标识符只能由字母、数字和下画线组成,且第一个字符必须是字母或下画线。

(2) 区分大小写。

(3) 不能使用 Python 语言的保留关键字。

关键字是预定义的保留标识符,有特殊的语法含义。Python 3 提供的关键字如表 9.1 所示,部分关键字的使用,将在后续章节陆续介绍。

表 9.1　Python 3 的关键字

False	await	else	import	pass
None	break	except	in	raise
True	class	finally	is	return
and	continue	for	lambda	try
as	def	from	nonlocal	while
assert	del	global	not	with
async	elif	if	or	yield

5. 表达式和运算符

表达式是用于计算的式子,由运算符(如＋、－、＊、/等)和操作数(如常量、变量等)构成。运算符指定对操作数所做的运算。表达式通过运算后产生运算结果,返回结果对象。

如果一个表达式中包含多个运算符,则运算顺序取决于运算符的优先级和结合性。

优先级表示不同运算符参与运算时的先后顺序,先进行优先级高的运算,再进行优先级低的运算。

结合性是指当一个表达式中出现多个优先级相同的运算符时，先执行哪个运算符：先执行左边的叫左结合，先执行右边的叫右结合。用户可以使用圆括号( )强制改变运算顺序。

Python 提供的运算符及其优先级、结合性如表 9.2 所示，表中的数字越小，表示优先级越高。

表 9.2　Python 的运算符

运　算　符	含　　义	优先级	结合性
( )	圆括号	1	无
[ ]	索引运算符	2	左
.	属性访问	3	左
**	幂运算符	4	右
~	按位取反	5	右
+、-	正号、负号	6	右
*、/、//、%	乘法、除法、整除、取余	7	左
+、-	加法、减法	8	左
>>、<<	右移、左移	9	左
&	按位与	10	右
^	按位异或	11	左
|	按位或	12	左
>、<、>=、<=	大于、小于、大于等于、小于等于	13	左
==、!=	等于、不等于	14	左
=、+=、-=、*=、/=、%=、//=、**=	赋值运算符	15	右
is、is not	身份运算符	16	左
in、not in	成员运算符	17	左
not	逻辑非	18	右
and	逻辑与	19	左
or	逻辑或	20	左
,	逗号运算符	21	左

下面将对初学阶段涉及到的 Python 运算符进行介绍。

（1）算术运算符

Python 提供的算术运算符及其含义如表 9.3 所示。

表 9.3 算术运算符

运算符	含 义	示例及说明
**	幂运算符	2**5 表示 2 的 5 次方
+、−	正号、负号	
*、/	乘法、除法	11/4 的结果为 2.75
//	整数除法	11//4 的结果为 2(结果为向下取整的整数)
%	整数取余(也称为模运算)	11%4 的结果为 3(即 11÷4 的余数)
+、−	加法、减法	

读者可以在 Python 提示符后输入各种算术表达式,如下所示,通过查看运行结果来理解以上运算符的含义。

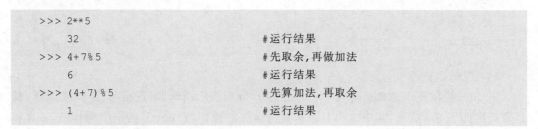

```
>>> 2**5
    32                      #运行结果
>>> 4+7%5                   #先取余,再做加法
    6                       #运行结果
>>> (4+7)%5                 #先算加法,再取余
    1                       #运行结果
```

(2) 赋值运算符

Python 提供的赋值运算符分为如下两种。

• 简单赋值运算符=,例如 c=a+b 表示将 a+b 的运算结果赋值给 c。

• 复合赋值运算符,包括+=、−=、*=、/=、%=、**=、//=。

例如,a+=b 等效于 a=a+b,即将 a+b 的运算结果赋值给变量 a。a**=b 等效于 a=a**b,即将 a 的 b 次方的计算结果赋值给变量 a。

赋值运算符的使用示例如下:

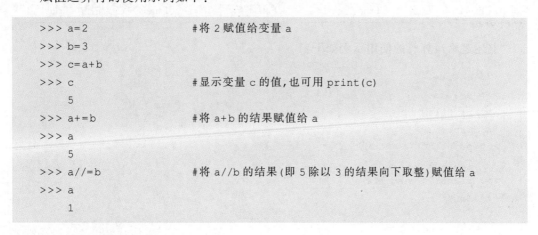

```
>>> a=2                 #将 2 赋值给变量 a
>>> b=3
>>> c=a+b
>>> c                   #显示变量 c 的值,也可用 print(c)
    5
>>> a+=b                #将 a+b 的结果赋值给 a
>>> a
    5
>>> a//=b               #将 a//b 的结果(即 5 除以 3 的结果向下取整)赋值给 a
>>> a
    1
```

(3) 比较运算符

Python 提供的比较运算符(也称为关系运算符)及其含义如表 9.4 所示。

表 9.4 比较运算符

运 算 符	含 义	示例及说明
>、<、>=、<=	大于、小于、大于或等于、小于或等于	x>=y：若 x 大于等于 y，则返回 True，否则返回 False
==、!=	等于、不等于	x==y：若 x 等于 y，则返回 True，否则返回 False

上述比较运算符的使用示例如下：

```
>>> a=2
>>> b=3
>>> a<b
    True
>>> a+4<b
    False
>>> a+1<=b
    True
```

（4）逻辑运算符

Python 提供三个逻辑运算符：not、and、or，分别表示逻辑非、逻辑与、逻辑或运算，其运算规则如表 9.5 所示，其中 a 和 b 表示参与运算的操作数；not 只需一个操作数，and 和 or 需要两个操作数。

表 9.5 逻辑运算符的运算规则

a	b	not a	a and b	a or b
False	False	True	False	False
False	True	True	False	True
True	False	False	False	True
True	True	False	True	True

上述逻辑运算符的使用示例如下：

```
>>> a=True
>>> b=False
>>> print(a or b)
    True
>>> print(not(a and b))
    True
>>> print(2<5 and 3<4)
    True
```

6. 数据类型

在 Python 中，变量没有类型，我们所说的"类型"是变量所指的内存中对象的类型。

在 Python 中,所有对象都有一个数据类型。只有给数据赋予明确的数据类型,计算机才能对数据进行处理运算。Python 的数据类型包括内置数据类型和自定义数据类型。Python 内置的基本数据类型包括数字类型(又分为整型、浮点型、复数型、布尔型)、字符串、列表、元组、字典。下面将对其中的数字类型和字符串类型进行简要介绍,读者可通过查阅资料的方式来了解其他类型。

(1) 数字类型(Number)

Python 的数字类型主要包括 int(整型)、float(浮点型)、complex(复数类型)、bool(布尔类型)。

- **int**

int 是表示整数的数据类型。与其他编程语言不同的是,Python 并没有限制 int 型的表示范围,整型数据可以为任意长度的位数,只受限于计算机内存。例如 125、−64、0 都是十进制整数。Python 也支持二进制、八进制、十六进制的整数,分别需要在数值前加 0B、0O、0X 作为前缀(字母 B、O、X 可大写也可小写)。例如,0X1f2 是一个十六进制整数。

- **float**

float 是表示实数的数据类型,其精度和机器有关。例如 1.23、−34.56、0.26、5.0 都是浮点型数据;3.567e-12(表示 3.567×10^{-12})、8.73e6(表示 8.73×10^6)也是浮点型数据。小数点前后的 0 可以省略,例如 5.0 与 0.26 可以分别写成 5. 与.26。

- **complex**

Python 还支持复数,复数由实数部分和虚数部分构成,可以用 a+bj,或者 complex(a,b)表示,复数的实部 a 和虚部 b 都是浮点型。

- **bool**

布尔类型是特殊的整型,它的值只有两个:True 和 False。布尔型用于逻辑运算,如果将布尔值进行数值运算,True 会被当作整型 1,False 会被当作整型 0。

可以使用 type()函数查看某个对象(例如变量、字面量)的类型。

Python 的数字类型的使用示例如下:

```
>>> a=765
>>> type(a)
    <class 'int'>              #此运行结果表明变量 a 是整型
>>> b=7.6e-8
>>> type(b)
    <class 'float'>           #此运行结果表明变量 b 是浮点型
>>> c=2+3j
>>> c
    (2+3j)
>>> type(c)
    <class 'complex'>         #此运行结果表明变量 c 是复数类型
>>> d=complex(8,6)
>>> d
```

```
     (8+6j)
>>> e=True
>>> type(e)
     <class 'bool'>                      #此运行结果表明变量 e 是布尔型
```

（2）字符串类型

字符串（str）是一个有序的字符集合。Python 的字符串字面量可以使用以下 4 种方式定义。

- 一对单引号：包含在单引号之间的若干个字符即为字符串，该字符串可以包含双引号。
- 一对双引号：包含在双引号之间的若干个字符即为字符串，该字符串可以包含单引号。
- 以三单引号（三个连续的单引号，即''' ）开头并以三单引号结尾，包含在其中的字符串可以跨行。
- 以三双引号（"""）开头并以三双引号结尾，包含在其中的字符串可以跨行。

因此，在 9.4.3 节使用的语句 print('Hello World! ')，也可以写成 print("Hello World!")，两条语句都可以输出字符串"Hello World!"。

下面例子的前半部分演示了三单引号的用法，其中的字符串有两行；后半部分演示了包含双引号的字符串。

```
>>> x='''This is the first line.
...This is the second line. '''    #三个点是系统提示符,提示用户继续输入字符串的内容
>>> print(x)
     This is the first line.
     This is the second line.
>>> y='ab"c'                        #该字符串中包含了一个双引号
>>> print(y)
     ab"c
```

9.4.5　Python 程序流程控制

9.2.3 节介绍了程序的 3 种基本结构：顺序结构、选择结构和循环结构，可以用 Python 语言来实现这 3 种基本结构。

Python 一般都会按照程序的书写顺序从头到尾地执行文件中的语句，但是像 if、while、for 这样的语句会使得解释器的执行过程在程序内跳跃。这类会对正常执行顺序产生影响的语句，通常称为流程控制语句。

在正式学习 Python 程序的 3 种结构和流程控制语句之前，先了解一下程序的基本构成，即 IPO 模式。

1. 程序编写的 IPO 模式

无论程序的规模如何,每个程序都可以分解为 Input(输入)、Process(处理)、Output(输出)3 个部分,简称 IPO。

(1) 输入数据:程序要处理的数据有多种来源,包括控制台输入、参数输入、文件输入、网络输入等。

(2) 处理数据:这是程序对输入数据进行计算、得到计算结果的过程。

(3) 输出数据:将计算结果输出给用户,输出方式包括控制台输出、文件输出、网络输出等。

Python 提供的 **input()** 函数,可以从控制台获取用户的键盘输入,其返回值为字符串类型。如需将输入数据转换为整型,应使用 **int()** 函数;如需将输入数据转换为浮点型,应使用 **float()** 函数。使用示例如下:

```
>>> a=input("请输入一个数:")   #双引号中的内容是程序运行时的输入提示信息
    请输入一个数:7              #本行是运行结果,7是从键盘输入的数据
>>> print(a/2)                 #执行本行代码会产生语法错误,因为字符串不能做除法运算
>>> type(a)
    <class 'str'>              #运行结果表明变量 a 是字符串型
>>> a=int(a)                   #将变量 a 转换为整型
>>> print(a/2)                 #整型数据可做除法计算,得到 3.5
    3.5
>>> type(a)
    <class 'int'>              #运行结果表明变量 a 已被转换为整型
```

2. 顺序结构

顺序结构的程序,其执行的基本顺序是:按各语句的书写顺序依次执行。

【例 9-6】 用 Python 编程实现:计算一位同学的两门课的平均分。

用 IPO 模式分析该程序,具体如下:

(1) 输入:输入两门课的成绩,存入变量 score1 和 score2 中。

(2) 处理:计算平均分:avg=(score1+score2)/2。

(3) 输出:输出 avg 的值。

参考 9.4.3 节介绍的方法,打开 IDLE,新建一个文件,在其中输入以下代码,保存为文件 score.py,然后按快捷键 F5 运行该程序。

编程实现:

```
score1=input("请输入第一门课的成绩:")
score1=float(score1)              #将输入的数据转换为浮点型
score2=input("请输入第二门课的成绩:")
score2=float(score2)
```

微课视频

```
avg=(score1+score2)/2
print("平均分为:", avg)
```

程序中的第 1、2 行也可以合并为一行,即:

```
score1=float(input("请输入第一门课的成绩:"))
```

运行结果:

```
请输入第一门课的成绩:87.5
请输入第二门课的成绩:82
平均分为: 84.75
```

3. 选择结构

选择结构可以根据条件来控制程序执行哪个分支,也称为分支结构。Python 的选择结构包括单分支、双分支、多分支等形式。

(1) 单分支

单分支的语法形式如下:

```
if 判断条件:
    语句/语句块
```

其功能是:当"判断条件"的值为真(True)时,执行 if 后的"语句/语句块",否则不做任何操作,程序流程直接转到 if 语句的结束点。

说明:

① 判断条件可以是关系表达式、逻辑表达式、算术表达式等。判断条件后的冒号必不可少。

② 语句/语句块,可以是单条语句,也可以是多条语句。

③ Python 根据缩进来判断代码行与前一个代码行的关系。此处的"语句/语句块"是 if 结构的一部分,因此必须缩进(按 Tab 键或空格键,但不能混用),且多条语句的缩进对齐必须一致。

【例 9-7】 用 Python 编程实现例 9-4 的功能,即从键盘输入一个数,求它的绝对值并输出。

问题分析:

该问题的两种流程图(两路分支和一路分支)已在例 9-4 中画出,本例仅实现一路分支的程序。

编程实现:

```
data=float(input("请输入一个数:"))
if data<0:
```

```
        data=-data
print("该数的绝对值是:", data)
```

运行结果:

| 请输入一个数:3.5 | 请输入一个数:-6.5 |
| 该数的绝对值是: 3.5 | 该数的绝对值是: 6.5 |

特别说明:

① 语句 data=-data 属于 if 结构,必须缩进。若未缩进,会报语法错误"expected an indented block after 'if' statement",表示缺少空格或者缩进。

② 语句 print("该数的绝对值是:", data) 不属于 if 结构,不能缩进。若缩进了,不会报语法错误,但程序逻辑有错,表示该语句属于 if 结构,仅当 data<0 为真时才执行该语句。会导致:输入负数时,运行结果正确;而输入 0 或正数时,程序没有输出。

③ 本程序中,if 所在的行及其下一缩进行构成了复合语句。

复合语句由一个或多个"子句"组成,子句由头部语句(header)和构造体(suite)组成。每一个头部语句以一个唯一的关键字开始并以冒号结束。构造体是由一条头部语句控制的一组语句。一个构造体可以是语句的冒号之后的同一行上紧跟一个或多个分号分隔的简单语句,也可以是后续行上一个或多个缩进的语句。只有后一种形式的构造体可以包含嵌套复合语句。

一般来说,复合语句跨越多个逻辑行,在简单形式中,整个复合语句也可以包含在一行中。复合语句主要包含流程控制语句(if、while 和 for 语句)、异常处理语句(try 语句)、函数定义、类定义等,本节主要介绍流程控制语句。

(2) 双分支

双分支的语法形式如下:

```
if 判断条件:
    语句/语句块 1
else:
    语句/语句块 2
```

其功能是:当"判断条件"的值为真(True)时,执行 if 后的"语句/语句块 1",否则执行 else 后的"语句/语句块 2"。

【例 9-8】 用 Python 编程实现例 9-1 的功能,即从键盘输入一个百分制成绩,将其转换为二级制成绩(合格或不合格)并输出。

编程实现:

微课视频

```
score=float(input("请输入百分制成绩:"))
if score>=60:
    level="合格"
else:
```

```
    level="不合格"
print("成绩为:", level)
```

运行结果:

| 请输入百分制成绩:60 | 请输入百分制成绩:53 |
| 成绩为:合格 | 成绩为:不合格 |

（3）多分支

多分支的语法形式如下:

```
if 判断条件 1:
    语句/语句块 1
elif 判断条件 2:
    语句/语句块 2
...
elif 判断条件 n:
    语句/语句块 n
[else:
    语句/语句块 n+1 ]
```

其功能是:若"判断条件 1"为 True,则执行"语句/语句块 1",然后整个 if 结构结束;否则,检查"判断条件 2",若为 True,则执行"语句/语句块 2",然后整个 if 结构结束;……若所有判断条件都为 False,则执行 else 分支的"语句/语句块 n"。其中,[ ]表示 else 分支是可选部分,即可以根据编程需要决定是否使用 else 分支。

【例 9-9】 用 Python 编程实现例 9-5 的功能,即从键盘输入一个百分制成绩,将其转换为四级制成绩并输出。

问题分析:

该问题的流程图见图 9.10,程序如下。本程序未在每个分支下编写输出语句,而是将"优秀""良好"等字符串赋值给一个变量,然后在整个选择结构结束后,再输出该变量的值,这样可以让程序更简洁一些。

编程实现:

```
score=float(input("请输入百分制成绩:"))
if score>=85:
    level="优秀"
elif score>=70:
    level="良好"
elif score>=60:
    level="合格"
else:
    level="不合格"
print("成绩为:", level)
```

运行结果：

| 请输入百分制成绩：95 | 请输入百分制成绩：72 |
| 成绩为：优秀 | 成绩为：良好 |

（4）if 语句的嵌套

在 if 语句中又包含一个或多个 if 语句，称为 if 语句的嵌套。一般形式如下：

```
if 判断条件 1：
    if 判断条件 11：
        语句/语句块 11
    [else：
        语句/语句块 12 ]
[else：
    if 判断条件 21：
        语句/语句块 21
    [else：
        语句/语句块 22 ] ]
```

写在 [ ] 中的部分为可选部分。

【例 9-10】 对例 9-9 的程序进行完善，增加对用户输入的非法数据（负数或者大于 100 的数）的判断，并输出相应的提示信息。

问题分析：

在该问题中，首先需要使用一个 if…else 语句判断输入的数据是否合法。若不合法，直接输出提示信息；若合法，则需进一步判断成绩可以转换成哪一个等级（即例 9-9 的多分支结构）。因此，需要在外层 if…else 语句的 else 分支下再嵌套另一个 if 语句。

编程实现：

```
score=float(input("请输入百分制成绩："))
if score>100 or score <0:
    print("输入的不是百分制成绩。")
else:
    if score>=85:
        level="优秀"
    elif score>=70:
        level="良好"
    elif score>=60:
        level="合格"
    else:
        level="不合格"
    print("成绩为:", level)
```

运行结果：

请输入百分制成绩：105	请输入百分制成绩：82
输入的不是百分制成绩。	成绩为：良好

4. 循环结构

循环结构用来重复执行一条或多条语句。Python 使用 for 语句和 while 语句来实现循环结构。在循环次数事先已知的情况下，一般会使用 for 循环，而循环次数事先未知的情况下，则使用 while 循环。

（1）for 语句

for 语句的语法格式如下：

```
for 变量 in 对象集合：
    循环体语句/语句块                #必须缩进
```

for 语句用于遍历对象集合中的元素，并对集合中的每个元素执行一次循环体语句。当对象集合中的所有元素完成迭代后，程序流程传给 for 之后的下一个语句。

在使用 for 循环时，最基本的应用就是进行计数循环。在进行计数循环时，for 语句通常会和 range() 函数搭配使用。

range() 是 Python 的一个内置函数，其功能是：创建一个整数列表，格式为：range(start，stop，step)，3 个参数的含义为：

① start：起点，可以省略。若省略，表示从 0 开始。

② stop：终点，通常和 start 搭配使用，表示生成从 start 开始（包括 start）到 stop 结束（不包括 stop）范围内的整数。例如 range(1,10)，会生成序列[1,2,3,4,5,6,7,8,9]。stop 也可单独使用，例如 range(5)，会生成序列[0,1,2,3,4]。

③ step：步长，即后一个数和前一个数的差。若省略步长，则默认为 1。例如 range(1，10，2) 生成[1,3,5,7,9]；range(1,10,3) 生成[1，4，7]。

【例 9-11】 编程求 5！。

问题分析：

参考例 9-2 的分析，这是一个循环结构的程序，可用 for 循环实现。

编程实现：

```
print("计算 5!")
result=1                          #保存阶乘结果的变量
for i in range(1,6):              #逐个获取[1, 5]之间的值，并做累乘运算
    result=result * i
print("结果为",result)
```

运行结果：

```
计算 5!
结果为 120
```

本程序的局限性在于：只能求 5!，如果想求其他数的阶乘，则需要修改程序。为了提高程序的通用性，可以让用户从键盘输入一个数 n，然后编程求 n!，详见例 9-12。

【例 9-12】 编程求 n!。

问题分析：

该程序的流程图见图 9.3 或图 9.5。

编程实现：

微课视频

```
n=input("请输入一个整数:")
n=int(n)                          #将输入的数据转换为整型
result=1
for i in range(1, n+1):          #逐个获取[1, n]的值，并做累乘运算
    result=result * i
print("结果为",result)
```

运行结果：

```
请输入一个整数:6
结果为 720
```

【例 9-13】 利用 for 循环求 2~n 之间（包括 2，若 n 为偶数，也包括 n）的偶数之和。

问题分析：

该问题与例 9-12 的求阶乘非常相似，有区别的地方主要在于：①例 9-12 是累乘，而这里是累加；②result 的初值不一样；③i 的变化规律不一样，例 9-12 每循环一次，i 加 1，而这里是加 2，所以 range() 函数有 3 个参数。

编程实现：

```
n=input("请输入一个整数:")
n=int(n)
result=0
for i in range(2, n+1, 2):
    result=result + i
print("偶数之和为", result)
```

运行结果：

```
请输入一个整数:20
偶数之和为 110
```

（2）while 语句

while 语句的语法格式如下：

```
while 循环条件:
    循环体语句/语句块          #必须缩进
```

其功能为：先判断循环条件,若其结果为 True,则执行循环体,然后再次判断循环条件,若仍然为 True,则再次执行循环体,若为 False,则循环结束。

需要特别注意的是:在循环体中,应包含改变循环条件的语句,以使循环趋于结束,避免死循环(无限循环)。

【例 9-14】 利用 while 循环求 n!。

问题分析:

这是一个已知循环次数(n 次循环)的累乘问题,使用 for 语句编程更好(见例 9-12),但也可使用 while 语句编程。

假设循环控制变量为 i,在进入循环前,应为 i 赋初值 1;当循环条件 i<=n 为 True 时,执行累乘操作(result＝result ＊ i),当条件 i<=n 为 False 时,循环结束。

编程实现:

```
n=input("请输入一个整数:")
n=int(n)
result=1
i=1                          #为循环控制变量 i 赋初值
while i<=n:                   #当条件 i<=n 成立时,执行循环体(下面两条缩进语句)
    result=result * i
    i=i+1                    #改变循环控制变量 i 的值,以使循环趋于结束
print("结果为",result)
```

运行结果:

```
请输入一个整数:6
结果为 720
```

需要注意的是:在本程序的循环体中一定要有语句 i＝i＋1,即每循环一次,i 的值加 1,最终可以使循环条件 i<=n 变为 False,从而使循环结束。若未编写 i＝i＋1,则程序会变成死循环,这也是初学者编程中容易出现的问题。

【例 9-15】 用如下公式求自然常数 e 的值,当最后一项的值小于 10^{-5} 时停止计算。

$$e=1+\frac{1}{1!}+\frac{1}{2!}+\frac{1}{3!}+\cdots+\frac{1}{n!}+\cdots$$

问题分析:

这是一个累加求和的问题,其中各累加项之间存在递推关系 $f(n)=f(n-1)/n$。参与求和的项数(循环次数)事先未知,应使用 while 语句。

算法设计:

为求和结果变量 e 赋值 1,即公式中的第一项直接作为初值赋值给 e
为项数变量 n 赋值 1
为通项变量 term 赋值 1

term$>=10^{-5}$	
	累加当前项 e＝e＋term
	将项数 n 增加 1
	计算下一项 term＝term/n
输出计算结果(存放在变量 e 中)	

编程实现：

```
e=1                              #用于保存求和的结果
n=1
term=1                           #用于保存参与求和的每一项
while term>=1.0e-5:
    e=e+term
    n=n+1
    term=term/n
print("e=",e)
print("e=", '%.5f' %e)           #四舍五入,保留 5 位小数
print("e=", round(e,5))          #四舍五入,保留 5 位小数
```

运行结果：

```
e=2.71827876984127
e=2.71828
e=2.71828
```

说明：本例代码的最后 2 行展示了控制小数位数的两种方法：①使用%.nf(代码中是用一对单引号括起来的,也可换成一对双引号),其中 n 表示要保留的小数位数。②使用 Python 的内置函数 round(),它的第一个参数表示要进行四舍五入的数,第二个参数表示要保留的小数位数。round()也可以只有一个参数,此时会返回四舍五入后的整数结果,例如 round(3.67)的结果为 4。

5. 空语句 pass

由于 Python 没有使用传统的大括号来标记代码块,所以没有对应的空大括号或是分号(;)来表示 C 语言中的"不做任何事"。如果在需要子语句块的地方不写任何语句,解释器会提示语法错误。因此,Python 提供了 pass 语句,它不做任何事情,只是一条无运算的空的占位语句。当语法需要语句并且还没有任何实用的语句可写时,就可以使用 pass 语句。

这样的代码结构在开发和调试时很有用,因为编写代码的时候可能需要先把结构定下来,此时,在不需要程序做任何事情的地方,写一条 pass 语句是一个很好的主意。例如在选择结构中,若其中一个分支的代码暂时还未写出来,可以在该分支下写 pass 语句,这样可以保证程序的语法是正确的,而且不会干扰到其他代码的运行。

9.4.6 函数和模块

在现实生活中,人们常常会把一个复杂的问题分解成若干个简单问题,然后对每个简单问题进行逐一求解。这种思想同样可以应用到程序设计中,将一个复杂的程序划分为若干个功能相对独立的模块,并以功能模块为单位进行程序代码的编写。每个功能模块就是一个功能相对独立的函数。

函数是实现模块化程序设计的基础,使用函数具有如下优点。

(1)通过将程序按功能划分为若干个模块,可以实现自顶向下的结构化程序设计。

(2)降低程序设计的复杂度,简化程序的结构,提高程序的可阅读性。

(3)提高代码的质量。每个功能模块的代码相对简单,易于开发、调试、修改和维护。

(4)函数可以一次定义多次调用,从而实现代码的复用。

(5)大型程序分成不同的功能模块后,团队多人可以分工合作,实现协作开发。

Python 的函数可以分为如下 4 类。

(1)内置函数。例如 print()、type()、int()、float()等,在程序中可以直接使用。

(2)标准库函数。安装 Python 时会同时安装若干标准库,例如 math、random 等,通过 import 语句导入标准库后,用户即可使用其中定义的函数。

(3)第三方库函数。Python 社区提供了许多高质量的库,下载安装这些库后,再通过 import 语句导入,即可使用其中定义的函数。如用于科学计算的 numpy 库;用于数据导入、清洗、处理等数据分析工作的 pandas 库;用于数据可视化的 matplotlib 库;自然语言处理工具 NLTK 库;中文分词库 jieba 等。用户可根据自己的开发需要选择相应的第三方库。

(4)用户自定义函数。用户可以根据自己的需要定义函数,并使用它们;也可以将自己专业领域的相关问题的处理方法编写成若干函数,再将这些函数作为库,成为别人可以调用的第三方库函数。本节将讨论如何自定义函数及使用函数。

1. 通过 import 语句导入模块

Python 标准库和第三方库中提供了大量的模块,通过 import 语句可以导入模块,并使用其定义的功能。基本形式如下:

```
import 模块名                        #导入模块
模块名.函数名                        #调用导入的模块中的函数
模块名.变量名                        #访问导入的模块中的变量
```

【例 9-16】 从键盘输入 x 和 y,调用标准库函数,求 x 的 y 次方。

问题分析:

Python 标准库中的 math 模块提供了许多常用的数学函数,包括幂次函数、求平方根函数、三角函数、对数函数等。可通过语句 import math 导入该模块,然后使用这些函数。

微课视频

编程实现：

```
import math                      #导入 math 模块
x=input("请输入 x:")
x=float(x)
y=input("请输入 y:")
y=int(y)
z=math.pow(x,y)                  #调用 math 模块中的幂次函数 pow()
print(x,"的",y,"次方=",z)
```

运行结果：

请输入 x:1.01	请输入 x:0.99
请输入 y:365	请输入 y:365
1.01 的 365 次方= 37.78343433288728	0.99 的 365 次方= 0.025517964452291125

从上面的两次运行结果可以看出：虽然 1.01 和 0.99 只相差了 0.02，但是在 365 次方之后却有了天壤之别。如果我们能坚持每天进步一点点，一年后将会有质的飞跃，正如《劝学》中所说：不积跬步，无以至千里；不积小流，无以成江海。

说明：求 x 的 y 次方也可直接使用**运算符，例如 1.01**365。本例主要展示了标准库函数的使用方法，读者可模仿本例去使用其他的库函数，例如使用 math.sqrt(x)可求 x 的平方根。

2. 函数对象的创建

在 Python 中，函数也是对象，使用 def 语句创建，语法格式如下：

```
def 函数名([形参列表]):         #方括号表示形参列表为可选项
    函数体                      #必须缩进
```

说明：

（1）函数名的命名需符合标识符的命名规则，详见 9.4.4 节。

（2）在定义函数时，可以指定函数的参数，即形式参数，简称形参。形参在函数定义的一对圆括号中指定，多个形参用逗号分隔。函数也可以不需要形参，此时写一对空的圆括号即可。

（3）def 是复合语句，故函数体采用缩进书写规则。

（4）函数体可以使用 return 语句返回一个值，也可以不写 return 语句，此时返回值为空。

（5）Python 解释执行 def 语句时，会创建一个函数对象，并绑定到函数名变量。

3. 函数的调用

在调用函数时，需要提供函数所需参数的值，即实际参数，简称实参。函数调用的语法格式如下：

```
函数名([实参列表])          #方括号表示形参列表为可选项
```

说明：

（1）函数名是当前作用域中可用的函数对象，即调用函数之前，程序必须先执行 def 语句，创建函数对象。内置函数对象会自动创建，import 导入模块时会执行模块中的 def 语句，创建相应的函数对象。函数的定义位置必须位于调用该函数的代码之前。

（2）实参列表必须与函数定义中的形参列表一一对应。

（3）如果函数有返回值，可以在表达式中直接使用；如果函数没有返回值，则可以单独作为表达式语句使用。

【例 9-17】 定义一个可以返回两个数的平方和的函数，并在程序中调用该函数。

编程实现：

```
def sum_square(x, y):          #创建函数对象 sum_square，它有两个形参
    return x**2+y**2           #函数体
a=sum_square(3,4)             #调用函数，并将函数的返回值赋值给变量 a
print("a=",a)
```

运行结果：

```
a= 25
```

微课视频

【例 9-18】 从键盘输入正整数 n 和 r(n≥r)，根据下面的公式求组合数 C(n,r)。

$$C_n^r = \frac{n!}{r!\ (n-r)!}$$

问题分析：

在该公式中有三次求阶乘的计算，因此可以定义一个求阶乘的函数，并在程序中 3 次调用该函数，从而实现"一次定义多次调用"。

编程实现：

```
def fact(x):                   #创建函数对象 fact，它有一个形参
    result=1
    for i in range(1, x+1):    #逐个获取[1, x]之间的值，并做累乘运算
        result=result * i
    return result
n=int(input("请输入正整数 n:"))
r=int(input("请输入正整数 r(r<=n):"))
com=fact(n)/(fact(r) * fact(n-r))   #三次调用 fact 函数
print("计算结果", com)
```

运行结果：

```
请输入正整数 n:7
请输入正整数 r(r<=n):3
计算结果 35.0
```

9.5 练 习 题

练习题答案
与解析

一、单项选择题

1. 描述计算机算法的方法有多种，对于较为复杂的算法，不宜采用（　　）进行描述。

    A. 自然语言　　　　　B. 传统流程图　　　　　C. N-S 流程图　　　　　D. 伪代码

2. 计算机程序的 3 种基本结构，不包括（　　）。

    A. 顺序结构　　　　　B. 选择结构　　　　　C. 循环结构　　　　　D. 跳转结构

3. 先执行循环体，再判断循环条件的结构是（　　）。

    A. 顺序结构　　　　　B. 选择结构　　　　　C. 当型循环　　　　　D. 直到型循环

4. （　　）结构中，循环体有可能一次都不执行。

    A. 顺序　　　　　　　B. 选择　　　　　　　C. 当型循环　　　　　D. 直到型循环

5. 关于程序的 3 种基本结构的共同点，以下说法错误的是（　　）。

    A. 单入口、单出口

    B. 不能嵌套使用

    C. 结构内的每一部分都有机会被执行

    D. 非常复杂的程序也可以分解成顺序、选择、循环三种基本结构组合而成

6. 以下关于程序设计语言的叙述中，错误的是（　　）。

    A. 用机器语言编写的程序，虽然执行速度快，但阅读、书写都很困难

    B. 用汇编语言编写的程序能直接被计算机识别和执行，执行速度快

    C. 将高级语言编写的程序翻译成二进制代码，有编译和解释两种方式

    D. 高级语言并不是特指某一种具体的语言，而是包括很多种编程语言

7. （　　）是用二进制代码表示的、计算机能直接识别和执行的一种指令的集合。

    A. 机器语言　　　　　B. 汇编语言　　　　　C. 高级语言　　　　　D. 自然语言

8. 用高级语言编写的程序称为（　　），它不能直接被计算机识别和运行，必须将其翻译成机器能识别的二进制代码才能执行。

    A. 源代码　　　　　　　　　　　　　　B. 目标代码

    C. 编译程序　　　　　　　　　　　　　D. 可执行程序

9. 关于 Python 语言，以下说法错误的是（　　）。

    A. Python 是一种解释型语言

    B. Python 是一种面向过程的程序设计语言

C. Python通过强制缩进来体现语句间的逻辑关系,显著提高了程序的可读性

D. Python程序具有平台无关性,可以在任何安装了解释器的计算机环境中运行

10. Python 源代码文件的扩展名为(　　　)。

    A. .pt　　　　　　　B. .py　　　　　　　C. .pyn　　　　　　D. .python

11. Python 语言中代码注释使用的符号是(　　　)。

    A. //　　　　　　　B. /*　　　*/　　　C. !　　　　　　　D. #

12. 下面不符合 Python 语言的标识符命名规则的是(　　　)。

    A. name_2　　　　　B. name2_　　　　　C. 2_name　　　　　D. _2name

13. 下列不是 Python 语言的关键字的是(　　　)。

    A. for　　　　　　　B. while　　　　　　C. elif　　　　　　D. goto

14. 在屏幕上输出"Hello World",正确的 Python 代码是(　　　)。

    A. print(Hello World)　　　　　　　B. print('Hello World')

    C. printf("Hello World")　　　　　　D. printf('Hello World')

15. Python 的 3 种基本数字类型是(　　　)。

    A. 整型、二进制类型、浮点型

    B. 整型、浮点型、复数类型

    C. 整型、十进制类型、浮点型

    D. 整型、二进制类型、复数类型

16. 在 Python 3.x 版本中,以下语句输出正确的是(　　　)。

    A. >>> 7/2　　B. >>> 7/2　　　C. >>> 7//2　　D. >>> 7//2

         3.50　　　　　　　3　　　　　　　　3　　　　　　　3.5

17. 在 Python 中,表达式 3**4 的计算结果是(　　　)。

    A. 7　　　　　　　B. 12　　　　　　　C. 48　　　　　　　D. 81

18. 在 Python 中,若想使用标准库函数或第三方库函数,应通过(　　　)语句导入相应的库。

    A. include　　　　B. import　　　　　C. input　　　　　D. use

19. Python 中定义函数的关键字是(　　　)。

    A. define　　　　　B. return　　　　　C. def　　　　　　D. function

20. 下面关于函数的描述,不正确的是(　　　)。

    A. 函数是一段具有特定功能的语句组

    B. 函数是一段可重用的语句组

    C. 使用函数,可以实现代码的复用

    D. 使用函数,需要了解其内部实现原理

二、简答题

1. 什么是计算思维?它的本质是什么?

2. 算法具有哪 5 个重要特征?请对每个特征进行简要说明。

三、编程题

1. BMI(Body Mass Index,身体质量指数)是国际上常用的衡量人体胖瘦程度以及是否健康的一个标准。计算公式为：BMI＝体重÷身高^2(体重单位：kg;身高单位：m)。

请编写程序,输入身高和体重,计算 BMI 并输出,输出结果保留 2 位小数。运行结果如下：

```
请输入身高(m):1.82
请输入体重(kg):71.5
BMI= 21.59
```

2. 从键盘输入两个数,求其中较大的数。运行结果如下：

```
请输入第一个数:2.5
请输入第二个数:3.8
较大数为: 3.8
```

```
请输入第一个数:67.2
请输入第二个数:53.1
较大数为: 67.2
```

3. 已知 BMI 的中国标准为：BMI＜18.5 为偏瘦;18.5≤BMI＜24 为正常;24＜BMI＜28为偏胖;BMI≥28 为肥胖。

请对第 1 题的程序进行完善,输入身高和体重,输出 BMI 以及判断结果(偏瘦、正常、偏胖或肥胖)。运行结果如下：

```
请输入身高(m):1.65
请输入体重(kg):49.2
BMI= 18.07
偏瘦
```

```
请输入身高(m):1.82
请输入体重(kg):71.5
BMI= 21.59
正常
```

```
请输入身高(m):1.75
请输入体重(kg):76
BMI= 24.82
偏胖
```

```
请输入身高(m):1.65
请输入体重(kg):78
BMI= 28.65
肥胖
```

4. 利用 for 循环求等差数列 2，5，8，11……的前 n 项之和并输出,其中 n 由键盘输入。

提示：可参考例 9-13。程序运行结果如下：

```
请问要求前几项的和:10
和为 155
```

第 10 章 计算机前沿技术

10.1 常见前沿技术

信息时代的今天,互联网应用已经深入每个人的生活,人们在互联网上的每一次浏览、单击、咨询、视频观看、网络消费、手机定位等,都会产生用户数据。大数据平台通过分析个人信息、浏览习惯和消费爱好等数据,分析出用户的兴趣爱好,从而为个人和商家制定针对性的个性化服务。以物联网技术为基础的智能交通、智能家居、智能军事、智能公共安全系统的应用,已深入到社会的每一个角落,智能化生活已进入人们的生活。人们在任何时刻利用智能终端就可以在搜索引擎上搜索任何自己需要的资源,通过云端共享数据资源,存储云、医疗云、金融云、教育云等各种互联网云如雨后春笋般涌现,可以足不出户解决社会生活中的各类问题。区块链作为一个共享数据库,存储于其中的数据或信息,具有"公开透明、不可伪造、全程留痕、可以追溯、集体维护"等特征,广泛应用于去中心化领域,省去了在交易环节中的第三方中介,实现点对点的直接对接,大大降低交易成本。本节将介绍互联网中的关键技术:大数据、物联网、云计算和区块链。

10.1.1 大数据

微课视频

1. 大数据的基本概念与特点

课堂练习

目前对于大数据(Big Data)还没有严格的定义,结合研究机构 Gartner 和麦肯锡全球研究所对大数据的研究,大致可以定义为:指无法用常规软件工具(如 Excel、数据库管理系统等)在一定时间范围内进行捕捉、管理和处理的数据集合,需要利用新的处理模式才能从海量、高增长率和多样化的数据集合中,挖掘出具有更强的决策力、洞察发现力和流程优化能力的信息资产,目的是解决海量数据的存储和分析计算问题。

在计算机的数据世界中,数据的最小单位是二进制位(即 bit,简写 b)。按从小到大顺序的数据表示单位分别为:bit(b)、Byte(B)、KB、MB、GB、TB、PB、EB、ZB、YB、BB、NB、DB。其中,1B=8b,而从 B 到 DB,每级的进率均为 $2^{10}=1024$,例如 1KB=1024B,1MB=1024KB。大数据的数据量可以达到 EB 级别,且具有以下 4 个特点(即 4V 特点),如图 10.1 所示。

(1) Volume(大量):数据量大是大数据的最基本属性,包括采集、存储和计算的数据

图 10.1　大数据的特点

量都非常大。据不完全统计，截至目前，人类生产的所有印刷材料的数据量远超于200PB，全人类总共说过的话的数据量大约5EB。微机硬盘的容量为TB量级，某些大企业的数据量已接近EB量级。随着互联网的广泛应用，来自不同群体、机构的数据也会爆发式增长。

（2）**Velocity**（高速）：数据的增长速度、处理速度，时效性要求高，是大数据区分于传统数据处理的最显著特征。根据IDCID（互联网数据中心）的"数字宇宙"的报告，全球数据使用量在2021年已达到84.5ZB左右，海量数据的高速处理已经成为各企业面临的时代课题。

（3）**Variety**（多样）：数据类型多且复杂多变。根据数据类型的多样性，可以将数据分为结构化数据和非结构化数据。除了传统的以数据库文本为主的结构化数据外，还有大量以网络日志、音频、视频、图片、地理位置信息等为主的非结构化数据，且非结构化数据的处理比结构化数据的处理更加困难，要求更高。

（4）**Value**（价值）：数据价值密度相对较低。互联网主导的数据世界中，数据量越来越多，其价值密度的高低与数据总量的大小成反比。如何在海量数据中快速对有价值的数据"提纯"，是大数据背景下待解决的难题。

2. 大数据的发展

人类的信息化出现了3次浪潮，推动了信息技术的发展，很多优秀的企业也如雨后春笋般出现。具体表现如表10.1所示。

表 10.1　信息化技术的三次浪潮

阶段	时间	标志	解决问题	代表企业
第一次浪潮	1980年前后	个人计算机	信息处理	Intel、AMD、IBM、苹果、微软、联想、戴尔、惠普等
第二次浪潮	1995年前后	互联网	信息传输	雅虎、谷歌、阿里巴巴、腾讯等
第三次浪潮	2010年前后	物联网、云计算和大数据	信息爆炸	将涌现出一批新的市场标杆企业

同时大数据的发展也经历了3次浪潮，具体情况如表10.2所示。

表 10.2　大数据发展的 3 次浪潮

阶　段	时　　间	内　　　容
萌芽期	20 世纪 90 年代至本世纪初	数据挖掘理论和数据库技术的成熟,一批商业智能工具和知识管理技术开始被应用,如数据仓库、专家系统、知识管理等
成熟期	21 世纪前十年	Web 2.0 应用迅速发展,非结构化数据大量产生,带动了大数据技术及其解决方案逐步成熟,形成了并行计算与分布式计算两大核心技术,谷歌的 GFS 和 MapReduce 等大数据技术得到广泛流行,Hadoop 开发平台得到广泛应用
应用期	2010 年后	大数据应用渗透到各行各业,社会智能化程度大幅提高

3. 大数据的应用体系

大数据包括结构化、半结构化和非结构化数据,非结构化数据已成为大数据的主要部分。据 IDC 的调查报告显示:企业中的非结构化数据占比大概 80%,且每年都按指数增长 60%。大数据是互联网发展到现今阶段的一个产物,在过去的数据处理技术下很难收集和使用的互联网数据,在以云计算为代表的创新技术的支持下,互联网数据开始被利用起来,经过各行业的创新,已为人类创造越来越多的价值。大数据的应用体系架构如图 10.2 所示。

大数据分析	可视化分析、数据挖掘算法、预测性分析、语义引擎、数据质量管理
大数据存储	可基于 MPP 架构的新型数据库集群、基于 Hadoop 的技术扩展与封装、大数据一体机
大数据预处理	数据清理、数据集成、数据转换、数据规约
大数据采集	系统日志采集、网络数据采集、其他数据采集等
大数据来源	各类管理信息系统、网络信息系统、物联网系统、各种实验系统等

图 10.2　大数据应用体系架构

（1）大数据来源

大数据主要包含信息管理系统、网络信息系统、物联网系统、各种实验系统等产生的各类数据。信息管理系统(企业内部使用的信息系统),包括办公自动化等,主要通过用户数据和系统二次加工的方式产生的各种中间数据,此类数据多为存储在数据库中的结构化数据。网络信息系统(基于网络运行的各类系统),是大数据产生的重要方式,该类数据多为半结构化或非结构化的数据,如搜索引擎、社交网络、电子商务系统等常见的网络信息系统产生的各类数据。物联网系统是新一代信息技术,是对互联网的延伸和扩展的网络,网络终端延伸到任何物品之间,用户端通过传感技术获取外界的物理、化学和生物等数据信息来实现信息交换和通信,其产生的数据较为复杂。各类实验系统产生的真实实验数据或模拟实验获取的仿真数据。

（2）大数据采集

大数据采集技术是大数据技术的重要开端,谨慎选择采集方法尤为重要。目前大数据常用的采集方法主要有系统日志采集法、网络数据采集法以及其他数据采集法 3 类。

① 系统日志采集法。系统日志用于记录系统中硬件、软件和系统问题的信息及监视系统中发生的事件。企业可通过系统日志的分析来指导企业的运营；用户可通过系统日志来检查系统错误发生的原因或寻找攻击者留下的痕迹等。当前流行的系统日志采集工具有基于 Hadoop 平台开发的 Chukwa、Cloudera 的 Flume 以及 Facebook 的 Scribe 等。系统日志采集技术目前可以数百兆字节每秒(MB/s)的速率传输日志数据，基本满足了企业级用户对信息速度的需求。

② 网络数据采集法。为了满足各类用户的实际需求，需要对现实网页中的数据进行采集，预处理和保存。网络数据采集方法有 API(Application Programing Interface,应用程序接口)和网络爬虫法。API 是网站的管理者为使用者提供的编程接口，市面上流行的新浪微博、今日头条、Facebook 等社交媒体平台均提供了 API 服务。API 技术依赖于 API 的提供平台和每天的接口调用上限，不方便使用。网络爬虫即网页蜘蛛，是按照一定的算法规则自动地抓取 Web 网信息的程序或者脚本。常见的爬虫就是搜索引擎，如百度、360 搜索、Google 等。网络爬虫在初始化 URL 后，提取并保存从网页中所需要的资源，提取出网站中的其他网站链接，并发送请求，接收网站响应，再次解析页面，提取和保存需要的资源，以此类推。网络爬虫从网站上获取的数据通过提取、清洗、转换等手段转换成结构化数据，并存储为本地文本数据。

③ 其他数据采集法。一般基于对企业或事业单位的数据库系统进行采集或来自各种传感器的数据采集。

(3) 大数据预处理

在进行数据分析之前，需对采集到的原始数据进行数据清理、数据集成、数据归约、数据变换、数据离散化等一系列操作过程，以提高数据质量，为数据分析奠定基础。预处理方法有数据清理、数据集成、数据变换、数据归约等。数据清理将去除噪声和无关数据。数据集成是将相关数据源中的数据整合起来存放在一个一致的数据存储区中。数据变换是把原始数据通过数据概化、规范化等方式转换成为适合数据挖掘的形式。数据规约即对原始数据进行维度归约、数据压缩、数值归约、离散化等规约管理，得到接近于原数据完整性的、数据量小的数据集归约表示。

(4) 大数据存储

大数据存储即对结构化、半结构化和非结构化的数据以数据库的形式存储，并对数据进行管理和调用。大数据存储具有实时性等特点，且数据量通常以每年 50% 的速度激增。大数据的存储需要高性能、高吞吐率、大容量的基础设备，目前大数据的存储路线主要有如下 3 种。

① 采用 MPP(Massively Parallel Processing,大规模并行处理)架构的新型数据库集群，采用 Shared Nothing 架构，通过列存储和粗粒度索引等大数据处理技术，结合 MPP 架构高效的分布式计算模式，完成对分析应用的支撑，具有高性能和高扩展性的特点。其重点面向行业大数据，在企业分析应用领域获得广泛的应用。

② 基于 Hadoop 技术的扩展和封装，派生出围绕 Hadoop 的相关大数据存储技术。Hadoop 是能够对大量数据进行分布式处理的软件框架，能让用户轻松架构和使用的分

布式计算平台。用户面对关系型数据库难以处理的数据和场景，充分利用 Hadoop 的开源优势，发展成一种可靠、高效、可伸缩的方式来处理数据。目前最典型的应用场景就是通过扩展和封装 Hadoop 技术实现对因特网大数据的存储和分析。Hadoop 平台还擅长对于非结构化、半结构化数据处理、复杂的 ETL 流程、复杂的数据挖掘和计算模型。

③ 大数据一体机，面向大数据存储、处理、软硬一体化的方案型产品。当前，数据处理领域正处于平台架构的更替期，大数据一体机的面市，解决了原有架构的扩展瓶颈和新技术条件下的客户应用门槛，进一步推进了大数据技术在各行业中的应用，具有良好的稳定性和纵向扩展性。

（5）大数据分析

大数据分析是指有组织有目的地收集数据、分析数据，把隐藏在海量数据中的有用信息集中和提炼出来，并找出所研究对象的内在规律，使之成为有用的信息。大数据分析的基本方法有以下几类。

① 可视化分析。以图表方式直观地呈现大数据特色，容易被读者接受。

② 数据挖掘算法。大数据分析的理论核心就是数据挖掘算法，典型的数据挖掘算法有神经网络法、决策树法、遗传算法、粗糙集法、模糊集法、关联规则法等。

③ 预测性分析。利用预测模型、机器学习、数据挖掘等技术来分析当前及历史数据，从而对未来，或其他不确定的事件进行预测，达到预测不确定性事件的目的。

④ 数据质量分析与管理。数据质量分析是数据挖掘中的重要一环，对数据的完整性、规范性、一致性、准确性、唯一性、关联性等问题进行分析、识别、监控等管理，清理出脏数据，以提高数据质量。高质量的数据和有效的数据管理可以保证分析结果的真实和价值。

10.1.2 物联网

微课视频

1. 物联网的基本概念

课堂练习

物联网（Internet of Things，IoT）即"万物相连的互联网"，是信息科技产业的第三次革命，其将各种信息传感设备与互联网结合，延伸和扩展了传统的互联网，实现任何时间、地点，人、机、物的互联互通，如图 10.3 所示。物联网扩展了传统的网络，核心技术有传感器技术、组网技术、云计算和嵌入式技术。

（1）传感器技术。能感受到被测量的信息，并将感受到的信息按一定规律变换成为电信号或其他所需形式的信息输出，以满足信息的传输、处理、存储、显示、记录和控制等要求的信息检测装置。如光敏传感器可以输出视觉信号，声敏传感器可以输出听觉信号，气敏传感器可以输出嗅觉信号等。

（2）组网技术。近距离无线通信技术（如 NFC（近场通信）、蓝牙、Wi-Fi、RFID（射频识别）等）和远程通信技术（如 2G、3G、4G、5G 等移动通信网络，以及卫星通信网络等）。

（3）嵌入式技术。集合计算机软硬件、传感器技术、集成电路技术、电子应用技术为一体的复杂技术，是嵌入计算机内部执行专用功能的设备或系统。若把物联网比作一个人,传感器相当于人的眼睛、鼻子、皮肤等感官,嵌入式系统相当于人的大脑,对接收到的信息进行加工处理。

（4）云计算。是物联网的核心,运用云（分布式）计算模式,动态管理和智能分析在物联网中以大数据形态呈现的各类物品的实时信息;让物联网中的物体呈现一定的智能性,使其与用户能够及时主动或被动沟通。

图 10.3　物联网结构

2. 物联网的体系结构

物联网是由众多依赖于传感器、通信、网络和信息处理技术的连接设备组成的网络基础架构。为了更好地研究和开发物联网,学者们从技术架构上把物联网分为 3 层架构。

（1）感知层。位于物联网三层结构中的最底层,是物联网发展和应用的基础,相当于物联网的皮肤和五官,是信息采集的关键部分。感知层主要包括传感器或读卡器等数据采集设备、数据接入到网关之前的传感器网络,并以 RFID、传感与控制、短距离无线通信等技术来识别物体和采集系统中的相关信息,以实现对"物"的认识与感知。

（2）网络层。位于物联网三层结构中第二层的信息处理系统,其功能为"传送",即通过通信网络进行信息传输。网络层包含接入网和传输网,分别实现接入功能和传输功能。传输网由公网与专网组成,典型传输网络包括电信网、广电网、互联网、电力通信网、专用网。接入网包括光纤接入、无线接入、以太网接入、卫星接入等各类接入方式,实现底层的传感器网络、RFID 网络"最后一公里"的接入。目前国内通信设备和运营商实力较强,是我国互联网技术领域最成熟的部分。

（3）应用层。应用层与最低端的感知层一起,是物联网的显著特征和核心,应用层可以对感知层采集的数据通过云平台进行计算处理和知识挖掘,实现对物理世界的实时控制、精确管理和科学决策。物联网的应用一般分为控制型、查询型、管理型和扫描型等,实现智能终端对物理世界的智能化应用解决方案。

3. 物联网的应用

典型的物联网应用场景如图 10.4 所示。物联网技术广泛应用于智能交通、智能医疗、智慧城市、智慧工厂、物联行业、食品安全、智能电网等诸多领域。物联网充分运用新一代 IT 技术,将感应器嵌入到电网、铁路、桥梁、隧道、公路、建筑、供水系统、大坝、油气管道等各种物体中,通过"物联网"与现有的互联网的整合来实现人类社会与物理网络系统的整合,并利用一个超级强大的中心计算机群对网络内的人员、机器、设备和基础设施进行实时管理和控制,可以精细和动态地管理网内人与物的生产或生活,达到"智慧"状态,提高资源利用率和生产力。同时,物联网的出现也提醒各行企业(如制造业、服务业等)都必须围绕其进行创新和转型,否则将被社会淘汰。

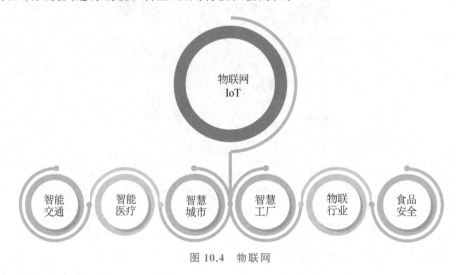

图 10.4　物联网

课堂练习

10.1.3　云计算

1. 云计算的概念与特点

云计算是一种可通过互联网访问、可定制的独特的 IT 资源共享池,包括网络、服务器、存储、应用、服务等计算资源,一般采用按使用量付费模式。广义上说,云计算是一种全新的、快捷地自助使用远程计算资源的模式,计算资源所在地称为云端(云基础设施),使用云端资源服务的设备称为云终端。云计算的核心理念就是按需服务,与人们使用水、电、天然气等资源一样,按需缴费。

从概念的提出至今 10 年间,云计算取得了飞速的变化与发展。云计算被视为计算机网络领域的一次革命,大大改变了社会的工作方式和商业模式。与传统的网络应用相比,云计算具有以下特点。

(1) 虚拟化技术。虚拟化是云计算最为显著的特点,突破了时间、空间的界限。虚拟化技术包括应用虚拟和资源虚拟。用户可以通过虚拟平台对相应终端操作来实现数据备份、迁移和扩展等功能,云计算的物理平台与应用部署的环境在空间上却没有任何联系。

(2) 动态可扩展。云计算具有高效的运算能力,在普通服务器基础上部署云计算功能可以大大提高其计算速度,并利用动态扩展虚拟化对其应用进行扩展。

（3）按需部署。云计算平台可以根据用户需求配备相应的计算能力及相关资源。

（4）灵活性高。云计算的兼容性非常强，除了可以兼容低配置、不同厂商的硬件产品外，还能兼容各种外设，从而具有更高的计算性能。市场上支持虚拟化的 IT 资源、软、硬件都可放在云系统资源虚拟池中进行统一管理。

（5）性价比高。云计算可以将多台廉价的 PC 组成云，将 PC 的资源放在虚拟资源池中统一优化管理，并协同完成计算任务，其计算性能不输于高性能、昂贵的大中型主机，这样既减少费用又提高计算性能。

（6）可靠性高。云计算中，任何单点服务器的故障都不会影响整个系统的正常运行。人们可以通过虚拟化技术将分布在不同物理服务器上的应用实时恢复，也可以利用动态扩展功能部署新的服务器来进行计算。

2. 云计算的体系结构

云计算通过网络提供可伸缩的、廉价的分布式计算能力，具备网络接入条件的用户可随时随地获得所需的各种 IT 资源。云计算以共享资源池的动态伸缩形式，降低了管理软件和硬件的成本，提供了高计算能力和高性能需求。云计算的体系结构如图 10.5 所示，普通用户可以利用网络通过租用方式从提供商获得数据中心服务。

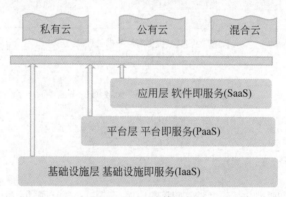

图 10.5　云计算架构

图 10.5 中，云计算包括私有云、公有云和混合云等 3 种基本模型。

（1）私有云。一个云端的所有消费者只来自一个特定的单位组织，云资源只分配给一个单位组织内的用户使用，如大学内部的机房部署。

（2）公有云。一个云端资源的所有消费者是社会大众，云资源开放给所有公众使用，如百度云、阿里云等；云端的所有权、日常管理和操作由一个商业组织、学术机构或政府部门管理，公有云的管理比私有云的管理复杂得多。

（3）混合云。由两个及以上的不同类型的云组成，在同一环境下结合公有和私有云服务，一般通过公有云扩展，将公司的所有敏感业务都通过自主完全控制的私有云系统来处理，混合云在实际应用中较为广泛。

云计算有如下 3 种服务模型。

（1）基础设施即服务（Infrastructure as a Service，IaaS）。把基础设施（存储设施，网

络,处理能力和虚拟专用服务器)作为服务出租,按"现收现付"模式收费。

(2) 软件即服务(Software as a Service,SaaS)。软件提供商出租一个应用程序,通过一个集中的系统部署软件,使之在一台本地计算机上(或从云中远程地)运行一个应用程序模型。SaaS 计费通常基于诸如用户数量、使用时间、存储的数据量以及处理的事务数等因素。

(3) 平台即服务(Platform as a Service,PaaS)。位于基础架构即服务(IaaS)和软件即服务(SaaS)之间,包括操作系统和围绕特定应用的服务。

云计算、大数据和物联网代表了当前 IT 领域最新的技术发展趋势,三者相辅相成,既有联系又有区别,三者的联系如图 10.6 所示。

图 10.6　云计算、物联网、大数据关系结构图

微课视频

课堂练习

10.1.4　区块链

1994 年,互联网刚刚进入大众视野,出现了第一波互联网革命。谷歌、亚马逊、Facebook、腾讯、阿里巴巴、苹果等企业如雨后春笋般涌现出来。而区块链技术将带来互联网的二次革命,把互联网从"信息互联网"带向"价值互联网","信息高速公路"时期的互联网处理的是"信息",而区块链处理的是"价值"。

1. 区块链的诞生

2008 年 11 月 1 日,日本人中本聪在《比特币:一种点对点的电子现金系统》一文中阐述了基于 P2P(peer-to-peer,点对点)网络、加密、时间戳、区块链等技术的电子现金系统的构架理念,诞生了比特币。2009 年 1 月 3 日第一个序号为 0 的区块诞生,2009 年 1 月 9 日序号为 1 的区块出现,并与序号为 0 的区块相连接形成了链,标志着区块链的诞生。

区块链,就是由多个区块组成的链条。每一个区块中保存了一定的信息,并按照各自产生的时间顺序连接成链条。该链条被保存在所有的服务器中,只要整个系统中有一台服务器可以工作,整条区块链就是安全可靠的。服务器在区块链系统中称为节点,为整个区块链系统提供存储空间和算力支持。区块链中的信息修改须征得半数以上节点的同意并修改所有节点中的信息,这些节点通常掌握在不同的主体手中,因此篡改区块链中的信息是一件困难的事。相比于传统的网络,区块链具有两大核心特点:一是数据难以篡改,二是去中心化。

2. 区块链原理

区块链通过加密算法、共识机制和特定的数据存储方式,实现去中心化、各节点无须事先信任,以构建一个集体维护的可靠数据模式,实现数字资产在网络节点之间的转移,如图 10.7 所示。

图 10.7 "块-链"存储结构

按时间顺序把数据划分成区块,每一个区块存放一段时间内的所有价值交换信息,所有网络节点存储这段时间内的数据,并且永久保存,各个网络节点通过特定的计算争夺领导权,将下一时间段的信息进行打包分发,并通过某种特定的信息添加到上一区块的后面,构成区块链。区块链保证了数据的完整性,每一个区块都会存储它被创建之前的所有价值交换信息;区块链保证了数据的严谨性,新的区块一旦被加入链中,之前的区块就再也不能随意修改。

区块链实现了所有参与者共同构建数据库,从数据传输、数据验证、数据存储都去中心化和全面分布式模式处理。区块链还采用了非对称加密算法以提高数据的可信赖度。例如,假设 A 向 B 发送一个信息,A、B 各自生产一对公钥与私钥用以加密和解密,A、B 分别保管自己的私钥并向对方告知公钥,A 向 B 发送信息,A 用 B 的公钥进行加密并向 B 发送加密后的信息,B 收到消息后用自己的私钥解密,网络中其他参与者均无法解密,保证了区块链信息的可信赖度。

区块链使用数学方法解决信任问题,用算法代替中心化的第三方机构认证。区块链利用脚本系统来直接定义完成价值交换活动所需要的条件,脚本的可编程性使区块链技术不断扩展成长,不断应用在一些新形态的交易模式中,保证了时效性和实用性。

3. 区块链特点

区块链技术具有去中心化、开放性、独立性、安全性等特点。

(1)去中心化。区块链网络中各个节点的地位相等,传输内容、交易数据、数据存储不再通过某个中心节点进行,不会因中心节点故障而引起风险。每个节点参与数据存储并验证其他节点记录信息的正确性,当某个记录的正确性被大部分节点认同时,才能写入链中。区块链会对所有数据进行分布式存储,保证了数据信息不会因节点受攻击或其他意外而丢失,实时更新,提高了数据库的安全性。

(2)开放性。区块链网络中,除了交易各方的私有信息被加密外,区块链技术基础是开源的,其中的数据也对所有人开放,任何人都可以通过公开的接口查询区块链数据和开发相关应用,整个系统信息高度透明。

(3) 独立性。基于协商一致的规范和协议,整个区块链系统不依赖其他第三方的干预,所有节点在系统内自动安全地验证、交换数据。

(4) 安全性。区块链系统中的区块链数据相对安全,若要操控修改网络数据,必须掌控全部数据节点的 50% 以上,从而避免了人为主观的数据变更。

4. 区块链的应用

区块链技术已经应用于金融、物联网与物流、内容社交平台、医疗、公益、教育等社会生活中的各大领域。

(1) 金融领域。区块链技术应用在金融行业,将省去第三方中介环节,实现点对点的直接对接,大大降低成本并快速完成交易支付。区块链可以融入股权、债券、基金等各类金融资产中,使其以"数字资产"的形式进行存储和交易。区块链技术将益于跨境支付、数字货币、征信管理、证券交易和保险管理等行业的发展。传统的证券交易需要由证券公司、银行、中央结算机构以及交易所多方协同工作才能共同完成,导致效率低、成本高,一个环节出现漏洞就会造成巨大的损失,引入区块链技术后,各参与方可独立地完成整个结算流程,大大提高证券交易的效率。

(2) 物联网与物流领域。区块链在物联网和物流领域可实现天然结合。通过区块链可以降低物流成本,追溯物品的生产和运送过程,提高供应链管理的效率,是一个很有前景的应用方向。

(3) 内容社交平台。当前流行的社交平台(如抖音、微博、微信公众号等)都是中心化的,用户通过其提供的平台提交内容为自己带来流量,利用流量获利。区块链技术为社交平台注入新的血液,利用分布式管理将平台去中心化,任何人都是一个节点,都可以成为一个中心。平台将权力分散到用户身上,用户贡献出自己的内容并获得平台的奖励和经济回报。

(4) 医疗领域。区块链在医疗信息安全与隐私保护方面有着极其重要的应用。在当前中心化的信息管理系统下,各种黑客攻击和系统漏洞导致极大的信息安全问题,导致病人的私密资料发生严重的数据泄露。利用区块链的去中心化存储与共享病人的医疗健康信息数据,可防止病人的私密资料泄漏,有益于医疗行业的健康发展。

(5) 公益领域。区块链上存储的数据,具有高可靠且不可篡改的特性,适用于社会公益。公益活动中的捐赠项目、募集明细、资金流向、受助人反馈等信息,均可存放于区块链上,透明公开,方便社会监督。

(6) 教育领域。区块链解决了人工验证纸质版证书效率低、纸质版证书丢失的风险等问题。学生的学历信息、档案记录等全部存储在区块链中,当学生需要证明自己学历和相关信息时,只需让对方加入链并看见自己的文件即可,证书不会因为中心机构关闭而消失。

10.2　人 工 智 能

微课视频

10.2.1　人工智能概述

课堂练习

从发展的角度来看,人工智能(Artificial Intelligence,AI)是一个不断自我学习的程序。人工智能的不断学习过程,如同人类个体的发展历程(人们不断学习,然后变得更有智慧),人从婴儿到成人,是成为经验丰富的医生,还是成为演艺精湛的演员,都是自我学习成长的过程。人工智能是一种基于对各种环境的感知进行合理行动,满足各种需求,获得最大收益的计算机程序。

1956 年夏天,在美国达特茅斯大学的一次学术会议上,首次提出了人工智能的概念,标志着人工智能科学的诞生,同年也被认为是人工智能元年。到目前为止,人工智能的发展经历了三次浪潮,如表 10.3 所示。

表 10.3　人工智能发展的三次浪潮

阶段	时　间	理论研究成果	案　例
第一次浪潮	1956 年—20 世纪 70 年代	提出了人工智能的概念,在机器学习、定理证明、模式识别、问题求解、专家系统、人工智能语言等方面取得一定成就。存在 AI 瓶颈、性能有限、缺乏"常识"等缺点,机器翻译出现笑话等问题	机器的定理证明、跳棋程序等
第二次浪潮	20 世纪 80 年代年—90 年代	专家系统模拟人类专家的知识和经验解决特定领域问题,但应用领域狭窄、缺乏常识性知识、知识获取困难、缺乏分布式等问题	专家系统在医疗、化学、地质等领域取得成功
第三次浪潮	20 世纪 90 年代末至今	大数据、云计算、互联网、物联网的发展,跨越了科学与应用技术之间的鸿沟,形成了以算法、算力、大数据相融合的人工智能三要素,爆发式增长的新高潮	IBM"深蓝"计算机,智慧地球、图像识别分类、语音识别、人机对弈、无人驾驶等

目前,人工智能并没有发展到人们想象中的具有高智能化的程度,比如家庭机器人还无法以人形外貌和人类智能出现在人们面前。从发展历程来看,人工智能可分三个级别:弱人工智能、强人工智能、超人工智能。

1. 弱人工智能

弱人工智能称为限制领域人工智能(Artificial Narrow Intelligence,ANI),即专注于且只能解决特定领域问题的人工智能。当前人们看到的所有人工智能算法和应用程序都属于弱人工智能,AlphaGo、Siri 等都是弱人工智能的代表。弱人工智能基本按照统计学或拟合函数来实现,基本不具备思考能力,不能真正地推理问题和解决问题,即没有自己的世界观和价值观(只能按照程序的设计完成任务,没有思考能力)。

2. 强人工智能

强人工智能称为通用人工智能（Artificial General Intelligence，AGI）或完全人工智能（Full AI），是可以胜任人类工作的人工智能程序，其具备以下几方面的能力：存在不确定因素时进行推理、制定决策能力；新旧知识的表示能力；各种业务规划能力；各种学习能力；自然语言交流沟通能力等。

3. 超人工智能

超人工智能（Artificial Super Intelligence，ASI），人工智能程序可以比世界上最聪明、最有天赋的人（如爱因斯坦）还聪明，由此产生的人工智能称为超人工智能。目前无法描述超越人类最高水平的智慧到底会表现为何种能力，故超人工智能的定义比较模糊。

人工智能目前还处在弱人工智能状态，强人工智能的可能性只处在技术角度的探讨，超人工智能目前只能从哲学或科幻的角度加以解析。

10.2.2　人工智能的应用

人工智能是计算机科学的一个分支，在企图了解智能的实质基础上，生产出一种以人类智能相似的方式做出反应的智能机器，其研究应用领域包括计算机视觉、自然语言处理、机器学习、机器人等。

1. 计算机视觉

计算机视觉（Computer Vision，CV）就是使用计算机及相关设备来模拟生物视觉，通过对图片或视频的采集并进行处理以获得相应场景的三维信息。它是一门关于如何运用照相机和计算机来获取被拍摄对象的数据与信息的学术分支，通过为计算机安装上眼睛（照相机）和大脑（算法）来感知环境。成语“眼见为实”表达了视觉对人类的重要性，同理具有视觉的机器在信息领域相当重要，应用前景也非常广阔。

计算机视觉的应用非常广泛，如利用一个工业机器人实现控制过程；通过自主汽车或移动机器人来实现导航；通过对视频监控和人数统计来实现对某场地拥挤程度的检测；通过图像和图像序列的索引数据库实现海量图片或视频数据的有效组织监控；通过医学图像分析系统或地形模型实现人体对象造型检测疾病或环境检测；通过人的行为检测实现人机交互等。目前计算机视觉中的图像分类、对象检测、目标跟踪、语义分割和实例分割等都有较为成熟的算法和应用，有兴趣的读者可以利用 Python 或 MATLAB 语言开发相关的应用程序。

2. 自然语言处理

自然语言处理（Natural Language Processing，NLP）是计算机科学、人工智能和语言学相结合来实现计算机和人类语言相互作用的应用领域学科。其主要研究人与计算机之间用自然语言进行有效通信的各种理论和方法，是一门融语言学、计算机科学、数学于一体的科学。最早的自然语言处理方面的研究工作是机器翻译。其发展主要有三个阶段，如表 10.4 所示。

表 10.4　自然语言处理的发展

阶　段	时　间	成　就	缺　点
第一阶段早期自然语言处理	20 世纪 60 年代—80 年代	基于规则来建立词汇、句法语义分析、问答、聊天和机器翻译系统；规则可以利用人类的内在知识，不依赖数据，可以快速起步	覆盖面不足，像个玩具系统，规则管理和可扩展性一直没有解决
第二阶段统计自然语言处理	20 世纪 90 年代开始	基于统计的机器学习（ML）开始流行，很多 NLP 开始用基于统计的方法，人工定义的特征建立机器学习系统，机器翻译、搜索引擎等都是利用统计方法获得了成功	人工定义的特征具有一定的局限性
第三阶段神经网络自然语言处理	2008 年之后	深度学习开始在语音和图像处理方面发挥威力，把深度学习用于特征计算或者建立一个新的特征，然后在原有的统计学习框架下体验效果，在机器翻译、问答、阅读理解等领域取得了进展，出现了深度学习的热潮	与人类识别语言能力还有一定的差距

自然语言理解的研究目前已经取得很大成就，如人工智能研究实验室 OpenAI 在 2022 年 11 月 30 日发布的全新聊天机器人模型 ChatGPT（Chat Generative Pre-trained Transformer）。ChatGPT 是一款人工智能技术驱动的自然语言处理工具，它能够通过学习和理解人类的语言来进行对话，根据聊天的上下文进行互动，像人类一样聊天交流，甚至能完成撰写邮件、视频脚本、文案、翻译、代码等任务。

学界为广大自然语言处理爱好者提供了诸多开发平台，如基于 Python 的 NLP 基础库 NLTK，学术界常用的 NLP 的算法库 StanfordNLP 以及处理中文的 NLP 工具 THULAC 和 jieba 分词等，初学者可以利用这些库快速编写自然语言处理的小程序。

3. 机器学习

机器学习是涵盖概率论、统计学、近似理论和复杂算法等的交叉学科，利用计算机工具来模拟人类的学习方式，通过对现有内容进行知识结构划分来提高学习效率。其包含三个方面的含义：

（1）机器学习是一门人工智能的科学，主要研究对象是人工智能，尤其是如何在经验学习中提高具体算法的性能；

（2）机器学习主要研究通过经验来自动实现计算机算法的改进；

（3）机器学习是利用数据或以往的经验作为优化计算机程序的性能标准。

传统机器学习的研究方向主要包括决策树、随机森林、人工神经网络、贝叶斯学习、回归、聚类等方面的研究。

机器学习算法是普通算法的进化，让普通程序变得"更聪明"，能从用户提供的数据里自动学到新知识。机器学习的基本流程：数据预处理→模型学习→模型评估→新样本预测。机器学习与人脑思考对比如图 10.8 所示。

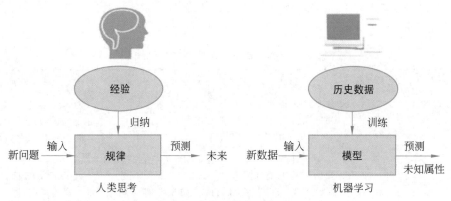

图 10.8　人类思考与机器学习

具体的机器学习案例如：在市场上随机选择某个品种的苹果，把每个苹果的物理特征数据（颜色、大小、形状、产地、所属果摊，甜度、多汁程度、成熟度等）写入计算机中，并把这些数据给一个机器学习算法（classification/regression），然后得到一个苹果的物理特征和品质之间的相关性模型。下次到市场的时候，把在售苹果的特征信息都收集起来，交给机器学习算法，该算法就会利用之前计算出来的模型来预测哪些苹果是甜的、熟的、多汁的。这种算法还能继续演进，读取更多的训练数据，准确率更高，预测错误后再进行自我修正。

机器学习是人工智能的核心，其应用遍及人工智能的各个领域。机器学习应用于物联网，可以使物联网设备更好地收集用户数据，让设备变得更人性化与智能化。例如，用人脸识别软件可以感知人进入哪个房间，然后自动调节该房间的温度；利用物联网设备来统计家里人的活动情况，如看什么电视节目，喜欢吃什么美食，家里的人口流动，睡眠情况等信息，然后通过这些信息为家庭用户提供相应的广告服务（美食推荐）或健康提醒等。机器学习应用于聊天机器人，可以解决各大公司的客服服务问题，比传统的客户人员更快捷、高效地解决客户的问题。机器学习应用于自动驾驶，可以让汽车实现导航、识别交通标志、路况及周边障碍物等各种现场环境，安全有序地自动行驶。

4. 机器人

机器人（Robot）是一种将计算机视觉、自动规划等认知技术整合至极小却性能极高的传感器、制动器以及设计巧妙的硬件中而产生的半自主或全自主工作的智能机器。其基本特征是感知、决策、执行人类的某些活动，可以辅助甚至替代人类完成危险、繁重、复杂的工作，提高工作效率与质量，扩大或延伸人的活动及能力范围。目前，市面上常见的机器人有手术机器人、物流机器人、深海探测机器人、家庭机器人等。

1985 年，工业机器人 PUMA 560 精准地进行神经外科活检，开启了手术机器人的序幕。2000 年，Intuitive Surgical Inc.开发的达·芬奇手术系统获美国 FDA 批准，最初用于治疗前列腺癌，并发展到心脏瓣膜修复及妇科手术，其统治手术机器人市场达 10 年之久。2010 年后出现了多元的专业手术机器人，在脊柱、关节置换及泛血管手术等发挥了广泛的作用。随着人工智能、5G 通信及人机交互技术的发展，手术机器人将发展到更多的外科专业领域。作为创新型智能医疗设备的手术机器人,能精准地在人体腔道、血管和神经密集区域完成手术操作,具有定位准确、感染风险低、手术创伤小和术后康复快等优点,在外科手术中的市场前景非常广阔。

物流机器人将机器人硬件、移动 APP、调度管理系统三位一体整合起来,实现无人化配送。例如,餐厅的送餐机器人,能够与下单系统对接,实现自动传菜。新冠疫情期间隔离病房送餐,利用送餐机器人有效降低了人员接触风险。物流机器人的使用场景有:工厂、自动仓储、餐饮配送、医院物资配送等。

目前,人工智能属于战略性产业,全球各国家、企业都纷纷抢占技术制高点,广泛应用于各行各业。2022 年北京冬奥会,从绿色低碳创新理念的开幕式,到智能场馆建设、"5G+8K"超高清视频转播、"3D+AI"解说等,人工智能及 5G 等技术在竞技体育中得到广泛应用。例如,通过"3D+AI"技术的定量分析,将精准的滑行速度、飞行高度、落地距离、旋转角度等一系列运动数据与原图叠加,在高速连续动作视频上展现,助于裁判评分,体现比赛的公平公正;首钢跳台滑雪平台制作了 1:1 的 3D 模型,观众可以在 3D 场景中全方位观看比赛,收听 AI 体育解说员的解说。AI 虚拟气象主播、AI 手语主播、场馆智能向导、智能语言翻译、精准纠错的鹰眼裁判、AI 运动员训练系统等人工智能应用技术在2022 年北京冬奥中无处不在。

10.2.3 人工智能的未来

经过了 60 多年的发展,人工智能在算法、算力(计算能力)和算料(数据)等三方面取得了重要突破,处于从"不能使用"到"能使用"的技术转折点,正向"容易使用"的方向发展。人工智能正逐步从专用智能向通用智能、人机混合智能向自主智能方向发展,正加速与其他学科领域交叉渗透,不断推动人类进入普惠型智能社会。

人工智能领域的国际竞争已经拉开帷幕,2018 年 4 月,欧盟委员会计划 2018—2020年在人工智能领域投资 240 亿美元;2018 年 5 月,法国为了迎接人工智能发展的新时代宣布"法国人工智能战略";2018 年 6 月,日本在"未来投资战略 2018"中重点推进物联网建设和人工智能的应用;2018 年,美国政府为谋求通过人工智能等技术创新保持军事优势发布了首份"国防战略"报告书,确保美国打赢未来战争;2017 年,俄罗斯提出军工产业拥抱"智能化",让导弹和无人机等"传统"武器威力倍增。

中国人工智能发展的总体态势良好,人工智能产业的技术基础已经具备,各应用场景的技术研发及落地进展顺利,人工智能的产业化应用优势明显。党中央、国务院高度重视我国人工智能的发展。习近平总书记在党的十九大、2018 年两院院士大会、全国网络安全和信息化工作会议等场合多次强调要加快推进新一代人工智能的发展。2017 年 7 月,国务院发布《新一代人工智能发展规划》,在国家战略层面进行部署新一代人工智能,描绘了我国面向 2030 年的人工智能发展路线图,构筑了人工智能领域的先发优势,掌握新科技革命战略的主动权。当前我国在人工智能前沿理论创新方面总体上尚处于"追赶"地位,在专业机器人、无人机应用领域处于领先地位,但大部分创新偏重于技术应用。我国在基础研究、原创成果、顶尖人才、技术生态、基础平台、标准规范等方面与世界领先水平还存在明显的差距,如人工智能计算芯片制造、人工智能开源社区和技术生态布局、技术平台建设等方面相对滞后。中国的市场规模、应用场景、数据资源、人力资源、智能手机普及、资金投入、国家政策支持等多方面的综合因素都有利于人工智能的发展。作为新一代的社会主义建设者,应抓住我国人工智能发展的浪潮、选择路径、抓住机遇、展示智慧、迎接新时代人工智能发展的挑战。

练习题答案
与解析

10.3　练　习　题

一、单项选择题

1. 以下不是大数据的特征的是(　　　)。
   A. 数据的价值密度低　　　　　　　　B. 数据类型繁多
   C. 数据的访问时间短　　　　　　　　D. 处理速度快

2. 智能健康手环的应用开发,体现了(　　　)的数据采集技术的应用。
   A. 数据统计报表　　　　　　　　　　B. 网络爬虫
   C. 传感器　　　　　　　　　　　　　D. 应用 API 接口

3. 当前,最为突出的大数据环境是(　　　)。
   A. 物联网　　　　　　　　　　　　　B. 各国的综合国力
   C. 互联网　　　　　　　　　　　　　D. 人类社会环境

4. 物联网的英文名称是(　　　)。
   A. Internet of Matters　　　　　　　B. Internet of Things
   C. Internet of Therys　　　　　　　　D. Internet of Clouds

5. 物联网分为感知、网络和(　　　)三个层次,在每个层面上,都将有多种选择去开拓市场。
   A. 应用　　　　　B. 推送　　　　　C. 传输　　　　　D. 运行

6. 下列不属于物联网的主要应用范畴的是(　　　)。
   A. 智能电网　　　　　　　　　　　　B. 医疗健康
   C. 智能通信　　　　　　　　　　　　D. 金融与服务业

7. 目前无线传感器网络没有广泛应用的领域是(　　　)。
   A. 人员定位　　　B. 智能交通　　　C. 智能家居　　　D. 书法绘画

8. 将基础设施作为服务的云计算服务类型是(　　　)。
   A. IaaS　　　　　B. PaaS　　　　　C. SaaS　　　　　D. 以上都不是

9. 以下关于 PaaS 和 SaaS 平台的说法中不正确的是(　　　)。
   A. SaaS 软件必须部署在 PaaS 平台
   B. 二者互为补充
   C. PaaS 是 SaaS 企业为提高自己影响力、增加用户黏度而做出的一种尝试
   D. PaaS 是 SaaS 发展的结果。

10. 比特币是(　　)发明的。

    A. 马斯克　　　　　B. 袁隆平　　　　　C. 中本聪　　　　　D. 王选

11. 以下不是区块链的特征的是(　　)。

    A. 数据不可篡改　　B. 去中心化　　　　C. 升值快　　　　　D. 对立性

12. 人工智能是一门(　　)。

    A. 数学和生理学学科　　　　　　　B. 心理学和生理学学科

    C. 语言学学科　　　　　　　　　　D. 综合性的交叉学科和边缘学科

13. 关于人工智能程序,表述不正确的是(　　)。

    A. 能根据不同环境的感知做出合理行动,并获得最大收益的计算机程序

    B. 任何计算机程序都具有人工智能

    C. 针对特定的任务,人工智能程序具有自主学习的能力

    D. 人工智能程序是模拟人类思维过程来设计的程序

14. 下列不属于人工智能的研究领域的是(　　)。

    A. 机器学习　　　　B. 机器人　　　　　C. 自然语言处理　　D. 高性能计算

15. 下列不属于区块链的应用领域的是(　　)。

    A. 金融领域　　　　B. 机器人　　　　　C. 社交平台　　　　D. 教育与公益

二、简答题

1. 简述大数据的特点。

2. 简述物联网的体系结构。

3. 云计算的基本模型有哪些? 简述其基本特点。

4. 简述区块链的特点。

5. 简述人工智能发展的三个级别。

附录　常用字符与 ASCII 值对照表

ASCII 值	字　符	ASCII 值	字　符	ASCII 值	字　符	ASCII 值	字　符
0	NUL	32	Space	64	@	96	`
1	SOH	33	!	65	A	97	a
2	STX	34	"	66	B	98	b
3	ETX	35	#	67	C	99	c
4	EOT	36	$	68	D	100	d
5	ENQ	37	%	69	E	101	e
6	ACK	38	&.	70	F	102	f
7	BEL	39	'	71	G	103	g
8	BS	40	(	72	H	104	h
9	HT	41	)	73	I	105	i
10	LF	42	*	74	J	106	j
11	VT	43	+	75	K	107	k
12	FF	44	,	76	L	108	l
13	CR	45	−	77	M	109	m
14	SO	46	.	78	N	110	n
15	SI	47	/	79	O	111	o
16	DLE	48	0	80	P	112	p
17	DC1	49	1	81	Q	113	q
18	DC2	50	2	82	R	114	r
19	DC3	51	3	83	S	115	s
20	DC4	52	4	84	T	116	t
21	NAK	53	5	85	U	117	u
22	SYN	54	6	86	V	118	v
23	ETB	55	7	87	W	119	w
24	CAN	56	8	88	X	120	x
25	EM	57	9	89	Y	121	y
26	SUB	58	:	90	Z	122	z
27	ESC	59	;	91	[	123	{
28	FS	60	<	92	\	124		
29	GS	61	=	93	]	125	}
30	RS	62	>	94	^	126	~
31	US	63	?	95	—	127	DEL

参 考 文 献

[1] 《计算机应用基础》编委会. 计算机应用基础[M]. 成都：西南交通大学出版社,2015.

[2] 《计算机文化基础》编委会. 计算机文化基础[M]. 成都：西南交通大学出版社,2016.

[3] 邵增珍,姜言波,刘倩. 计算思维与大学计算机基础[M]. 北京：清华大学出版社,2021.

[4] 谢希仁. 计算机网络[M]. 8 版. 北京：电子工业出版社,2021.

[5] 王颖,蔡毅. 网络与信息安全基础[M]. 2 版. 北京：电子工业出版社,2019.

[6] 曹敏,刘艳. 信息安全基础[M]. 北京：中国水利水电出版社,2015.

[7] 曾焱. Word Excel PPT 从入门到精通[M]. 广州：广东人民出版社,2019.

[8] 王国胜. Excel 2010 图解应用大全[M]. 北京：中国青年出版社,2012.

[9] ExcelHome. Excel 2010 函数与公式[M]. 北京：人民邮电出版社,2014.

[10] 江红,余青松. Python 编程从入门到实战[M]. 北京：清华大学出版社,2021.

[11] 王永全,单美静. 计算思维与计算文化[M]. 北京：人民邮电出版社,2016.

图 书 资 源 支 持

感谢您一直以来对清华版图书的支持和爱护。为了配合本书的使用,本书提供配套的资源,有需求的读者请扫描下方的"书圈"微信公众号二维码,在图书专区下载,也可以拨打电话或发送电子邮件咨询。

如果您在使用本书的过程中遇到了什么问题,或者有相关图书出版计划,也请您发邮件告诉我们,以便我们更好地为您服务。

我们的联系方式:

地　　址:北京市海淀区双清路学研大厦 A 座 714

邮　　编:100084

电　　话:010-83470236　010-83470237

客服邮箱:2301891038@qq.com

QQ:2301891038(请写明您的单位和姓名)

资源下载:关注公众号"书圈"下载配套资源。

资源下载、样书申请

书 圈

图书案例

清华计算机学堂

观看课程直播